教育部高等学校材料类专业教学指导委员会规划教材

普通高等教育一流本科专业建设成果教材

新能源材料

艾桃桃　主编
张立斋　包维维　刘　岗　副主编

NEW ENERGY MATERIALS

U0230956

化学工业出版社
·北京·

内容简介

《新能源材料》一书全面系统地介绍了当今国内外新能源材料领域的研究热点。全书共11章，主要包括介电储能陶瓷、二次金属离子电池材料、质子交换膜燃料电池、太阳能电池材料、超级电容器、热电材料、能源电催化材料、太阳能驱动的二氧化碳转化、压电光电子学及新能源应用以及储氢材料等前沿材料与器件的研究、进展情况和未来发展趋势。

本书内容丰富，数据和理论新颖，结构严谨，每章均设有大量思考题，并附有参考文献，便于学生进一步深入学习。本书适合作为高等学校新能源材料与器件、能源、冶金、化学、化工等专业本科及研究生教材。此外，本书也是从事新能源、热电材料、太阳能电池、锂离子电池、燃料电池、电动汽车、储能、压电光电子学等领域研究与应用人员的参考书。

图书在版编目（CIP）数据

新能源材料 / 艾桃桃主编；张立斋，包维维，刘岗
副主编. -- 北京：化学工业出版社，2024. 7. --（教
育部高等学校材料类专业教学指导委员会规划教材）.
ISBN 978-7-122-45880-3

Ⅰ. TK01

中国国家版本馆 CIP 数据核字第 20240WW536 号

责任编辑：陶艳玲　　　　　　　文字编辑：王晓露　　王文莉
责任校对：张茜越　　　　　　　装帧设计：史利平

出版发行：化学工业出版社
　　　　　（北京市东城区青年湖南街 13 号　邮政编码 100011）
印　　装：河北延风印务有限公司
787mm×1092mm　1/16　印张 14½　字数 354 千字
2024 年 10 月北京第 1 版第 1 次印刷

购书咨询：010-64518888　　　　售后服务：010-64518899
网　　址：http://www.cip.com.cn
凡购买本书，如有缺损质量问题，本社销售中心负责调换。

定　　价：58.00 元　　　　　　　版权所有　违者必究

前　言

随着人类发展和社会工业化进程的推进，与人类休戚相关的石油、天然气和煤等传统能源日益减少，随之而来的环境污染日益严重，威胁着人类的健康和社会的可持续发展。人类社会要实现可持续发展，保护自然环境与资源，必须发展新能源。能源的转化与存储在充分利用地球资源、实现人类可持续发展、推进低碳经济方面起着重要的作用。我国在"十四五规划"中提出构建现代能源体系，推进能源革命，建设清洁低碳、安全高效的能源体系，提高能源供给保障能力。实现这一目标就要走绿色可持续发展道路，发展新能源材料。

本书是由陕西理工大学材料科学与工程学院先进构型材料多尺度行为创新团队组织编写，系统阐述了介电储能陶瓷、二次金属离子电池材料、质子交换膜燃料电池、太阳能电池材料、超级电容器、热电材料、能源电催化材料、太阳能驱动的二氧化碳转化材料、压电光电子学材料以及储氢材料等的基本原理、最新研究进展和前景展望。本书共 11 章，由陕西理工大学艾桃桃策划和组织编写，陕西理工大学张立斋统稿。其中，第 1 章绪论由陕西理工大学景然编写，主要介绍国内新能源材料的发展概况；第 2 章由西南大学刘岗和严岩编写，主要介绍介电储能陶瓷材料的研究现状与发展趋势；第 3 章由陕西理工大学宋佳佳编写，主要介绍二次金属离子电池材料的研究现状与发展趋势；第 4 章由陕西理工大学王勇编写，主要介绍质子交换膜燃料电池的基本原理、研究现状和未来发展趋势；第 5 章由陕西理工大学王勇编写，主要介绍钙钛矿太阳能电池和硅太阳能电池的基本原理、研究现状与发展趋势；第 6 章由陕西理工大学寇领江编写，主要介绍超级电容器的研究现状与发展趋势；第 7 章由陕西理工大学李江华编写，主要介绍热电材料的研究现状与发展趋势；第 8 章由陕西理工大学包维维编写，主要介绍能源电催化材料的研究现状与发展趋势；第 9 章由陕西理工大学邵先钊编写，主要介绍太阳能驱动的二氧化碳转化材料的研究现状与发展趋势；第 10 章由陕西理工大学张立斋编写，主要介绍压电光电子学材料的基本原理、研究现状与发展趋势；第 11 章由陕西理工大学黄青编写，主要介绍储氢材料的研究现状与发展趋势。

本书入选教育部高等学校材料类专业教学指导委员会规划教材建设项目，在此表示感谢。同时感谢本书编写过程中得到的各级各类科技计划的支持，包括国家自然科学基金、陕西省重点研发计划项目、陕西省自然科学基金和陕西高校青年创新团队等。

在本书的编写过程中，作者尽量以国内外发表的原始论文和专著为参考，希望本书能对新能源材料的发展和应用有所促进。由于作者水平有限，难免会存在不妥与疏漏之处，恳请读者批评指正。

编者

2024 年 4 月

目 录

第 3 章 二次金属离子电池材料

第4章 质子交换膜燃料电池

第 **7** 章　热电材料

第 **8** 章　能源电催化材料

第 9 章　太阳能驱动的二氧化碳转化

第 10 章　压电光电子学及新能源应用

第11章　　储氢材料

第 1 章

绪 论

能源、材料、信息技术、生物技术、空间技术和海洋技术是 21 世纪最重要和最具发展潜力的六大领域。能源是推动社会发展和社会进步的主要物质基础，能源技术的每一次进步都带动了人类社会的发展。但随着人类社会和科技的发展，能源的消耗大幅度增长，传统的煤炭、石油和天然气等不可再生的化石燃料资源逐渐消耗殆尽，并且在消耗过程中对环境造成巨大的破坏。面对日益严峻的能源问题和环境污染问题，人类最终离不开新材料、新能源的使用，因此从生态环境保护的必要性角度考虑，新能源、新材料的开发变得尤为重要，它将促进世界能源结构的转变，新能源和新材料的革新将带来相关产业领域的革命性变化。

1850—2019 年期间，人类总计排放约 2.4 万亿吨温室气体，地表温度较工业化前水平上升近 1.1℃，气候变化对环境、社会、经济的影响日益加剧，发生极端天气的频率增加，海平面加速上升，上百万物种濒临灭绝[1]。为应对气候变化，2015 年全球近两百个国家通过《巴黎协定》，明确减少温室气体排放，达成"21 世纪内控制温升在工业化前水平 2℃以内，并力争 1.5℃"的气候共识，全球需在 21 世纪中叶前后实现温室气体净零排放[2]。

在 21 世纪中叶前后实现温室气体净零排放是实现《巴黎协定》目标的关键。据政府间气候变化专门委员会（IPCC）数据，在 21 世纪控制温升 1.5℃的情景下，2020 年后全球碳排放总量需控制在 5000 亿吨二氧化碳当量以内，而 2019 单年全球排放量已超 500 亿吨，按照当前发展趋势，21 世纪中叶将难以达到净零目标，零碳转型亟须加速[3]。

纵览世界各经济体当前的气候行动，可再生能源规模化部署、工业制造业减排升级、交通运输业绿色转型、建筑能效提升和负碳技术开发利用成为零碳发展的重点领域。

随着我国经济由高速增长阶段转向高质量发展阶段，绿色、可持续已经成为我国经济发展的主旋律。2019 年底，中国碳排放强度较 2005 年下降 48%，提前实现了 2015 年提出的碳排放强度下降 40%～45% 的目标[4]。2020 年，中国正式宣布"二氧化碳排放力争于 2030 年前达到峰值，努力争取 2060 年前实现'碳中和'"的"双碳"气候目标[4]。党的"二十大"报告中提到，我们要加快发展方式绿色转型，实施全面节约战略，发展绿色低碳产业，倡导绿色消费，推动形成绿色低碳的生产方式和生活方式。同时指出，目前应当积极稳妥地推进"碳达峰""碳中和"，深入推进能源革命，加快规划建设新型能源体系。新时代中国的能源发展，为中国经济社会持续健康发展提供有力支撑，也为维护世界能源安全、应对全球气候变化、促进世界经济增长作出积极贡献。

1.1 新能源材料

新能源的发展要利用新的能量转换方式和原理，同时还必须依靠新材料，才能使新的能源系统得以实现。例如，新型核反应堆发电系统的安全运行要使用抗辐照和耐腐蚀的新型结构材料才能得到保证；只有利用能够产生光伏效应的半导体材料才能发展太阳电池，使太阳能直接有效地转化为电能；只有利用电催化剂、储氢合金等储能电极材料才能发展各种高比能电池，通过电化学反应将物质的化学能直接转换为电能。因此，能源材料的研究将决定新能源的使用效能。

能源材料是材料学科的一个重要研究方向，一些学者将能源材料划分为新能源技术材料、能量转换与储能材料以及节能材料等[5-10]。综合来看，新能源材料是指具有能量储存和转换功能的功能材料或结构功能一体化材料以及发展新能源技术中所要用到的关键材料，是发展新能源技术的核心和新能源应用的基础。从材料的本质和能源发展的观点来看，能储存和有效利用现有传统能源的新型材料也可以归属为新能源材料。新能源材料涵盖了镍氢电池材料、锂离子电池材料、燃料电池材料、太阳能电池材料、核能材料、生物质能所需的材料、新型相变储能和节能材料等。新能源材料隶属于材料科学与工程的研究范畴，在金属材料、陶瓷材料、聚合物材料、半导体材料以及复合材料等传统材料的基础上，基于新能源理念的演化和发展，通过各种物理与化学的方法来改变其特性或行为，使其具有比传统材料更为优异的性能，同时具有某类新能源的某些特性。

1.2 新能源材料的发展现状及趋势

新能源的发展离不开材料的发展，特别是新材料的发展。新材料技术是按照人的意志，通过物理和化学研究、材料设计、材料加工、试验评价等研究过程，创造出能满足各种需要的新型材料的技术。新能源新材料是在环保理念推出之后引发的对不可再生资源节约利用的一种新的科技理念。新能源和新能源材料的种类很多。从能源技术的发展来看，核能、太阳能、氢能、高比能电池是有希望在 21 世纪得到广泛应用的新型能源[8-10]。据此，新能源材料的应用现状可以概括为以下几个方面。

（1）太阳能电池材料

基于太阳能在新能源领域的主导地位，美国、日本以及欧洲等发达国家都将太阳能光电技术放在新能源的首位。太阳能电池材料主要包括产生光伏效应的半导体材料、薄膜用衬底材料、减反射膜材料、电极与导线材料、电池组件封装材料等。用于制作太阳能电池的半导体材料主要有晶体硅（单晶硅、多晶硅）、非晶硅等元素半导体材料和 CaAs、CdS、CdTe、$CuInSe_2$ 等化合物半导体材料。从材料的使用形态与结构看，有晶片、薄膜、外延片、异质结结构和正在研究发展的量子阱结构等。

太阳能电池材料特别是半导体材料的选择、制备工艺与质量直接影响着太阳能电池的转换效率、材料消耗和电池成本。单晶硅电池的转换效率已达 23.7%。在太阳能电池中，以晶体硅电池的数量最多。但随着薄膜材料制备技术的应用，高效、廉价的薄膜电池正迅速发展。目前使用的 CaAs、CdTe 及非晶硅薄膜的厚度仅为 $1\sim2\mu m$，多晶硅膜的厚度为 $50\mu m$，均比晶体硅电池的材料用量（厚度为 $200\sim300\mu m$）有明显降低。此外，通过使用薄膜衬底剥离技术，还可以使衬底材料（如硅片、不锈钢、玻璃等）得以多次利用，进一步降低材料消耗。预计在今后一段时间内，世界太阳能电池及其组件的产量将以每年 35% 左右的速度增长。

（2）燃料电池材料

燃料电池是一种把燃料所具有的化学能直接转换成电能的化学装置，又称电化学发电器，可以应用于工业和生活的方方面面，如航天飞行领域和电动汽车领域。它是继水力发电、热能发电和原子能发电之后的第四种发电技术。燃料电池主要包括：燃料（纯氢或富含氢的气体等）、氧化剂（纯氧、净化空气等）、电催化剂、电极材料、电解质、隔膜材料、集流板材料、电池组密封材料等。按所使用的电解质分类，燃料电池有碱性燃料电池、磷酸燃料电池、质子交换膜燃料电池、熔融碳酸盐燃料电池及固体氧化物燃料电池等多种类型。其中质子交换膜燃料电池是当前发展的重点，最有希望实现商业化。质子交换膜燃料电池使用全氟磺酸型固体聚合物材料的质子交换膜为电解质兼隔膜。

电池的电极（氢电极和氧电极）是一种由扩散层和催化层组成的多孔气体扩散电极，通常与质子交换膜一起压合为氢电极-膜-氧电极形式的膜电极三合一组件使用。电极的扩散层一般由炭纸或炭布制作，催化层则由贵金属电催化剂（Pt/C 或 Pt-Ru/C 等）与质子导体聚合物（如全氟磺酸树脂）等组成。电池的集流板（双极板）材料目前多采用导电性和耐腐蚀性能良好的特制无孔石墨板，但其制备工艺复杂，造价高（占整个电池组造价的 60%～70%）。

为提高电池的比功率和降低电池成本，目前对质子交换膜燃料电池材料的研究重点有：a. 采用表面改性的金属薄板替代无孔石墨板作为双极板；b. 研制廉价的新型质子交换膜；c. 寻求替代贵金属铂的电催化剂。

（3）新型二次电池材料

二次电池又称为充电电池或蓄电池，是指利用化学反应的可逆性组建成一个新电池，即当一个化学反应转化为电能之后，还可以用电能使化学体系修复，然后再利用化学反应转化为电能使用的电池。市场上主要的充电电池有镍氢电池、镍镉电池、铅酸（或铅蓄）电池、锂离子电池、聚合物锂离子电池等。新型二次电池材料主要包括电池的正极材料、负极材料、电解质、聚合物隔膜、电极集流体材料、各种添加剂材料、电池壳体及密封件材料等。

① 金属氢化物镍（Ni/MH）电池材料　Ni/MH 电池是一种利用储氢合金的电化学吸放氢功能而实现充放电的新型二次电池。目前商品电池使用的正极材料是掺有适量 Co、Zn 等元素的球形 $Ni(OH)_2$，负极材料为 AB_5 型混合稀土系多元储氢合金（典型成分为 $M_m Ni_{3.55} Co_{0.75} Mn_{0.4} Al_{0.3}$），电解质为 6mol/L KOH 水溶液。为了进一步提高 Ni/MH 电池的能量密度，目前还在研究开发具有更高放电容量的新型储氢合金，如钛系 AB 型合金、AB_2 型 Laves 相合金、钒基固溶体型合金等。我国在小功率镍氢电池产业方面取得了很大的进展，镍氢电池的出口逐年增长，年增长率达到了 30% 以上。

② 锂离子电池材料　锂离子电池是一种利用锂离子在正、负极材料中的嵌入和脱嵌而实现充放电的新型二次电池。因其能量密度比 Ni/MH 电池更高，发展尤为迅速。近年来，锂离子电池技术发展迅猛，商品电池使用的正极材料主要是 $LiCoO_2$，负极材料是碳材料（如硬碳、天然石墨等），电解质为有机溶剂与锂盐组成的有机溶液，其容量已达到 2550mA·h。目前，各国研究者通过开发具有优良综合性能的正极材料（如 $LiMn_2O_4$、$LiNiO_2$、$LiNi_{1-x}Co_xO_2$ 等）和负极材料（如纳米级的 Sn 及 SnSb 等合金）、具有更高工作温度的新型隔膜以及添加阻燃剂的电解液等来进一步提高锂离子电池的安全性能并降低成本。

（4）核能材料

核能发电利用核反应堆中核裂变或核聚变所释放出的热能进行发电，它是实现低碳发电的一种重要方式。美国、法国、日本的核电约占其总发电量的 20%、77% 以及 29.7%。目前，中国核电工业由原来的适度发展阶段进入加速发展的阶段，截至 2022 年 12 月 31 日，我国运行核电机组共 55 台，装机容量为 56985.74MWe（MWe 为兆瓦电力）（额定装机容量），创历史最高水平[8]。核电工业的发展离不开核材料，先进核电技术的突破依赖于核材料的突破。核能材料主要包括核燃料、核反应堆材料及辅助系统用结构材料等。核反应堆可分为裂变反应堆和聚变反应堆两大类。目前裂变反应堆已大量应用，对其材料的研究除了优化商品堆的性能外，主要是为了满足新型反应堆（如高温气冷堆、快中子增殖堆）的要求。迄今，聚变反应堆仍处于科学试验阶段，聚变反应堆材料是其主要技术难点之一。

① 裂变反应堆材料　裂变反应堆的核燃料由铀和钍的合金或陶瓷组成，作为燃料元件的芯体，通常做成圆柱状、板状或颗粒状。反应堆堆芯结构材料主要有燃料元件包壳材料、慢化剂与冷却剂材料、控制材料、发射与屏蔽材料以及反应堆容器材料等。由于堆芯材料处于很强的辐射环境中，这些材料除满足特殊的核性能要求外，还要特别考虑材料本身的抗辐照性能。燃料元件的包壳材料是堆芯结构材料当前研究发展的重点。包壳材料的功能是在裂变堆中将核燃料与冷却剂分开，防止系统受到强放射性裂变产物的污染。热中子堆燃料元件的包壳材料必须选用热中子截面很低的材料，如铝合金、锆合金和镁合金。对于快中子增殖堆，由于裂变密度高并采用液体金属钠作为冷却剂，对包壳材料的抗辐照和抗腐蚀性能要求更为苛刻，目前研究发展的材料有不锈钢、镍基合金、氧化物弥散合金等。

② 聚变反应堆材料　目前托卡马克型磁约束聚变装置用的材料主要包括核燃料（主要是氘和氚）、氚增殖材料、中子倍增材料、第一壁材料、电绝缘与超导磁体材料、辐射屏蔽材料以及冷却剂材料等。作为包容等离子区和真空区部件的第一壁材料是聚变反应堆中技术要求最苛刻的材料。它要经受 14MeV 中子及其他高能带电粒子的轰击，其辐照效应比裂变反应堆材料所经受的辐照效应更为严重。由于第一壁与等离子体之间会发生强烈的相互作用，引起材料的严重剥蚀，所以第一壁的结构是由两种材料组成的，包括等离子体面向材料和结构材料。前者的研究对象有铍、钨、钨合金及复合材料，后者有不锈钢、钒合金及复合材料等。

（5）其他新能源材料

① 风力发电是一种清洁能源，已经在全球得到广泛应用。风力发电机的核心部件是制造大功率风电机组的先进复合材料和叶片材料，它们在转动时捕捉风能，将其转换为电能。

② 相变储能材料是随着温度变化而发生状态变化，并且在此过程中吸收或释放大量能量的一类材料，可以作为能量的储存器，近年来在建筑、电池热管理、太阳能等领域得到了广泛的应用。

③ 超级电容器是一种介于电池和传统电容器之间的新型绿色储能装置，具有功率密度大、能量密度高、充放电速率快、寿命长等优点，是我国"十三五"规划重点发展的课题之一，有望成为下一代最主要的储能设备。

④ 热电材料是一种能将热能和电能相互转换的功能材料，具有尺寸小、质量轻、无任何机械转动部分、工作无噪声、无液态或气态介质、不存在污染环境的问题、可实现精确控温、响应速度快、器件使用寿命长等优点，可用于制备微型电源、微区冷却、光通信激光二

极管和红外线传感器的调温系统等微型元件，在环境污染和能源危机日益严重的今天，进行新型热电材料的研究具有很大的现实意义。

⑤ 二氧化碳（CO_2）捕集、利用与封存（CCUS）技术，是指将 CO_2 从工业过程、能源利用或大气中分离出来，直接加以利用或注入地层以实现 CO_2 永久减排的过程。CCUS 不仅是未来我国减少 CO_2 排放、保障能源安全的战略选择，而且是构建生态文明和实现可持续发展的重要手段。因此，相关 CO_2 捕集、利用与封存技术所涉及的新材料研究成为全球热点。

⑥ 氢能是一种来源丰富、绿色低碳、应用广泛的二次能源，正逐步成为全球能源转型发展的重要载体之一。氢的存储运输是连接氢气生产端与需求端的关键桥梁，因此高效、低成本的氢气储运技术是实现大规模用氢的必要保障。相较于气态储氢和液态储氢，固态储氢在储氢密度和安全性能方面的优势更为突出，随着技术研发的深入，也是未来实现氢能高效、安全利用的重要方向。

中国的新能源发展战略可分为三个阶段：第一阶段到 2010 年，实现部分新能源技术的商业化；第二阶段到 2020 年，大批新能源技术达到商业化水平，新能源占一次能源总量的 18% 以上；第三阶段是全面实现新能源的商业化，大规模替代化石能源，到 2050 年在能源消费总量中达到 30% 以上[10]。新能源的发展离不开新材料的研发，新能源材料将在提高能效、降低成本、节约资源和环境友好的发展主题中起到至关重要的作用。如何解决新能源材料在新能源发展中的重大需求将成为材料工作者的重要研究课题。

思考题

1. 新能源主要指哪些能源？
2. 列举出自然界中存在的各种形式的能源，说明哪些能够较为方便地转化为电能；列举三种使用新能源减少污染、保护环境的例子。
3. 谈谈新能源材料在日常生活和工业领域的应用情况。

参考文献

[1] 政府间气候变化专门委员会. 气候变化 2021：物理科学基础[R]. 2021.
[2] 政府间气候变化专门委员会. 1.5℃特别报告[R]. 2018.
[3] 联合国环境署. 排放差距报告 2020[R]. 2020.
[4] 中华人民共和国生态环境部. 中国应对气候变化的政策与行动 2020 报告[R]. 2021. http://www. mee. gov. cn/ywgz/ydqhbh/syqhbh/202107/W020210713306911348109.pdf.
[5] 崔平. 新能源材料科学与应用技术[M]. 北京：科学出版社，2016.
[6] 吴其胜. 新能源材料[M]. 上海：华东理工大学出版社，2017.
[7] 王新东，王萌. 新能源材料与器件[M]. 北京：化学工业出版社，2022.
[8] 毛继军. 核燃料技术革新潮来袭[J]. 能源，2017，12：31-32.
[9] 刘波，付强，包信和，等. 我国能源化学学科发展的初步探析[J]. 中国科学：化学，2018，48(01)：1-8.
[10] 李静. 如何实现能源经济的可持续发展[J]. 科技经济导刊，2018，26(13)：77.

第 2 章

介电储能陶瓷

化学储能装置（电池）、固体氧化物燃料电池（SOFCs）、飞轮、超导储能（SMES）系统以及静电电容器（介电电容器）是目前几种主要的电力储存技术。电池和燃料电池具有高能量密度和低功率密度；与之相比，介电电容器具有高功率密度（$10^4 \sim 10^5$ W/kg），这使得其具有更快的充放电特性（μs），因此更适用于电动汽车（EVs）和脉冲电源以及相关电力电子设备。

静电电容器作为储能器件极具潜力，其不仅具有高的功率密度，而且也具有相当高的能量密度，此两项指标将直接影响介电陶瓷的应用前景。除此之外，还要关注的性能包括频率稳定性、抗疲劳性、寿命可靠性和制造成本等。因此，现阶段研究学者们对于介电储能陶瓷的主要研究目标如下：高能量密度（$W_{rec} > 10 \text{J/cm}^3$）、高转换效率（$\eta > 90\%$）、宽温度范围（$-50 \sim 250℃$）、宽频率范围（$1 \sim 1000 \text{Hz}$）、高循环可靠性（$n > 10^5$ 次循环）、高抗疲劳性及低制造成本。

通常介电电容器由两个导电金属电极包夹绝缘介质材料组成，无论是有机介质材料还是无机介质材料均有望应用于高能量密度介质电容器。有机材料拥有更高的耐电压强度，进而可承载更高的能量，但有机材料的熔点通常较低，温度稳定性较差，在快速充放电循环的过程中极易发生热破坏，因此更适宜于较低温的工作环境。无机材料则不仅拥有较高的介电常数和较高的能量密度，并且可在高温环境中长期保持稳定性能。此外，无机介质材料的低介电损耗和快速充放电响应使其在储能应用方面更有优势，但通常其耐电压（BDS）相对较低，主要因为介电常数与 BDS 之间存在负相关关系，即介电常数越高，击穿强度将普遍降低，因此提升其 BDS 也是无机介电材料研究的一个重要方向。

本章将介绍储能电容器的基本原理和基本需求，总结近些年来介电储能陶瓷研究方向的国内外研究成果，综述储能陶瓷介质的基本分类、制备工艺及相关指标研究进展。

2.1 介电储能原理与分类

2.1.1 介电储能原理

介电电容器一般由两个导电性电极和一种电介质材料所构成，如图 2-1 所示。介电电容器存储电能的容量称作电容（C），可用下式进行描述：

$$C = \frac{\varepsilon_r \varepsilon_0 A}{d} \tag{2-1}$$

式中，ε_0 为真空下的介电常数（大约为 8.85×10^{-12} F/m）；ε_r 为介电常数（或者说相对介电常数）；A 为两个电极的交叠区域；d 为介质层的厚度。

可见，电容器的容量依赖于其几何尺寸以及两极间的介质层。

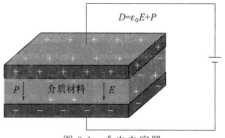

图 2-1　介电电容器

D、P 和 ε_0 分别是自由空间的电位移、极化和介电常数[1]

当施加外部电压时，具有相反符号和同等大小的正电荷和负电荷分别积聚在两个电极板上，此时将产生一个内部电场，而内部电场的方向与外部电场相反。随时间推移，电荷会积累，其内部电场的强度会随累积电荷的增加而增大，当累积电荷（Q）引起的内电场增大至与外电场（V/d，其中 V 为电压，d 为介质材料的厚度）相当时，即完成了一个充电过程。当介电电容器与外界的负载相连，形成电流流动时，即可释放在充电过程中储存的电能，从而完成放电过程。在充电过程中，电荷在外部电场的作用下移动，静电能量储存在介电层当中。存储能量的计算方法可依据下列公式进行计算：

$$J = \int_0^{Q_{\max}} V \mathrm{d} Q \tag{2-2}$$

式中，$Q_{\max}$ 为充电过程结束时的最大电量；$\mathrm{d} Q$ 是电荷增量。

介电电容器的重要参数之一是单位体积电介质所存储的能量密度（W），它可衡量介电电容器的储能能力大小，通常可用储能与电容器体积之比表示：

$$W = \frac{J}{Ad} = \frac{\int_0^{Q_{\max}} V \mathrm{d} Q}{Ad} = \int_0^{D_{\max}} E \mathrm{d} D \tag{2-3}$$

式中，D 为介电层中的电位移；$D_{\max}$ 为在外加电场最大时电位移的大小；E 为外加电场强度。

对于介电常数较高的介电材料，$D(D = \varepsilon_0 \varepsilon_r)$ 与极化 P 非常接近，通常式（2-3）可改写为下式：

$$W = \int_0^{P_{\max}} E \mathrm{d} P = \int_0^{E_{\max}} \varepsilon_r \varepsilon_0 E \mathrm{d} E \tag{2-4}$$

式中，$P_{\max}$ 为最大极化；$E_{\max}$ 为累积电荷诱导的与外部电场相等的最大电场值；通过对极化 y 轴以及 P-E 曲线之间的面积进行积分，可从 P-E 曲线中获得能量密度。对于介电常数与电场无关的线性电介质，式（2-4）可表示为下式：

$$W = \frac{1}{2} \varepsilon_r \varepsilon_0 E^2 \tag{2-5}$$

因此可清楚地看到，对于线性电介质，能量密度与电介质的介电常数和外加电场的平方成正比。然而，非线性介电材料如铁电体材料、弛豫铁电体材料和反铁电体材料则会表现出能量损耗（W_{loss}），因此，有效储能密度（W_{rec}）实际上才是最为重要的参数［式（2-6）］，如图 2-2 中的灰色区域即为有效储能密度。

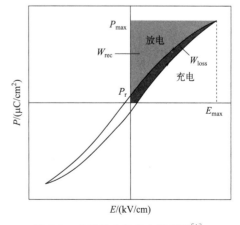

图 2-2　典型铁电体的电滞回线[1]

$$W_{rec} = \int_{P_r}^{P_{max}} E \, dP \qquad (2\text{-}6)$$

与之对应，通常电容器的能量转换效率（η）则可通过式（2-7）来计算获得。

$$\eta = \frac{W_{rec}}{W} \times 100\% \qquad (2\text{-}7)$$

2.1.2 介电储能陶瓷分类

基于介电常数 ε_r 与外加电场 E 之间的关系，介电储能材料大致可分为四类：线性电介质（LD）、铁电体（FE）、弛豫铁电体（RFE）和反铁电体（AFE）。图 2-3 是上述四种介电储能材料的典型电滞回线（P-E）示意图。

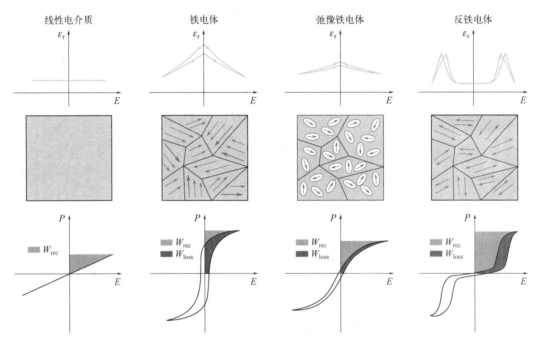

图 2-3　四种典型介电储能材料的电滞回线（P-E）[2]

（1）线性电介质（LD）

对于线性材料，介电常数（ε_r）与施加电场无关，这一特性会导致线性极化响应行为，因此可将储存的能量密度尽数释放，从而减少损耗，产生极高的放电效率（η）。大多数聚合物、玻璃以及一些陶瓷均属于此类材料。因缺乏自发极化，此类材料具有低介电常数及介电损耗。因此，通常在线性材料中获得高介电击穿强度（BDS）和小的最大极化（P_{max}），但较小的最大极化会导致有效储能密度（W_{rec}）较低，进而影响其储能性能。线性电介质通常具有优异的温度和频率稳定性，使其可广泛用于模数转换和滤波器之中。从其电滞回线可看出，通过增加介电击穿强度可提高线性电介质的有效储能密度；但随电场的增加，电子传导和空间电荷效应亦会增强，会导致介电损耗增加，从而大大降低储能效率。

（2）铁电体（FE）电介质

通常情况下铁电材料具有大的铁电畴以及强介电、非线性等特点。当外加有效电场时，在电场的作用下，将诱导产生沿外场方向排列的铁电畴，从而产生较高的最大极化。然而，因畴壁受限，大部分铁电畴在外电场撤去后不能回复到初始态，必须施加较大的逆向电场方可能使极化降至零，这就导致形成较大的剩余极化（P_r）和矫顽场（E_c）。因此，典型的铁电体通常表现出方形 P-E 电滞回线，且大部分存储的电能无法进行有效释放，而是以热能的形式消耗，这就导致了铁电体具有较低的有效储能密度和效率，不能直接应用。

（3）弛豫铁电体（RFE）电介质

弛豫铁电材料通常在相似的晶体学位点表现出不同的阳离子。弛豫铁电材料的典型特征为介电弛豫，即相变发生在很宽的温度范围内。最大介电常数（ε_r）对应的温度（T_m）随测量频率的增加而移动至更高的温度。此外，在钙钛矿结构的 A 位或 B 位引入其他阳离子会产生随机场，这将会扰乱长程有序并促进极性纳米区域（PNRs）的形成。PNRs 具有低的能垒和良好的热稳定性，非常有利于形成较纤细的 P-E 电滞回线，此种电滞回线一般具有低 P_r 和高的 BDS，这些特性极其有利于产生高的储能效率（η），同时结合其中等的最大极化（P_{max}）和强的介电非线性，最终可获得较为可观的有效储能密度（W_{rec}）。

（4）反铁电体（AFE）电介质

反铁电材料的特征是在两个相邻晶格处存在反平行偶极排列。无外电场时，极化为零，当施加外电场时，极化会快速增长。当外加电场足够高时，会发生反铁电到铁电的相变，导致宏观极化。当外加电场降低到某个临界值以下时，诱导极化通过铁电到反铁电相变恢复为零。由于反铁电-铁电和铁电-反铁电相变，反铁电材料会呈现双 P-E 电滞回线，其剩余极化（P_r）几乎为零，而最大极化（P_{max}）也较高，这样非常有助于提高有效储能密度（W_{rec}）。但正向和反向铁电-反铁电相变过程中存在较大的滞后现象，这将导致 η 相对较低，不利于实际应用。

2.2 介电储能陶瓷制备技术

众所周知，陶瓷粉末的性能直接影响所制备陶瓷的性能。为获得高性能陶瓷，首先要制备纯度高、颗粒细、不同成分分布均匀、无严重颗粒聚集的高性能陶瓷粉体。目前，科学研究和工业生产中常用陶瓷粉体的制备方法为固相法（SSM）。该方法具有制备工艺简单、成本低、对设备要求不高、适合制备大量陶瓷粉体、便于工业化生产等突出优点。然而，这种方法也存在缺点，如不同组分分布不均匀、平均粒径大（一般高于 $1\mu m$）、粒径分布范围宽、颗粒形状不规则等。为了克服 SSM 的缺点，研究人员一直致力于陶瓷粉体制备方法的研究与改进，包括流延法、等静压制备技术、溶胶-凝胶法、水热合成法、共沉淀法、熔盐合成法等。当然这些方法均有固有缺点，如制备过程复杂、成本高、产率低等。本节将对几种陶瓷制备技术做介绍，重点介绍流延制备技术。

2.2.1 传统固相法制备技术

在高温条件下，将氧化物、碳酸盐等通过界面接触进行反应，生产二元或多元化合物，此种方法即为高温固相合成。利用高温固相反应合成的粉体，进行如下基本流程来获得功能陶瓷：对获得的粉体原料进行球磨，磨细后加胶造粒，引入模具中，利用压片机施加压力压制成型，再对压制成型的坯体进行烘干，坯体在马弗炉中再经过排胶、保温烧制一定时间，最终获得陶瓷制品。传统的固相反应结合模压法制备功能陶瓷，设备简易、成本低。

2.2.2 流延法制备技术

（1）发展历史

流延法于 20 世纪 40 年代开始使用，主要用来制备当时军工所需的电容器。在流延法制备技术中，浆料经精细的刮刀在流延板表面铺开，可形成长达数百米、薄至 $1\mu m$、厚至 $3000\mu m$ 的薄膜。图 2-4 为流延工艺示意图。1947 年 G. N. Howatt 等[3] 首次公开报道了流延工艺技术，其可应用于制备电容器介质的薄片，而在这之后不久，此项技术便广泛出现在陶瓷电容器的工业生产中。

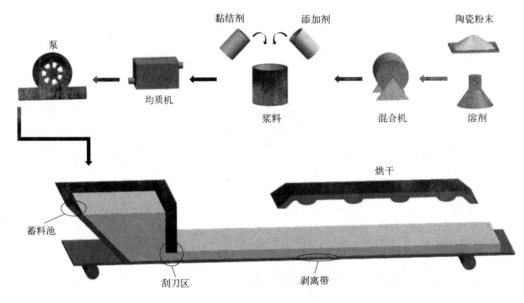

图 2-4　流延工艺流程

到 20 世纪 70 年代，利用流延技术生产了许多产品，这也丰富了流延技术的应用范围。诸多流延相关的材料开发和工艺改进著作在 20 世纪 80～90 年代发表。此后很多基于成熟技术探索新应用的研究不断涌现，例如燃料电池薄膜。大量的研究工作主要集中于不同材料体系的研究，以及通过数值模拟进行理论分析。

R. Moreno[4] 通过材料合成的方法，研究了添加剂在流延过程中的作用，主要包括溶剂、分散剂、黏结剂和增塑剂。D. Hotza 和 P. Greil[5] 综述了以水为溶剂的流延技术的浆料配方和工艺参数。

（2）流变行为

通常，陶瓷浆料中存在不同的成分，而每一种成分对浆料的流变行为的影响各异。但任何浆料配方的主要成分均为陶瓷粉末，它对成型材料的性能起决定性作用。因流延技术为

"流体成型技术"，为使其可成型程度提高，往往需要一种溶剂作为介质将陶瓷粉末带到流延片上，同时可有效地使其他浆料成分分散均匀。陶瓷浆料中所使用的另一种添加剂则是表面活性剂（standing for surface active agent），它可有效修饰颗粒表面（或涂覆），从而获得所需特性，如表面电荷相对较低、表面电荷相对较高、表面能量高/低或表面化学能量处于特定值或表面化学性质特定。分散剂和散絮剂均属于表面活性剂。而黏合剂也同样需要用于流延陶瓷浆料中，其可形成网络，将整个化学系统连接在一起。当然，其他添加剂如增塑剂或烧结剂，将其添加到流延系统中，可有效提高流延生带的力学性能或物理性能等。

正如前文所述，成分差异可影响陶瓷浆料的流变性，这对于浆料的流动分析非常重要。研究人员对石油和聚合物等有机工程材料加工过程中的流体动力学以及输送行为已进行了深入探究，这些原理同样适用于陶瓷浆料流延过程中的流动场景。

通常，流延技术参数与下列因素相关，包括陶瓷粉末、溶剂、分散剂、黏合剂、增塑剂和解絮剂等，上述参数因对陶瓷浆料的流变行为起控制作用，所以均可对流延产品的最终性能产生巨大影响。此外，流延机器的配置，如储液器中浆料存量的高度、刮刀的高度与宽度、基材的速度等，均会影响流延带的结构及其厚度。因此，学习并认识陶瓷浆料的本构行为十分必要。

（3）工艺特点

流延工艺作为一种极具吸引力的制造工艺，有以下优点。a.适用范围广，多种材料均可采用流延工艺，包括聚合物球、玻璃、陶瓷、纳米及微米尺寸的金属颗粒。b.组分均匀方便控制，流延工艺可将不同化学性质的粉末结合到一个生坯中，同时可确保各组分在整个生坯中相对分布均匀。最终产品的密度可通过孔隙转化剂数量及类型进行控制。c.厚度可控，流延薄膜的厚度可在 $1 \sim 3000 \mu m$ 的范围内变动。d.可工业化生产，所需的包装可在实验室或工业规模情况下进行生产，还能够通过冲压得到所需的形状与堆叠。

（4）应用

流延工艺的最初目的是应用于陶瓷电容器薄片的生产。然而，历经六十余年的摸索发展，流延工艺在陶瓷行业的应用占据越来越重要的位置。以下为流延工艺应用的几个例子。

① 电路基板　多年以来电子工业生产所需的（单层）基板材料多为轧膜工艺制造。基片作为电子电路的承载体，它们是陶瓷绝缘体，电路就是在其上面沉积和形成图案的。这些基体的尺寸范围小至 $6mm \times 6mm$ 大到 $30cm \times 30cm$。在特殊情况下，更大的尺寸也可生产。所有这些衬底的共同之处在于它们的厚度非常小，通常为 $1.5mm$（0.060 英寸），甚至更薄。

② 多层陶瓷电容器　流延工艺的主要成果之一是生产/封装多层陶瓷电容器（MLCC）。多层产品的基础是通过金属化和互连来获得个性化层，然后将单层压制并烧结成整体结构。在今天的电子陶瓷工业中，少至两层，多至 100 层甚至更多的叠层是非常普遍的。

③ 固体氧化物燃料电池（SOFCs）　SOFCs 基于与氧气传感器相同的原理，由氢气和氧气抑或是天然气和氧气等气体与作为副产物的水反应产生电能。氧化锆多应用于这些燃料电池中，其可在高温下成为氧离子导体。在通常情况下，氧化锆膜是利用流延技术制造的，通过将陶瓷浆料直接流至连接基材上，并添加较少的黏结剂和增塑剂，可制备出所需的薄氧化锆膜。

④ 功能梯度陶瓷（FGCs）　近些年来大量研究借助流延技术制备功能梯度陶瓷（FGCs），包括陶瓷/金属、陶瓷/陶瓷、玻璃/陶瓷和陶瓷/聚合物等，可适用于多种场合。例如，氧化铝/氧化锆 FGCs 被用于生物医学和结构应用；在腐蚀环境中莫来石/氧化铝被用作 SiC 组件的保护层。氧化锆-莫来石/氧化铝 FGCs 能够作为高温耐火材料，同样适用于工程和摩擦学应用。

⑤ 织构陶瓷　织构是指在多晶体材料中，晶体出现的定向分布，通常被应用于增强陶瓷材料的压电效应。模板晶粒生长法（TGG）是陶瓷材料产生织构的方法之一，可使用 TGG 生产高织构的陶瓷材料。流延法先将形状各向异性的模板晶粒定向（模板在基体中），然后让定向的模板分布到基体中，在层压陶瓷带烧结过程中引导晶粒定向生长。

（5）流延工艺

流延工艺的每个步骤均需精确控制。一般通过固相反应或化学法合成粉体，使之成为具有一定表面化学性质和粒径的粉末。合成的目标粉末需进行充分的表征，通常包括利用 X 射线衍射（XRD）、扫描电镜（SEM）表征组成相和颗粒形态等；通过激光散射分析粉末的平均粒径（$d50$）和粒径分布（PSD），并通过 Brunauer、Emmett 和 Teller 方法（BET）测定比表面积。流延粉末的分布、浆料组成和烧结温度等均会影响所制造流延生坯的性能。如所生产材料的力学性能通常与粉末的化学性质、在体系中的分布、固相的形态和材料的密度以及结构缺陷密切有关。

流变学是研究流体流动的学科，主要涉及液体的流动，但也包括软固体或固体对施加力的反应。大多数低分子液体、低分子无机盐溶液、熔融金属以及气体均具有牛顿流动特性，即在恒温常压下，在简单剪切过程中，剪切应力（τ）与剪切速率（γ）成正比，比例常数即动态黏度（μ）。

选择相关的流变模型来描述流延浆料的行为并非简单的任务，需考虑以下几个问题。首先，流延浆料的主要成分为陶瓷粉末，其粒径通常为 $0.1 \sim 100 \mu m$。其次，需至少一种溶剂作为介质以溶解并确保其他浆料成分可均匀分布，溶剂还会影响合成混合物的流体特性，如黏度和侧流特性等。

在流延工艺中，有机溶剂（非水溶剂）和水溶剂均可应用。为保证粉末颗粒均匀分布于溶剂中，颗粒的表面应具有双重静电层或能覆盖表面的分散剂（分散剂或絮凝剂）进行修饰。陶瓷粉体颗粒重且表面带电少，因此使用聚合分散剂稳定粉末需优先考虑。另外一种成分，即黏合剂，它提供了将所有成分结合在一起的基质，维持了所需材料的形状，使其具有灵活性、可塑性、强度和层压的可能性。最后，其他添加剂如增塑剂或烧结剂通常也添加到生坯系统中，以提高生坯的机械参数（柔韧性、塑性等）或烧结带的机械和物理参数（密度或微结构）。

为研究浆料的流动行为，即剪切速率-剪切应力的依赖性，通常用旋转试验进行表征。旋转试验通常分为两类：控制剪切速率试验（CSR 试验）和控制剪切应力试验（CSS 试验）。在 CSR 试验中，转速或剪切速率由流变仪预先设定并控制。如果流体无屈服点，黏度需要在一定的剪切速率下进行测量。在 CSS 试验中，扭矩或剪切应力是由流变仪预先设定和控制的，这种方法通常用于确定屈服应力流体中的屈服点。为创造可重复的流变学测量，在进行后续的流变学测量之前，通常会在一个非常低的剪切速率下对浆料进行预剪切。

流延浆料中大分子或各向异性颗粒的存在通常违反牛顿流体剪切应力与剪切速率的线性

依赖关系。在静止状态下，各向异性颗粒和具有环状分子链的高分子都维持不规则的内部秩序，产生较大的流动内阻，即具有较高的黏度。在流延过程中，各向异性颗粒向流延方向运动、链状聚合物分子拉伸和软球形颗粒变形碎裂形成软团聚体或块状，从而提高了浆料流动性，降低了浆料黏度。

通常情况下，在流延技术中，固相含量会影响工艺参数，因为固相含量与最终成品的微观结构和性能之间存在固有关系。因此，若要调整获得重要的结果参数，例如流延成型生坯厚度，改进的关键在于加工参数，这也体现出流延过程建模的重要性。例如分析流延技术时使用了幂律模型，利用此模型来描述刮刀下的流动行为对所生产素坯厚度的影响。

含有长聚合物链的浆料需施加一定的应力来推动流动。如前所述，此类浆料可用Bingham、Herschel-Bulkley 或 Casson 模型来描述。例如，S. C. Joshi 等[6] 将 Bingham 模型应用于浆料流变性对最终素坯厚度影响的分析模型中。在另一项研究中，利用 Bingham模型描述了刮刀下浆料的流动，得到了超过屈服应力而必须移动的临界速度（v_c）。与Bingham 模型不同，Herschel-Bulkley 方程提供了非线性剪切应力-剪切速率依赖关系，并具有屈服点。而另一种描述具有弱键合粒子的非牛顿流体系统的本构模型是 Casson 模型，Casson 模型假设悬浮液由链状聚合物单元组成，这些单元控制黏度。外加应力的变化导致有机聚合物体系的延伸率随剪切速率的变化而变化。从文献调查可清楚地看出，Casson 模型通常用来描述水基浆料的流变行为。

对于如何制备浆料以符合某种预先选定的流变模型，并无一般性规则。在实践中，情况正好相反——必须在进行流变试验后选择合适的模型，然后分析实验结果是否与模型吻合。

2.2.3　等静压制备技术

帕斯卡定律是等静压工作的基础，即：在密闭容器内的介质（液体或气体）压强，可以向各个方向均等地传递。近 20 年以来，高性能陶瓷常借助等静压制备技术实现成型。

等静压制备技术是一种能够为陶瓷提供各向同性和超高成型压力的成型技术，一般流程为：将待压陶瓷粉体置于高压容器中，利用液体或气体介质不可压缩和均匀传递压力的性质，从各个方向对试样进行均匀加压，当液体介质通过压力泵注入压力容器时，根据流体力学原理，其压强大小不变且均匀地传递到各个方向，此时高压容器中的粉体在各个方向上受到均匀和大小一致的压力，可以使陶瓷粉体成型为致密坯体。

按成型温度不同，等静压成型可分为冷等静压（CIP）、热等静压（HIP）两类。

① 冷等静压（cold isostatic pressing，CIP）：以橡胶或塑料作为模具材料，压力介质一般为液体，主要用于粉体材料，为介电陶瓷进一步烧结、锻造或者热等静压工序提供坯体材料，压力范围为 100～630MPa。

② 热等静压（hot isostatic pressing，HIP）：热等静压工艺是将陶瓷坯体放置在密闭的容器中，对其施加各向同等的压力和高温，在高温高压（温度一般为 1000～2200℃，压力常为 100～200MPa）的作用下，使陶瓷烧结更致密。

热等静压系统由高压容器、加热炉、压缩机、真空泵、储气罐、冷却系统和计算机控制系统组成，高压容器为整个设备的关键装置。热等静压成型技术的优点是化学成分稳定、力学性能各向同性、结构适应性好。

2.3 BaTiO₃ 储能陶瓷

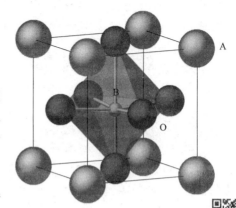

图 2-5　BaTiO₃ 晶体结构示意图
A：Ba，B：Ti，C：O[7]

2.3.1　BaTiO₃ 的晶体结构

BaTiO₃ 陶瓷是最为典型的具有 ABO₃ 型钙钛矿结构的功能陶瓷，被誉为"电子陶瓷工业支柱"。其居里温度约为 120℃，室温下晶格常数 $a = b = 398.6$pm（1pm $= 10^{-12}$ m），$c = 402.6$pm，其晶体结构如图 2-5 所示。

随温度的升高，晶体内部离子会偏移平衡位置而导致相结构的转变，BaTiO₃ 晶体具有六方、立方、四方、斜方和三方等晶相，具体如图 2-6 所示。

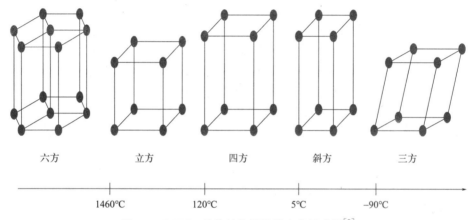

| 六方 | 立方 | 四方 | 斜方 | 三方 |

1460℃　　　　120℃　　　　5℃　　　　−90℃

图 2-6　BaTiO₃ 晶体结构随温度变化示意图[8]

2.3.2　BaTiO₃ 的铁电性能

室温下 BaTiO₃ 陶瓷为四方相 $a = b \neq c$，钛离子由于诱导极化沿 c 轴移动，偏离平衡位置，产生自发极化。当温度超过居里点（约 120℃）时，结构会由四方相向立方相转变，立方相对称性提高使得钛离子位于中心位置，故不产生自发极化。其他相如斜方相、三方相和六方相也同四方相一样，亦可产生自发极化。

如果发生自发极化的晶胞周围区域的钛离子热运动能量较低，则这种自发位移会影响周围晶胞中的钛离子，并使它们同时沿着一个方向产生位移，从而使一定范围内的自发极化朝向一个特定方向，如图 2-7 所示，这一区域被称为电畴。

BaTiO₃ 的自发极化会随外电场的反向而反向，并且和铁磁体的铁磁行为类似（如磁滞回线），称其为铁电体。BaTiO₃ 储能陶瓷通过充放电形成 P-E 电滞回线，如图 2-8 所示，图中 $A \to P_s \to P_r \to A$ 所围面积即为有效储能密度。

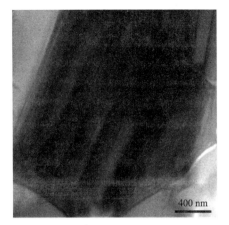
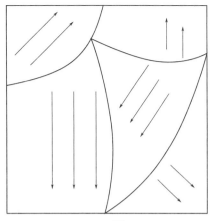

图 2-7　$BaTiO_3$ 陶瓷透射电镜图样与电畴示意图[9]

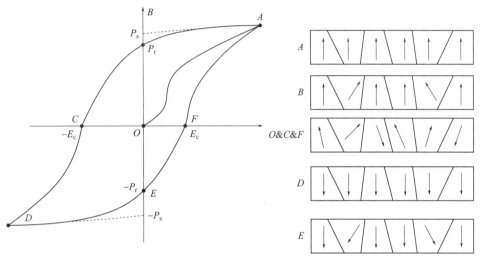

图 2-8　$BaTiO_3$ 陶瓷电滞回线

P_s—自发极化，P_r—剩余极化，E_c—矫顽电场

2.3.3　$BaTiO_3$ 的介电性能

当 $BaTiO_3$ 作为介质置于电容器两极之间时，其极化特性使得电容器的电容量比以真空为介质时的电容量增加若干倍，这种性质即为介电性，常常通过介电常数（ε）反映。

$$\varepsilon = \varepsilon' - j\varepsilon'' \qquad (2\text{-}8)$$

实部：ε' 反应电介质束缚电子的能力，数值代表其极化程度。介电常数越大，束缚电子的能力越强。

虚部：ε'' 是材料内部各种转向极化跟不上外电场的变化而引起的各种弛豫极化，代表介质损耗。介电损耗的大小通常由损耗角正切值 $\tan\delta$ 表示：

$$\varepsilon = \varepsilon'(1 - j\tan\delta) \qquad (2\text{-}9)$$

$BaTiO_3$ 具有至少五个相结构，能观察到比较明显的介温峰，如图 2-9 所示，在居里温度 120℃ 时，介电常数最高，而且表现出非常明显的非线性特征。

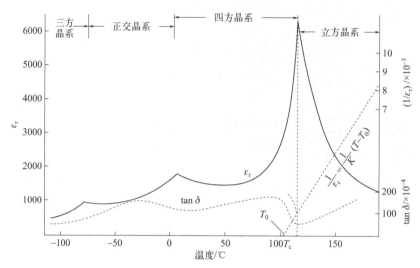

图 2-9　$BaTiO_3$ 单晶不同方向的介电温度特性

2.3.4　A 位掺杂 $BaTiO_3$ 陶瓷的储能性能

$BaTiO_3$ 的极化强度随电场变化而变化，如图 2-9 所示，表现出明显的铁电体电滞回线，由于其具有很高的矫顽场以及剩余极化，因此并不适合在储能领域进行应用。因此，为获得大的储能密度和储能效率，需要对纯 $BaTiO_3$ 进行改性，最常见的就是掺杂取代改性。

A 位掺杂是指用其他离子取代部分 Ba^{2+}。常见的 A 位离子包括 Bi^{3+}、Na^+、Sr^{2+}、Ca^{2+}、La^{3+} 等。如 T. Wu 和 Puli 等人[10-11] 分别进行 A 位掺杂 Sr^{2+}、Ca^{2+} 置换 Ba^{2+} 的实验，实验结果表明掺杂 Sr^{2+}、Ca^{2+} 等 A 位离子可以促进铁电相变，减少介电损耗。

因此，A 位掺杂通常起到细化电滞回线，降低剩余极化 P_r，从而减少介电损耗，提高储能效率的作用。

2.3.5　B 位掺杂 $BaTiO_3$ 陶瓷的储能性能

B 位掺杂是指用 Sn^{4+}、Zr^{4+}、Nb^{5+}、Ta^{5+} 等取代 Ti^{4+}。P. Ren 和 Y. Zhang 等研究学者[12-13] 分别在 B 位掺杂了 Sn^{4+}、Zr^{4+}，通过实验证实，在 B 位取代 Ti^{4+} 可使居里峰向室温移动，提高了陶瓷在室温下的介电常数。

总之，B 位掺杂可使居里峰向室温移动，在显著提高击穿场强的同时细化电滞回线，但会使最大极化 P_{max} 大幅降低。

故研究人员通常采取 A、B 位复合掺杂的方式改性 $BaTiO_3$ 陶瓷，期望达到更好的性能。

2.3.6　复合掺杂 $BaTiO_3$ 陶瓷的储能性能

单一成分调控很难同时提高储能陶瓷能量密度和储能效率，因此近年来 $BaTiO_3$ 陶瓷的掺杂改性主要以复合掺杂为主，即以相同结构或者化合物的形式在 A、B 位点同时进行取代。复合掺杂可以显著地改变 $BaTiO_3$ 的相结构，有效地提高其储能性能。表 2-1 为对 $BaTiO_3$ 进行复合掺杂取代改性的各项性能的总结。

表 2-1 $BaTiO_3$ 陶瓷掺杂储能性能总结

材料	$W_{rec}/$ (J/cm^3)	$\eta/\%$	$P_m/$ $(\mu C/cm^2)$	$P_r/$ $(\mu C/cm^2)$	ε_r	参考文献
$0.6BT-0.4Bi(Mg_{0.5}Ti_{0.5})O_3$	4.49	93	42.5	2	875	[14]
$0.8BT-0.2BiNbO_4$	0.31	93.9	16.0	0	600	[15]
$0.8BT-0.2BiYO_3$	0.316	82.4	9.5	1.1	1200	[16]
$0.9BT-0.1Bi(Li_{0.5}Ta_{0.5})O_3$	2.2	89	20	1.6	1000	[17]
$0.9BT-0.1Bi(Mg_{0.67}Nb_{0.33})O_3$	1.13	95.8	16.5	0.5	1509	[18]
$0.9BT-0.1Bi(Ni_{0.5}Sn_{0.5})O_3$	2.53	93.9	25.01	0	1835	[19]
$0.9BT-0.1Bi(Zn_{0.5}Zr_{0.5})O_3$	2.46		22.5	2	2550	[20]
$0.9BT-0.1BiInO_3$	0.754	89.4	13.5	0.5	1267	[21]
$0.84BT-0.16Bi(Ni_{0.67}Ta_{0.33})O_3$	2.63	90	17.4	0.95	750	[22]
$0.85BT-0.15Bi(Mg_{0.5}Zr_{0.5})O_3$	1.25	95	15	0	920	[23]
$0.85BT-0.15Bi(Zn_{0.5}Sn_{0.5})O_3$	2.41	91.6	23.2	0.53	1100	[24]
$0.85BT-0.15Bi(ZN_{0.67}Nb_{0.33})O_3$	0.79	93.5				[25]
$0.85BT-0.15CaSnO_3$	1.57	76	23	3	3000	[26]
$0.88BT-0.12Bi(Mg_{0.5}Sn_{0.5})O_3$	2.25	94	23	0.5	1550	[27]
$0.88BT-0.12Bi(Mg_{0.67}Ta_{0.33})O_3$	3.282	93	23.5	1	1500	[28]
$0.88BT-0.12Bi(Ni_{0.67}Nb_{0.33})O_3$	2.09	95.9	24.01	0	1250	[29]
$0.91BT-0.09BiYbO_3$	0.71	82.6	17.51	1	2500	[30]
$0.92BT-0.08(K_{0.73}Bi_{0.09})NbO_3$	2.51	86.9	28	3	2500	[31]
$0.93BT-0.07YNbO_4$	0.614	87	10.5	0.71	1500	[32]
$0.94BT-0.06Bi_{0.67}(Mg_{0.33}Nb_{0.67})O_3$	4.55	92	27	1	1750	[33]
$0.875BT-0.125Bi(Mg_{0.67}Nb_{0.33})O_3$	1.89	83	19.7	1.2	1050	[34]
$Ba_{0.4}Sr_{0.6}TiO_3$	0.3629		9	1	998	[10]
$Ba_{0.7}Ca_{0.3}TiO_3$	0.24	61	17.5	2.2		[11]
$Ba_{0.95}Ca_{0.05}Zr_{0.2}Ti_{0.8}O_3$	0.41	72			5000	[35]
$Ba_{0.97}Sm_{0.02}Zr_{0.15}Ti_{0.85}O_3$	1.15	92	38.7	1.9	9500	[36]
$Ba0.9995La0.0005TiO_3$	0.342	39.1	21.6	3.1	9000	[37]
$BaTi_{0.85}Sn_{0.15}O_3$	0.51	92.2	1	0.5	1586	[12]
$BaZr_{0.1}Ti_{0.9}O_3$	0.5		14	3	2998	[13]

2.4 $BiFeO_3$ 储能陶瓷

2.4.1 $BiFeO_3$ 的晶体结构

通常 $BiFeO_3$（BF）呈现扭曲的钙钛矿结构，如图 2-10 所示。它在室温下具有菱形结构（空间群：$R3c$），其中相邻的氧八面体围绕 [111] 方向逆时针旋转。菱形晶胞的晶格常数 $a=b=c=3.965$Å，$\alpha=\beta=\gamma=89.3°\sim89.4°$。

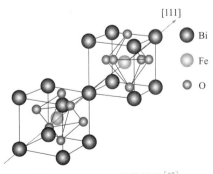

图 2-10 $BiFeO_3$ 晶体结构[37]

2.4.2 BiFeO₃ 的铁电性能

R_{3c} 对称性允许 BiFeO₃ 沿三重轴 [111] 呈现长程铁电有序。各种实验证实了 BiFeO₃ 在 $T_c=1143K$ 以下的铁电性。组成原子 Bi、Fe 和 O 沿三重轴的中心对称位置发生位移，其中 Bi^{3+} 相对于 O^{2-} 位移最大。因此，根据第一性原理可以预测 BiFeO₃ 中存在较大的自发极化值，其数值大于 $90\mu C/cm^2$。而勒伯格勒等[38] 在室温下发现了高质量单晶 BiFeO₃，其具有非常大的饱和极化（$60\mu C/cm^2$），如图 2-11 所示。BiFeO₃ 具有很高的自发极化强度和 T_c。众所周知，高饱和极化 P_{max} 和大 $[P_{max}-P_r$（剩余极化）$]$ 是获得高存储能力的最重要因素之一。由于铁电相的存在，往往具有较大 P_r 的 BiFeO₃ 并不适合直接用于介电储能，这亦是所有强铁电性材料的一个缺点。因此，获得小 P_r 的 BiFeO₃ 就需要打破长程有序，使其成为弛豫铁电体（RFE）。

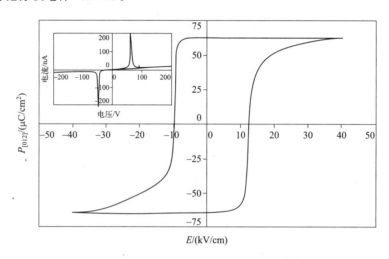

图 2-11　BiFeO₃ 块体单晶的 P-E 回线[38]

2.4.3 BiFeO₃ 的介电性能

BiFeO₃ 陶瓷的相对介电常数与温度的关系（介电温谱）如图 2-12 所示。介温谱中表现出明显的频率色散现象，且具有较宽的相变峰，并且拥有 α 和 β 两个介电弛豫部分。α 是因为铁离子在 +3 与 +4 价态之间跳跃而产生的。β 对应于多铁电体的反铁电-顺磁相变。

虽然 BiFeO₃ 具有超高的极化强度，但由于铁离子的价态不稳定，且 Bi 非常容易挥发，极易生成缺陷和 $Bi_2Fe_4O_9$、$Bi_{24}Fe_2O_{39}$ 等杂相，导致 BF 在外加电场下表现出高漏导、低电阻性质。而掺杂耐电场强度（BDS）大的组元是提高电阻、减小漏电流的有效途径。常见的二元固溶体主要包括 BF-BaTiO₃ 和 BF-SrTiO₃。

利用稀土离子、碱土金属离子和过渡金属离子进行 A/B 位取代 BiFeO₃ 陶瓷也是改善烧结行为和降低漏电流的有效途径，根据掺杂离子取代位置的不同可以将这种掺杂改性划分为 A 位掺杂、B 位掺杂和复合掺杂。在 BiFeO₃ 陶瓷中，多种离子掺杂将会导致严重的电荷无序和晶格畸变，这将诱发纳米级局部随机场并激发极性纳米微区（PNRs）的形成，从而导致较小的 P_r 值。

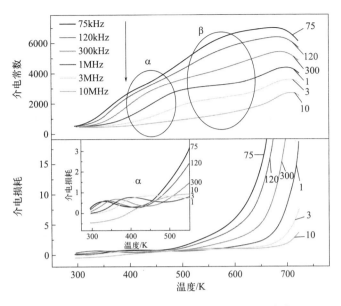

图 2-12　不同温度下 BF 的介电常数和损耗[39]

2.4.4　A 位掺杂 BiFeO₃ 陶瓷的储能性能

A 位掺杂是指利用其他元素离子取代部分 Bi^{3+} 离子。其中利用正三价镧系元素离子掺杂可减少 Bi 的挥发，减少杂相和缺陷的生成，提高铁电性能。Z. Chen 等[40] 研究了 Sm 掺杂 BF-BT 陶瓷，以调整结构和储能性能，$0.67Bi_{0.9}Sm_{0.1}FeO_3$-$0.33BaTiO_3$，在 200kV/cm 时，$W_{rec}$ 可以达到 $2.8J/cm^3$。Ba^{2+}、Ca^{2+}、Sr^{2+} 等二价离子掺杂，能够增大介电常数，提高储能性能。Z. Chen 等[41] 发现 Sr^{2+} 取代 BF-BT 陶瓷中 Bi^{3+} 和 Ba^{2+} 的位置抑制了晶粒生长并增强了介电弛豫行为，使得 0.70（$0.67BiFeO_3$-$33BaTiO_3$）-0.30（$Sr_{0.7}Bi_{0.2}$）TiO_3 陶瓷在 180kV/cm 的电场下，获得了优异的有效储能密度 W_{rec}（$2.40J/cm^3$）和良好的储能效率 η（90.40%）。

2.4.5　B 位掺杂 BiFeO₃ 陶瓷的储能性能

B 位掺杂是利用 Mn^{4+}、Ti^{4+}、Nb^{5+} 等掺杂取代 Fe^{3+}。由于 B 位掺杂的离子价态大多高于+3 价，因此为了维持电荷平衡将导致空位减少，同时亦减少 Fe^{3+} 的变价，从而增强铁电性。X. Bai 等[42] 人通过在 $0.67BiFeO_3$-$0.33BaTiO_3$ 陶瓷中引入 $BaBi_2Nb_2O_9$，当 $E=230kV/cm$ 时，W_{rec} 为 $3.08J/cm^3$，η 为 85.57%。

2.4.6　复合掺杂 BiFeO₃ 陶瓷的储能性能

为了更好地改善 BF 的铁电性能，可利用 A、B 位共掺的方式对 $BiFeO_3$ 进行改性。复合掺杂能够显著地改善 $BiFeO_3$ 的性能。例如，T. Cui 等[43] 利用协同优化策略制备出 $0.62Bi_{0.9}La_{0.1}FeO_3$-$0.3Ba_{0.7}Sr_{0.3}TiO_3$-$0.08NaNb_{0.85}Ta_{0.15}O_3$ 陶瓷，当 $E=680kV/cm$ 时，W_{rec} 为 $15.9J/cm^3$，η 为 87.7%。

总之，掺杂的 $BiFeO_3$ 陶瓷展现了比较优异的储能特性。

2.5 $Na_{0.5}Bi_{0.5}TiO_3$ 储能陶瓷

2.5.1 $Na_{0.5}Bi_{0.5}TiO_3$ 的晶体结构

$Na_{0.5}Bi_{0.5}TiO_3$（简称为 BNT）是一种钙钛矿铁电体，通过氧八面体共用顶角形成简单立方的钙钛矿结构（图 2-13）。其属于 A 类复合型钙钛矿铁电体，在 A 位被 Bi^{3+} 和 Na^+ 共同占据，B 位被 Ti^{4+} 占据。BNT 于 1960 年由 Smolenskii 等人首次合成。在室温下，BNT 属于菱面体体系（$a = 0.3886nm$，$\alpha = 89.16°$），其剩余极化（P_r）约为 $38\mu C/cm$，相对介电常数为 $240 \sim 340$，居里温度高达 $320 \sim 340℃$。

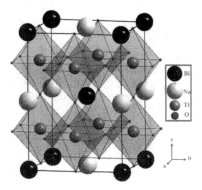

图 2-13　BNT 陶瓷的晶体结构

2.5.2 $Na_{0.5}Bi_{0.5}TiO_3$ 的铁电性能

1962 年，C. F. Buhrer[44] 解释了 BNT 的铁电性起源，认为 BNT 的铁电性源于特定的电子结构，这种电子结构与 Pb^{2+} 类似，这也使 BNT 具有较高的极化性。BNT 的相变过程复杂，其独特的束腰双滞回线引起众多研究者的关注。在 $200 \sim 320℃$ 范围内，BNT 是四方还是菱形结构，或者在这个宽的温度范围内是否处于松弛状态共存，尚有争议。

1982 年，J. A. Zvirgzds 等[45] 用 X 射线衍射研究了 BNT 单晶的相变。在 $540℃$ 附近，BNT 晶粒由立方 FE 结构转变为四方 FE 结构，在 $260℃$ 附近由四方 FE 相结构转变为菱形 FE 相结构。

随后越来越多的研究人员进行了大量的研究，以了解其详细的相结构。C. W. Tai 等[46] 研究了 BNT 基陶瓷的畴结构与温度的关系。结果表明，不存在 AFE 长程结构，FE 相与 AFE 相之间不存在过渡。通过进一步研究 BNT-BT 晶体结构，学者得出结论，这种类似于双滞回线的现象是由 Ti^{4+} 和 O^{2-} 在晶体结构的 B 中心位置，形成倾斜的八面体引起的，从而导致了畴转换。BNT 基陶瓷为弛豫 FE 的定义已被研究者广泛接受。

2.5.3 $Na_{0.5}Bi_{0.5}TiO_3$ 的介电性能

在纯 BNT 陶瓷的介电温谱图中，其介温曲线会出现三个介电异常峰。在低温处的第一个峰定义为 T_d，当温度高于 T_d 时，陶瓷的压电性能就消失了。第二个介电异常峰定义为 T_s，与低温极性纳米微区（LT-PNRs）的热运动有关，随测试频率的增加，将表现出明显的频率色散现象。第三个介电异常峰为居里温度（T_m），在该峰附近未观察到频率色散现象，但其介电峰逐渐变宽，这与高温极性纳米微区（HT-PNRs）的热演化以及两种 PNRs 的相转变有关。

BNT 基弛豫铁电陶瓷（RFE）具有较大的饱和极化（约 $43\mu C/cm^2$），作为储能材料被广泛研究。对于纯 BNT 陶瓷，当施加的电场超过其矫顽力场（约 $73kV/cm$）时，可以稳定地建立长程铁电畴，从而产生较大的滞回和剩余极化。此外，纯 BNT 陶瓷的 E_b 值很低

（约 100kV/cm）。导致纯 BNT 低 E_b 的最重要因素之一是烧结过程中 Bi 挥发产生的氧空位。

2.5.4　A 位掺杂 $Na_{0.5}Bi_{0.5}TiO_3$ 陶瓷的储能性能

大多数稀土元素，如 La^{3+}、Nd^{3+}、Sm^{3+}、Er^{3+} 等，由于离子半径相似，会进入钙钛矿 $Na_{0.5}Bi_{0.5}TiO_3$ 陶瓷的 A 位，从而增加 A 位的局部无序性，降低 P-E 回线的滞回。此外，由于大多数稀土元素具有较高的挥发温度，稀土掺杂可显著抑制烧结过程中 Na、Bi 元素的挥发，使缺陷减少，达到改善 NBT 陶瓷的储能性能的目的。如 Y^{3+} 的掺杂能够引发晶格畸变，使得介电常数增大、介电损耗降低。L. Yu 等人[47]，报道 La^{3+} 的 A 位掺杂有效细化了 BNT-CT 陶瓷的晶粒，提高了陶瓷的介电击穿强度（BDS）；通过数值模拟证实了这一结果，表明晶粒细化对 BDS 的增强有显著贡献。在 BNT-CT 陶瓷中加入适量的 La^{3+}，可提高陶瓷的储能密度。其中 BNT-CT-0.75La 陶瓷的最大储能密度为 2.15J/cm³，BDS 高达 210kV/cm。该陶瓷还具有较好的温度和频率稳定性（30～150℃，0.2～200Hz）。此外，该陶瓷表现出优异的充放电性能，功率密度达到 43.87MW/cm³，是其他 BNT 基陶瓷的近两倍。基于上述研究结果，A 位掺杂能有效增强 BNT 基陶瓷的储能性能。

2.5.5　B 位掺杂 $Na_{0.5}Bi_{0.5}TiO_3$ 陶瓷的储能性能

B 位离子掺杂主要通过减少 Ti^{4+} 变价及引起晶格畸变展开研究。一方面由于低价离子掺杂后可作为受主，掺杂离子在一定程度上减少 Ti^{4+} 向 Ti^{3+} 的转变，另一方面由于电中性原则，掺杂低价 Mn^{2+} 会导致部分 Ti^{4+} 向 Ti^{3+} 转变所引发的施主氧空位的产生受到抑制；高价离子掺杂，如 Nb^{5+}。高价离子使晶胞中出现正电荷，会抑制本征位的产生，另外掺杂的离子半径不同会引起晶格畸变，这些将有利于 BNT 的铁电性、压电性增强以及矫顽场降低。但更高价态的离子（如 Nb^{5+} 和 W^{6+} 等）多为多价态离子且较不稳定，故因难以控制其价态变化而较少作为掺杂离子使用。

2.5.6　复合掺杂 $Na_{0.5}Bi_{0.5}TiO_3$ 陶瓷的储能性能

通过在钙钛矿 A 和 B 位共掺杂进行化学修饰，可更好地提高 BNT 基陶瓷的储能性能。例如，La^{3+} 和 Al^{3+} 引入 BNT 陶瓷的 A 和 B 位，在 210kV/cm 条件下，BNT 陶瓷的 W_{rec} 达到 3.18J/cm³。但是，La^{3+}/Al^{3+} 共掺杂增强储能性能的机理还有待一步研究。此外，C. Luo 等[48] 报道了 Ca^{2+}/Hf^{4+} 共掺杂 BNT-0.06BaTiO₃ 陶瓷，在 280kV/cm 下的超高 W_{rec} 为 4.2J/cm³，而 η 值非常低，仅为 66.7%。

C. Wu 等人[49] 在 BNT 陶瓷中引入 Nd^{3+} 和 Ga^{3+} 并分别占用 A 和 B 位。在 200kV/cm 的中等电场（E）作用下，NBST-0.04NG 陶瓷的有效储能密度（W_{rec}）提高到 2.88J/cm³，效率（η）提高到 83%。高价 Nd^{3+} 离子进入钙钛矿 A 位，占据 Bi 挥发产生的 Bi 空位，抑制氧空位的形成，促进击穿电场（E_b）增强。低价 Ga^{3+} 进入 B 位取代 Ti^{4+}，由于 Ga^{3+}/Ti^{4+} 的异价离子共占，在 B 位形成随机电场，显著降低铁电滞回现象。在 NBST-xNG 陶瓷中 A 位和 B 位共掺杂的协同效应能显著提高 BNT 基陶瓷的储能性能。

2.6 Pb(Zr$_x$Ti$_{1-x}$)O$_3$ 储能陶瓷

2.6.1 Pb(Zr$_x$Ti$_{1-x}$)O$_3$ 的晶体结构

Pb(Zr$_x$Ti$_{1-x}$O$_3$(PZT) 呈钙钛矿结构，空间结构如图 2-14 所示。Pb(Zr$_x$Ti$_{1-x}$)O$_3$ 是由 PbZrO$_3$ 和 PbTiO$_3$ 组成的固溶体，由于 PbZrO$_3$ 和 PbTiO$_3$ 具有相近的化学性能，因此能够以任意比例互溶形成固溶体。

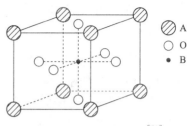

图 2-14 PZT 晶体结构[50]

2.6.2 Pb(Zr$_x$Ti$_{1-x}$)O$_3$ 的铁电性能

电子轨道杂化可以减小离子间的短程排斥力，形成铁电畸变。因此大部分钙钛矿铁电体的 B 位离子都存在未充满的 d 轨道，可与 O^{2-} 实现 d-p 杂化。A 位离子也会对晶体结构产生重要影响，如 Pb 的 6s 轨道与 O 的 2p 轨道发生杂化，从而间接地改变 B-O 杂化轨道之间的相互作用从而增加铁电相的稳定性。

PbTiO$_3$ 和 PbZrO$_3$ 的居里温度分别是 490℃、230℃，通过调控 Zr 和 Ti 的含量可以使 PZT 的居里温度出现在 230℃ 和 490℃ 之间的任意位置（图 2-15）。当温度处于居里温度（T_c）以上时，晶体为顺电相；当温度从 T_c 以上降低至 T_c 以下时，将在 T_c 处发生相变，由顺电相转变为铁电相。在 T_c 以下，Zr 与 Ti 的摩尔比为 53/47 附近，存在准同型相界，准同型相界的左右两侧分别为三方晶相与四方晶相。普遍认为，三方晶相与四方晶相同时存在于准同型相界处，因此在外力或电场作用下晶格可发生相转变，有利于铁电活性离子的迁移。

当温度在居里温度以下时，PZT 为四方晶相和三方晶相，与立方晶相比较，四方晶相 c 轴变长，a 轴变短，B 位的 Zr^{4+} 或者 Ti^{4+} 沿 c 轴方向产生了离子位移极化，而三方晶相的自发极化方向是沿晶胞的空间对角线方向。

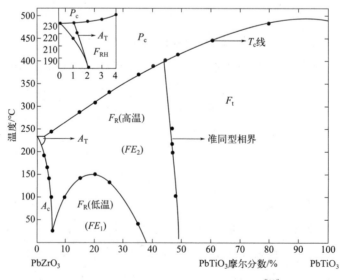

图 2-15 Pb(Zr$_x$Ti$_{1-x}$)O$_3$ 固溶体相图[51]

2.6.3 $Pb(Zr_xTi_{1-x})O_3$ 的介电性能

图 2-16 为 $Pb(Zr_{0.95}Ti_{0.05})O_3$ 块体陶瓷的介电常数及介电损耗随温度的变化关系，由图可见，介电常数和介电损耗在 242℃时出现了明显的异常峰，这对应于铁电相到顺电相（FE-PE）的相转变峰。

通常，掺杂改性是提高 PZT 铁电性能最常用的方法之一，即通过引入不同的离子可对 PZT 晶格中电荷缺陷进行调控，对 PZT 的晶体结构和介电性能产生影响。

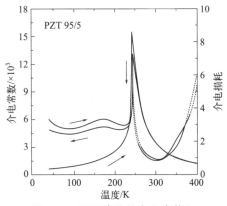

图 2-16 PZT 陶瓷的介电常数和
介电损耗随温度变化关系[52]

2.6.4 A 位掺杂 $Pb(Zr_xTi_{1-x})O_3$ 陶瓷的储能性能

A 位掺杂是指部分 Pb^{2+} 被其他离子取代，如 Ba^{2+}、Sr^{2+}、Ca^{2+}、Mg^{2+}、La^{3+}、Sr^{3+}、Bi^{3+} 等离子。根据取代离子的价态不同，PZT 陶瓷将产生一系列不同的变化。若取代离子为二价离子，如 Ba^{2+}、Sr^{2+}、Ca^{2+} 等可能导致居里点下降，介电常数增加。若被高价离子取代，将在晶格中形成一定量的正离子空位，会对介电常数、介电损耗、矫顽场等产生影响。P. Qiao 等[53] 制备了 La 掺杂的 $(Pb_{0.895}La_{0.07})(Zr_{0.9}Ti_{0.1})O_3$ 陶瓷，在 175kV/cm 的电场下，获得了优异的 W_{rec}（$3.38J/cm^3$）和良好的 η（86.5%）。

2.6.5 B 位掺杂 $Pb(Zr_xTi_{1-x})O_3$ 陶瓷的储能性能

B 位掺杂过渡金属元素，如 Sn^{4+}、Hf^{4+}、Nb^{5+}、W^{6+} 等部分替代 Zr^{4+} 和 Ti^{4+}。取代离子的价态不同会对材料性能产生不同的影响。若被高价离子取代，因为比被置换的 Zr^{4+}、Ti^{4+} 的价态高，根据电价平衡原理，将在晶格中形成一定量的正离子空位；若被低价离子取代将，在晶格中形成一定量的负离子空位。由于 PZT 本身的储能性能较差，通过掺杂适当的 La^{3+} 可以获得 AFE 和 RFE 行为，从而增强 W_{rec}。如 Y. Liu 等[54] 采用固相反应法制备了跨越 AFET 和 FER 相的 PLZT 陶瓷。结果表明，La 掺杂可有效地将铁电四方相转变为反铁电四方相。当 La 含量适当时，材料的反铁电性增强，其击穿场强、有效能量密度 W_{rec} 和效率 η 均随之增大。

因此 PZT 的 B 位掺杂的基体材料通常为 PLZT。如 Z. Liu 等[55] 采用传统固相反应法制备了 $Pb_{0.97}La_{0.02}(Zr_{0.58}Sn_{0.35}Ti_{0.07})O_3$ 陶瓷，在 $E=118kV/cm$ 时，W_{rec} 为 $2.35J/cm^3$，η 为 86.1%。

2.6.6 复合掺杂 $Pb(Zr_xTi_{1-x})O_3$ 陶瓷的储能性能

为更好地改善 PZT 的铁电性能，可对 PZT 进行复合掺杂。将 A 位和 B 位离子通过适当的方法引入，则可显著提高 PZT 的电学性能。F. Zhou 等[56] 制备了 $(Pb_{0.97}La_{0.02})(Zr_{0.5}Sn_{0.44}Ti_{0.06})O_3$ 陶瓷，在 250kV/cm 的电场下获得了 $4.2J/cm^3$ 的储能密度和 82% 的储能效率。

2.7 AgNbO₃ 储能陶瓷

2.7.1 AgNbO₃ 的晶体结构

AgNbO₃（AN）已被研究人员广泛研究，但自 1958 年发现该化合物以来，关于其在室温下确切的晶体结构一直存在争议。利用 X 射线衍射（XRD）和中子衍射（ND）等粉末衍射技术研究表明：AgNbO₃ 属于中心对称空间群 $Pbcm$，表现出 Nb^{5+} 和 Ag^+ 的反平行位移的反极性排列，这与其电学响应并不一致。为解决这一问题，2011 年，M. Yashima[57] 等人利用聚合束电子衍射（CBED）、ND 和同步加速器对其结构进行了全面研究，并提出了一种弱极性或铁电（FIE）结构，该结构属于非中心对称空间群 $Pmc2_1$，其中 Nb^{5+} 和 Ag^+ 阳离子都表现出反极性行为。由于 AgNbO₃ 表现出较弱的净极化，因此被归类为"非补偿型 AFE"，这与典型的 AFE 不同。2012 年，M. K. Niranjan[58] 等人通过理论计算，揭示了 $Pmc2_1$ 相和 $Pbcm$ 相共存的可能性，其自由能差异很小（仅为 0.1meV/u）。G. Li[59] 等利用球差校正方法获得 AgNbO₃ 的高角度环形 HAADF 图像，快速傅里叶变换图和 ED 图均表明该结构倾向于非极性 $Pbcm$ 空间群。近年来 U. Farid[60] 等人使用高分辨率中子和同步加速器 X 射线粉末衍射的组合进行研究，报告了空间群 $P2_1am$ 的结构为极性（通过轴向变换与 $P2_1am$ 有关）。T. Lu[61] 等人也系统地证明了 $Pbcm$ 和 $Pmc2_1$ 结构在晶体对称性方面的差异。

2.7.2 AgNbO₃ 的铁电性能

AgNbO₃ 铁电性的最早证实是基于在弱电场（<20kV/cm）下观察到的非线性和滞后的 $P\text{-}E$ 环路，该环路显示了非常小的剩余极化。2008 年，D. S. Fu 等人[62] 基于高质量 AgNbO₃ 陶瓷样品，在电场下观察到"双"极化滞后现象（见图 2-17）。在弱场和强场条件下的不同极化行为表明，原始结构至少经历了两种电场的场诱导过程，包括 FE 畴切换和场致诱导相变。换句话说，原始结构应该包含 FE 或 AFE 状态。为了解释实验中观察到的特殊极化迟滞现象，Yashima 等[57] 在研究了 CBED、ND 和同步加速器 XRD 等衍射数据后，

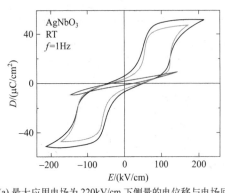

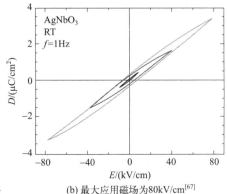

(a) 最大应用电场为 220kV/cm 下侧量的电位移与电场回路

(b) 最大应用磁场为 80kV/cm[67]

图 2-17　AgNbO₃ 陶瓷样品的"双"极化滞后现象

提出了 FIE（即"非补偿型 AFE"）$Pmc2_1$ 结构。此外，H. Moriwake 等人[63] 对单晶 $AgNbO_3$ 进行了分子动力学模拟，提出在 73℃及以上的温度下发生场致转变。无论模拟是从 AFE $Pbcm$ 开始还是从 FE $Pmc2_1$ 结构开始，在 73℃以上，晶体均在两种形式之间波动。

目前，场致转变的机制尚不清楚，高场致结构的性质也尚不清楚。根据上述结构模型，E_F 的转变可能包括弱极性铁电相，以及非极性反铁电相。后者将转变为极性铁电相，前者会不可逆地导致更大的剩余极化，后者可在 E_B 处恢复。然而，H. Moriwake 等人[64] 报道的第一性原理计算表明，非极性 $Pbcm$ 结构中的电偶极子反平行排列完全转变为 FE $Pmc2_1$ 相中的平行排列需要 9MV/cm。因此，在纯 $AgNbO_3$ 中观察到的双极化迟滞不太可能来自典型的 AFE↔FE 跃迁，而是来自亚稳态弱极性 FIE↔FE 跃迁，这是不完全可逆的，正如高场循环后剩余极化增加所表明的那样。亚稳 FIE 结构是 AFE $Pbcm$ 和 FE $Pmc2_1$ 相竞争产生的一种中间态。此外，H. Moriwake 等人[64] 的模拟表明场致 FE 相和弱极性/FIE 相具有相同的空间群 $Pmc2_1$（如图 2-18 所示）。然而，这一推论只是基于文献中已报道的数据。截至当前，还未有关于强场诱导 FE 相结构的实验研究。

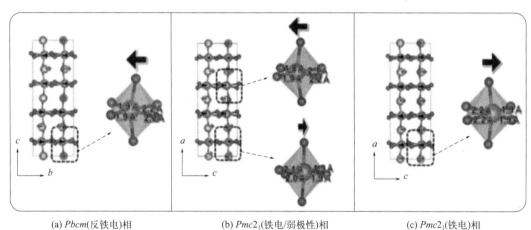

(a) $Pbcm$(反铁电)相　　　　(b) $Pmc2_1$(铁电/弱极性)相　　　　(c) $Pmc2_1$(铁电)相

图 2-18　$AgNbO_3$ 的不同相的晶体结构比较

箭头表示每个结构中导致铁电性（或缺乏铁电性）的原子位移的相对大小和方向

2.7.3　$AgNbO_3$ 的介电性能

在室温下，有报道显示 $AgNbO_3$ 中存在不同晶型之间的一系列温度诱导相变，但其细节仍有争议。通常非线性介电材料（如反/铁电体）的结构转变可通过测量介电特性的温度依赖性进行检测。1958 年，Francombe 等合成了 $AgNbO_3$，研究了其结构和介电性能，相关的研究结果见图 2-19（a）和图 2-19（b）。从图中可观测到约在 60℃、260℃和 340℃处存在 3 个介电异常，然而结构分析表明 340℃附近的介电异常与相变有关（由正交结构向四方结构转变）。此外，结构分析表明，当温度接近 580℃时，发生从四方相到立方相的转变，然而在此温度附近并未发现明显的介电异常［图 2-19（a）］。

随表征设备的改进，A. Kania[66] 等人重新研究了晶型结构与介电性能之间的关系，提出了加热时晶型相变序列（图 2-20）。

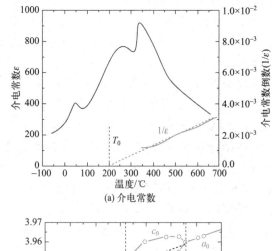

(a) 介电常数

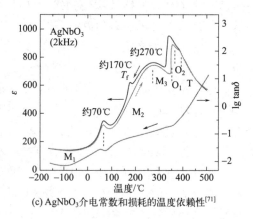

(c) AgNbO₃介电常数和损耗的温度依赖性[71]

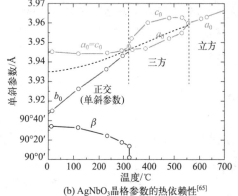

(b) AgNbO₃晶格参数的热依赖性[65]

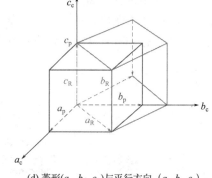

(d) 菱形(a_R, b_R, c_R)与平行方向(a_p, b_p, c_p)
正交对称的轴向关系$(a_c, b_c, c_c$代表伪立方单位单元的轴向)

图 2-19　AgNbO₃ 的结构和介电性能

$$M_1 \xrightarrow{约70℃} M_2 \xrightarrow{约270℃} M_3 \xrightarrow{约350℃} O_1 \xrightarrow{约360℃} O_2 \xrightarrow{约380℃} T \xrightarrow{约580℃} C$$

图 2-20　加热时 AgNbO₃ 晶型相变序列

M_1、M_2 和 M_3 表示在菱形方向上具有正交（O）对称的相。T 相和 C 相分别具有四方对称和立方对称。O_1 和 O_2 代表平行方向正交对称的相。不同方向的 O 对称示意图如图 2-18 所示。高温 M_3、O（包括 O_1 和 O_2）、T 和 C 相之间的转变与 XRD 和 TEM 实验观察到的八面体倾斜的热演化有关。

然而，在 XRD 和 TEM 中没有观察到 $O_1 \leftrightarrow O_2$ 转变的结构变化。值得注意的是，M 型相变只能通过分析基于原始钙钛矿伪立方单元细胞的原位衍射数据确定，使用单斜参数（因此它们被命名为"M 相"）。区分三种 M 相的结构参数的变化与约 70℃和约 270℃附近的介电异常基本一致。此外，介电光谱还显示了约 170℃时的异常，这种异常只出现在冷却循环中，而在加热过程中几乎没有检测到，这个介电异常温度被定义为偶极子冻结温度 T_f。

最近，P. Shi 等[67] 通过研究 $Ag_{1-3x}Bi_x Nb_{0.8}Ta_{0.2}O_3$ 陶瓷，发现在 M_2 相稳定区域内，可以识别出两个特征结构，分别为 M_{2a} 相（$T < T_f$）和 M_{2b} 相（$T > T_f$）。M_{2a} 相为极性非中心对称相，M_{2b} 相为中心对称相。T. Gao 等[68] 人利用小盒子对分布函数（PDF）

结合大箱逆向蒙特卡洛模型研究了局域结构特征，包括原子间距离分布和原子位移，发现在室温（300K）下，随着小盒子 PDF 细化尺寸的增加，结构趋于非极性，而在高温下（$T >T_f$，例如 500K），非极性结构提供了更好的描述，不管 PDF 细化的大小。研究结果进一步支持 T_f 以下和 T_f 以上的结构差异，并指出 T_f 的介电异常源于相变。G. Li 等[59] 通过分析经球差校正的 STEM 得到的局部结构数据，发现在室温下，除了 Nb^{5+} 沿 $\pm[110]_c$ 方向偏离中心形成 Pbcm 或 $Pmc2_1$ 结构外，在局部区域也发现 Nb^{5+} 沿 $\pm[110]_c$ 方向偏离。他们进一步指出，这些局部偏离中心的阳离子形成极性纳米区（PNRs），这是由于松弛介电响应分配到 $M_1 \leftrightarrow M_2$ 相变。他们的结果进一步支持了所谓的 $M_1 \leftrightarrow M_2$ 过渡更可能与局部结构演化有关的观点。

2.7.4 A 位掺杂 AgNbO₃ 陶瓷的储能性能

纯 AgNbO₃ 陶瓷的储能性能较差，需要引入离子半径更小的阳离子来提升 AFE 结构的稳定性。在 A 位掺杂 Mn 的情况下，在 0.1%～0.3%（质量分数）MnO₂ 范围内获得了单相钙钛矿结构的 AN，高于此掺杂量时会出现杂相。与 1090℃ 烧结相比，在 1070℃ 下烧结的 MnO₂ 掺杂样品晶粒较大，这是由 Mn 掺杂引起的氧空位引起的，这可能提高了晶界的迁移率，增强了质量运输。剩余极化的下降和 AFE-FE 相变所需磁场的增加表明，添加 Mn 后，AN 的 AFE 相稳定，这一点从容差因子的下降中得到了进一步证实。所有 Mn 掺杂样品都表现出比纯 AN 更好的储能性能，0.1%（质量分数）Mn-AN 的 W_{rec}（2.5J/cm³）和 η（57%）最大。此外，掺 Bi^{3+} 的 AN 的 A 位掺杂也有利于降低容差因子，促进反铁电性的提高。在掺 Sm[1%～5%（摩尔分数）] 的研究中也有类似的发现，在 $Ag_{0.91}Sm_{0.03}NbO_3$ 陶瓷中，在 290kV/cm 的电压下，Sm 的最佳利用率为 5.2J/cm，η 为 68.5%。

2.7.5 B 位掺杂 AgNbO₃ 陶瓷的储能性能

到目前为止，经过研究人员的不断探索，已经明确了提高 AgNbO₃ 基陶瓷储能特性的方法：引入更低极化率的 B 位离子，调节容差因子，产生局部化学应力引起晶格畸变。通过降低 B 位阳离子的极化率能稳定其 AFE 相，相应能提高 AN 储能密度，这通过掺杂 WO₃ 或 Ta₂O₅ 得到了证实，B 位阳离子极化率会因此降低。在掺 Ta 的 AgNbO₃ 中，相变电场 E 和 E_A 随 Ta 掺杂量的增加而增大，表明 AFE 相的稳定性增强。此外，由于 Ta₂O₅ 的耐火性，晶粒尺寸随着 Ta 的增加而减小，导致 BDS 增强。

2.7.6 复合掺杂 AgNbO₃ 陶瓷的储能性能

上面综述了单独 A 位或者 B 位掺杂对 AN 陶瓷各项性能的影响，然而在实际研究中常采用 A、B 位掺杂以最大程度地改善性能。例如，A. Song 等[69] 采用掺杂阴阳离子半径分别和 Ag^+、Nb^{5+} 类似的 BiMnO₃ 形成固溶体来降低 AN 的容差因子的方法来改善 AN 的储能性能，将 BiMnO₃ 与 AgNbO₃ 固溶，发现 BiMnO₃ 的引入增大了 E_A、E_F 和 E_b，降低了 P_r，虽然最大极化有一定程度上的降低，但是总体上还是增强了其 AFE 结构的稳定性，从而改善了其储能性能，故采用 A、B 位复合掺杂能更好地改善 AgNbO₃ 陶瓷的储能性能。

2.8 NaNbO₃ 储能陶瓷

2.8.1 NaNbO₃ 的晶体结构

NaNbO₃（NN）目前被认为是 ABO_3 型钙钛矿结构的反铁电体,室温晶格常数 $a=556.8pm$, $b=550.5pm$, $c=1551.8pm$。

自从 B. T. Matthias 等人[70] 首次报道了 NaNbO₃ 的介电性能以来,NaNbO₃ 复杂的结构相变就一直困扰着无数科研工作者,20 世纪 50 年代到 60 年代末,大量研究依据 X 射线衍射、光学性能以及热重分析等手段,L. E. Cross 和 P. Vousden 等人[71-72] 对 NaNbO₃ 的结构进行了探究,确定了 NaNbO₃ 在室温时以正交反铁电相存在。1966 年 I. Lefkowitz[73] 在前人的研究基础上,继续开展大量的研究工作,对 NaNbO₃ 在室温及以上的结构进行了进一步的修正和探究,但对其结构的补充并不完善。目前,随着中子衍射、拉曼光谱、同步辐射以及更宽温度范围下的介电性能测试等测试手段的丰富,NaNbO₃ 被人们普遍认为在室温下是正交晶系钛酸钙结构,并具有以下相变过程。

$$N \xrightarrow{-100℃} P \xrightarrow{360℃} R \xrightarrow{480℃} S \xrightarrow{520℃} T_1 \xrightarrow{575℃} T_2 \xrightarrow{640℃} U$$

N:铁电三方相,P、R:反铁电正交相,S、T_1:顺电正交相,T_2:顺电四方相,U:顺电立方相。

2.8.2 NaNbO₃ 的铁电性能

反铁电性没有进行真正定义,常常用来对铁电性进行比较。若陶瓷在 P-E 测试中出现以下特征,一般认为该陶瓷具有广义的反铁电特征:a.常规的双电滞回线;b.类似双电滞回线的束腰电滞回线,通常在正向以及反向极化间出现明显的分离特征;c. I-E 曲线双极出现或超过四个电流峰。

NaNbO₃ 在室温下具有反铁电性因而被认为是反铁电体,反铁电体源自与反铁磁体的类比,在 1951 年 C. Kittel 给出了反铁电体的模型,即在晶体中存在与铁电体类似的自发极化,但相邻晶格却与铁电体相反呈反向平行,故而不体现宏观极化。

反铁电体具有方向相反排列的相邻偶极子,在低电场下,其具有类似线性铁电体的特征,极化强度随电场小幅增强。若继续增加电场到 $E_{反铁电-铁电}$,反铁电体由反铁电态向铁电态转变,偶极子的反向排列难以在电场下稳定维持,进而随着电场同向排列,最终导致极化强度急剧提升至最大。此时撤去电场,在电场低至 $E_{铁电-反铁电}$ 时,重新发生铁电态到反铁电态转变,偶极子部分复原从而导致极化骤降,当外加电场全部撤去,剩余极化理论上为零(图 2-21)。

NaNbO₃ 陶瓷在室温电场下通常表现为铁电体特征,难以直接观测到标准的双电滞回线,但是在单晶中却出现了标准的双电滞回线。NN 最初被发现也是作为铁电体,目前一般认为是由于铁电相和反铁电相自由能差异很小,撤去电场后铁电相以亚稳态的形式保留下来。

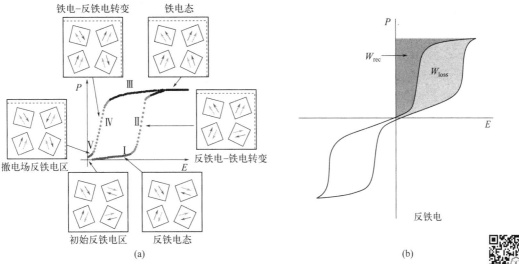

图 2-21　反铁电和铁电相位切换简化原理图[74]（a）与反铁电体 $P\text{-}E$ 曲线[75]（b）

2.8.3　NaNbO₃ 的介电性能

NaNbO₃ 至少显示出 7 个相结构，但仅能在约 600K（P/R）处观察到明显的介电峰（图 2-22）。

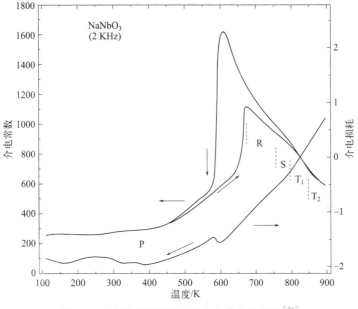

图 2-22　不同温度下 NN 的介电常数和损耗[76]

2.8.4　A 位掺杂 NaNbO₃ 陶瓷的储能性能

NaNbO₃ 作为反铁电体理论上剩余极化为零，并且具有和铁电体相当的最大极化，因而有望成为同时具有高储能密度和高储能效率材料的候选材料。NaNbO₃ 陶瓷的反铁电相在电场下会转变成铁电相，不可恢复，并且在室温下由于反铁电相和铁电相自由能相差很小，容易发生相变而导致陶瓷材料被击穿，不利于储能应用。为了解决这一问题，目前最常用的方式也是进行取代改性，稳定其反铁电相或者铁电相以改善其储能性能。

其中 A 位主要是以 Bi^{3+}、La^{3+}、Sr^{2+}、Ba^{2+}、K^+ 等离子取代原本的 Na^+，M. Zhou 等人[77] 通过在 A 位掺杂 Bi^{3+} 取得了较高的储能密度，在 $E=250kV/cm$ 时获得 $W_{rec}=4.03J/cm^3$ 的有效储能密度和 $\eta=85.4\%$ 的效率，该研究认为 Bi^{3+} 在 A 位取代 Na^+ 会有效提高极化强度。

$NaNbO_3$ 陶瓷体系中的 A 位掺杂在最大极化下降不明显的情况下能显著降低剩余极化 P_r，细化电滞回线，同时 Bi^{3+} 等小尺寸离子会稳定其反铁电相，Sr^{2+} 等大尺寸离子（相比于 Na^+）能稳定其铁电相。

2.8.5　B 位掺杂 $NaNbO_3$ 陶瓷的储能性能

B 位掺杂一般是用与 Nb^{5+} 尺寸相近或者价态相近的 Ta^{5+}、Zr^{4+}、Zn^{4+}、Ti^{4+} 等离子进行取代，J. J. Bian 等人[78] 在 B 位用 Ta^{5+} 取代 Nb^{5+} 明显地提高了 $NaNbO_3$ 陶瓷的储能效率，在 $E=160kV/cm$ 时获得 $W_{rec}=0.9J/cm^3$ 的有效储能密度和 $\eta=87\%$ 的效率。

单纯的 B 位掺杂会提高击穿场强，但最大极化 P_{max} 下跌严重，最终表现为有效储能密度不大，效率略有提升。

2.8.6　复合掺杂 $NaNbO_3$ 陶瓷的储能性能

目前，取得最好储能指标的取代方式是复合掺杂，科研工作者试图稳定其在室温下的铁电相或反铁电相，通常是用其他钙钛矿体系如 ST、BNT 或者 BF 等进行复合，或者以化合物的形式进行取代。Qi 等人[79] 在 $NaNbO_3$ 的基础上用 BNT 体系进行复合成分改性取得了 $12.2J/cm^3$ 的超高有效储能密度和 69% 的效率，表 2-2 为对 $NaNbO_3$ 进行取代改性各项性能的总结。

表 2-2　$NaNbO_3$ 陶瓷掺杂储能性能总结

材料	$W_{rec}/$ (J/cm^3)	$\eta/\%$	$P_m/$ $(\mu C/cm^2)$	$P_r/$ $(\mu C/cm^2)$	ε_r	参考文献
$(Na_{0.91}La_{0.09})(Nb_{0.82}Ti_{0.18})O_3$	6.5	66	43	7	880	[80]
0.8NN-0.2ST	3.02	80.7	34.5	1.6	1450	[81]
$0.9NN-0.1Bi(Mg_{0.67}Nb_{0.33})O_3$	2.8	82	25	2	750	[82]
$0.9NN-0.06BaZrO_3-0.04CaZrO_3$	1.59	30	32	5		[83]
$0.68NN-0.32Ba_{0.6}(Bi_{0.5}K_{0.5})_{0.4}TiO_3$	2.75	78.3	32	4	1850	[84]
0.76NN-0.24BNT	12.2	69	63	7	1350	[85]
$0.77NN-0.23BT-Bi_2O_3$	1.5	68.2	25	3.6	1900	[86]
$0.78NN-0.22Bi(Mg_{0.67}Ta_{0.33})O_3$	5.01	86.1	18.5	1.42	350	[87]
$0.85NN-0.15Bi(Zn_{0.67}Nb_{0.33})O_3$	1.22	73.5	15	2	1050	[88]
$0.86NN-0.14(Bi_{0.5}Na_{0.5})HfO_3$	3.51	80.1	24.49	1.97	88	[89]
$0.88NN-0.12Bi(Ni_{0.5}Zr_{0.5})O_3$	4.9	83	31.4	4.84	600	[90]
$0.88NN-0.12Bi(Zn_{0.5}Zr_{0.5})O_3$	3.14	84.5	23.5	2	1000	[91]
$0.91NN-0.09Bi(Zn_{0.5}Ti_{0.5})O_3$	2.1	76	29.4	2.9	1800	[92]

材料	$W_{rec}/$ (J/cm^3)	$\eta/\%$	$P_m/$ $(\mu C/cm^2)$	$P_r/$ $(\mu C/cm^2)$	ε_r	参考文献
$0.91NN\text{-}0.09Bi(Zn_{0.5}Ti_{0.5})O_3$	2.2	62.7	34.6	3.5	1070	[93]
$0.92NN\text{-}0.08Bi(Mg_{0.5}Ti_{0.5})O_3$	5.57	71	40	0	1000	[94]
$0.93NN\text{-}0.07Bi(Mg_{0.5}Zr_{0.5})O_3$	2.31	80.2	23	2.5	1125	[95]
$0.96NN\text{-}0.04CaZrO_3$	0.55	63	9	1.2	270	[96]
$Na_{0.7}Bi_{0.1}NbO_3$	4.03	85.4	37.5	1.1	1675	[76]
$NaNb_{0.4}Ta_{0.6}O_3$	0.9	87	13	1	1700	[77]

思考题

1.通过掺杂改性可综合不同类型陶瓷的优点,是否可以将陶瓷改性为弛豫反铁电体?如果可以,会存在什么优点和缺点?

2.介电储能陶瓷有多种体系,思考不同体系陶瓷的优势,分别适合应用于哪些方面?

3.陶瓷的制备工艺有多种,分析不同工艺对陶瓷性能的影响。如想要获得优异的击穿场强,哪种工艺是最好的?你能想到其他制备陶瓷的工艺吗?

4.思考不同掺杂方式对 $NaNbO_3$ 陶瓷的影响,分析哪一种掺杂是提升陶瓷储能性能的最好方式。

参考文献

[1] Wang G, Lu Z, Li Y, et al. Electroceramics for High-Energy Density Capacitors: Current Status and Future Perspectives[J]. Chemical Reviews, 2021, 121(10): 6124-6172.

[2] Yang Z, Du H, Jin L, et al. High-Performance Lead-Free Bulk Ceramics for Electrical Energy Storage Applications: Design Strategies and Challenges[J]. Journal of Materials Chemistry A, 2021, 9(34): 18026-18085.

[3] Howatt G N, Breckenridge R G, Brownlow J M. Fabrication of Thin Ceramic Sheets for Capacitors[J]. Journal of the American Ceramic Society, 1947, 30(8): 237-242.

[4] Moreno R. The role of slip additives in tape-casting technology. L: solvents and dispersants[J]. American Ceramic Society Bulletin, 1992, 71(10): 1521-1531.

[5] Hotza D, Greil P. Aqueous tape Casting of Ceramic Powders[J]. Materials Science and Engineering: A, 1995, 202(1-2): 206-217.

[6] Joshi S C, Lam Y C, Boey F Y C, et al. Power law fluids and Bingham plastics flow models for ceramic tape casting[J]. Journal of Materials Processing Technology, 2002, 120(1-3): 215-225.

[7] Fujimoto K, Morita H, Goshima Y, et al. High-Pressure Combinatorial Process Integrating Hot Isostatic Pressing[J]. ACS Combinatorial Science, 2017, 15(12): 622-625.

[8] Duan X, Luo W, Wu W, et al. Dielectric response of ferroelectric relaxors[J]. Solid State Communications, 2000, 114(11): 597-600.

[9]   Yuan Q, Li G, Yao F Z, et al. Simultaneously achieved temperature-insensitive high energy density and efficiency in domain engineered $BaTiO_3$-$Bi(Mg_{0.5}Zr_{0.5})O_3$ lead-free relaxor ferroelectrics[J]. Nano Energy, 2018, 52: 203-210.

[10] Wu T, Pu Y, Gao P, et al. Influence of Sr/Ba ratio on the energy storage properties and dielectric relaxation behaviors of strontium barium titanate ceramics[J]. Journal of Materials Science-Materials in Electronics, 2013, 24(10): 4105-4112.

[11] Puli V S, Pradhan D K, Riggs B C, et al. Investigations on structure, ferroelectric, piezoelectric and energy storage properties of barium calcium titanate (BCT) ceramics[J]. Journal of Alloys and Compounds, 2014, 584: 369-373.

[12] Ren P, Wang Q, Li S, et al. Energy storage density and tunable dielectric properties of $BaTi_{0.85}Sn_{0.15}O_3$/MgO composite ceramics prepared by SPS[J]. Journal of the European Ceramic Society, 2017, 37(4): 1501-1507.

[13] Zhang Y, Li Y, Zhu H, et al. Influence of Zr/Ti ratio on the dielectric properties of $BaZr_xTi_{1-x}O_3$ ceramics for high-voltage capacitor applications [J]. Journal of Materials Science-Materials in Electronics, 2016, 27(9): 9572-9576.

[14] Hu Q, Tian Y, Zhu Q, et al. Achieve ultrahigh energy storage performance in $BaTiO_3$-$Bi(Mg_{1/2}Ti_{1/2})O_3$ relaxor ferroelectric ceramics via nano-scale polarization mismatch and reconstruction[J]. Nano Energy, 2020, 67: 104264.

[15] Huang J, Zhang J, Yu H, et al. Improvement of dielectric and energy storage properties in $BaTiO_3$ ceramics with $BiNbO_4$ modified[J]. Ferroelectrics, 2017, 510(1): 8-15.

[16] Wei M, Zhang J, Zhang M, et al. Relaxor behavior of $BaTiO_3$-$BiYO_3$ perovskite materials for high energy density capacitors[J]. Ceramics International, 2017, 43(6): 4768-4774.

[17] Li W B, Zhou D, Xu R, et al. $BaTiO_3$-$Bi(Li_{0.5}Ta_{0.5})O_3$, Lead-Free Ceramics, and Multilayers with High Energy Storage Density and Efficiency[J]. Acs Applied Energy Materials, 2018, 1(9): 5016-5023.

[18] Wang T, Jin L, Li C, et al. Relaxor Ferroelectric $BaTiO_3$-$Bi(Mg_{2/3}Nb_{1/3})O_3$ Ceramics for Energy Storage Application[J]. Journal of the American Ceramic Society, 2015, 98(2): 559-566.

[19] Si F, Tang B, Fang Z, et al. Enhanced energy storage and fast charge-discharge properties of $(1-x)BaTiO_3$-$xBi(Ni_{1/2}Sn_{1/2})O_3$ relaxor ferroelectric ceramics[J]. Ceramics International, 2019, 45(14): 17580-17590.

[20] Yuan Q, Yao F, Wang Y, et al. Relaxor ferroelectric $0.9BaTiO_3$-$0.1Bi(Zn_{0.5}Zr_{0.5})O_3$ ceramic capacitors with high energy density and temperature stable energy storage properties[J]. Journal of Materials Chemistry C, 2017, 5(37): 9552-9558.

[21] Wei M, Zhang J, Wu K, et al. Effect of $BiMO_3$ (M= Al, In, Y, Sm, Nd, and La) doping on the dielectric properties of $BaTiO_3$ ceramics[J]. Ceramics International, 2017, 43(13): 9593-9599.

[22] Dong X, Chen X, Chen H, et al. Simultaneously achieved high energy-storage density and efficiency in $BaTiO_3$-$Bi(Ni_{2/3}Ta_{1/3})O_3$ lead-free relaxor ferroelectrics[J]. Journal of Materials Science-Materials in Electronics, 2020, 31(24): 22780-22788.

[23] Jiang X, Hao H, Zhang S, et al. Enhanced energy storage and fast discharge properties of $BaTiO_3$ based ceramics modified by $Bi(Mg_{1/2}Zr_{1/2})O_3$[J]. Journal of the European Ceramic Society, 2019, 39(4): 1103-1109.

[24] Zhou M, Liang R, Zhou Z, et al. Novel $BaTiO_3$-based lead-free ceramic capacitors featuring high energy storage density, high power density, and excellent stability[J]. Journal of Materials Chemistry C, 2018, 6(31): 8528-8537.

[25] Wu L, Wang X, Li L. Core-shell $BaTiO_3$-$BiScO_3$ particles for local graded dielectric ceramics with enhanced temperature stability and energy storage capability[J]. J Alloys Compd, 2016, 688: 113-121.

[26] Liu G, Li Y, Gao J, et al. Structure evolution, ferroelectric properties, and energy storage performance of $CaSnO_3$ modified $BaTiO_3$-based Pb-free ceramics[J]. Journal of Alloys and Compounds, 2020, 826: 154160-154167.

[27] Si F, Tang B, Fang Z, et al. A new type of $BaTiO_3$-based ceramics with $Bi(Mg_{1/2}Sn_{1/2})O_3$ modification showing improved energy storage properties and pulsed discharging performances[J]. Journal of Alloys and Compounds, 2020, 819: 153004-153014.

[28] Chen X, Li X, Sun J, et al. Simultaneously achieving ultrahigh energy storage density and energy efficiency in barium titanate based ceramics[J]. Ceram Int, 2020, 46(3): 2764-2771.

[29] Zhou M, Liang R, Zhou Z, et al. Combining high energy efficiency and fast charge-discharge capability in novel $BaTiO_3$-based relaxor ferroelectric ceramic for energy-storage[J]. Ceram Int, 2019, 45(3): 3582-3590.

[30] Shen Z, Wang X, Luo B, et al. $BaTiO_3$-$BiYbO_3$ perovskite materials for energy storage applications [J]. Journal of Materials Chemistry A, 2015, 3(35): 18146-18153.

[31] Lin Y, Li D, Zhang M, et al. Excellent Energy-Storage Properties Achieved in $BaTiO_3$-Based Lead-Free Relaxor Ferroelectric Ceramics via Domain Engineering on the Nanoscale[J]. ACS Applied Materials & Interfaces, 2019, 11(40): 36824-36830.

[32] Dong X, Chen H, Wei M, et al. Structure, dielectric and energy storage properties of $BaTiO_3$ ceramics doped with $YNbO_4$[J]. J Alloys Compd, 2018, 744: 721-727.

[33] Yang H, Lu Z, Li L, et al. Novel $BaTiO_3$-Based, Ag/Pd-Compatible Lead-Free Relaxors with Superior Energy Storage Performance[J]. ACS Applied Materials & Interfaces, 2020, 12(39): 43942-43949.

[34] Liu G, Li Y, Shi M, et al. An investigation of the dielectric energy storage performance of $Bi(Mg_{2/3}Nb_{1/3})O_3$-modifed $BaTiO_3$ Pb-free bulk ceramics with improved temperature/frequency stability[J]. Ceramics International, 2019, 45(15): 19189-19196.

[35] Zhan D, Xu Q, Huang D P, et al. Contributions of intrinsic and extrinsic polarization species to energy storage properties of $Ba_{0.95}Ca_{0.05}Zr_{0.2}Ti_{0.8}O_3$ ceramics[J]. Journal of Physics and Chemistry of Solids, 2018, 114: 220-227.

[36] Sun Z, Li L, Yu S, et al. Energy storage properties and relaxor behavior of lead-free $Ba_{1-x}Sm_{2x/3}Zr_{0.15}Ti_{0.85}O_3$ ceramics[J]. Dalton Transactions, 2017, 46(41): 14341-14347.

[37] Neaton J B, Ederer C, Waghmare U V, et al. First-Principles Study of Spontaneous Polarization in Multiferroic $BiFeO_3$[J]. Physical Review B, 2005, 71(1): 014113.

[38] Lebeugle D, Colson D, Forget A, et al. Very Large Spontaneous Electric Polarization in $BiFeO_3$ Single Crystals at Room Temperature and Its Evolution Under Cycling Fields[J]. Applied Physics Letters, 2007, 91(2): 022907.

[39] 戴中华, 杜楠. 高密度 $BiFeO_3$ 陶瓷的制备与介电性能[J]. 电子元件与材料, 2011, 30(06):1-4.

[40] Chen Z, Bai X, Wang H, et al. Achieving high-energy storage performance in $0.67Bi_{1-x}Sm_xFeO_3$-$0.33BaTiO_3$ lead-free relaxor ferroelectric ceramics[J]. Ceramics International, 2020, 46(8, Part B): 11549-11555.

[41] Chen Z, Bu X, Ruan B, et al. Simultaneously achieving high energy storage density and efficiency under low electric field in $BiFeO_3$-based lead-free relaxor ferroelectric ceramics[J]. Journal of the European Ceramic Society, 2020, 40(15): 5450-5457.

[42] Bai X, Chen Z, Zheng P, et al. High recoverable energy storage density in nominal($0.67-x$)BiFeO$_3$-0.33BaTiO$_3$-xBaBi$_2$Nb$_2$O$_9$ lead-free composite ceramics[J]. Ceramics International, 2021, 47(16): 23116-23123.

[43] Cui T, Zhang J, Guo J, et al. Outstanding comprehensive energy storage performance in lead-free BiFeO$_3$-based relaxor ferroelectric ceramics by multiple optimization design[J]. Acta Materialia, 2022, 240: 118286.

[44] Buhrer C F. Some Properties of Bismuth Perovskites[J]. The Journal of Chemical Physics, 1962, 36(3): 798-803.

[45] Zvirgzds J A, Kapostin P P, Zvirgzde J V, et al. X-ray study of phase transitions in ferroelectric Na$_{0.5}$Bi$_{0.5}$TiO$_3$[J]. Ferroelectrics, 1982, 40(1): 75-77.

[46] Tai C W, Choy S H, Chan H L W. Ferroelectric Domain Morphology Evolution and Octahedral Tilting in Lead-Free (Bi$_{1/2}$Na$_{1/2}$)TiO$_3$-(Bi$_{1/2}$K$_{1/2}$)TiO$_3$-(Bi$_{1/2}$Li$_{1/2}$)TiO$_3$-BaTiO$_3$ Ceramics at Different Temperatures[J]. Journal of the American Ceramic Society, 2008, 91(10): 3335-3341.

[47] Yu L, Dong J, Tang M, et al. Enhanced electrical energy storage performance of Pb-free A-site La^{3+}-doped 0.85Na$_{0.5}$Bi$_{0.5}$TiO$_3$-0.15CaTiO$_3$ ceramics [J]. Ceramics International, 2020, 46(18): 28173-28182.

[48] Luo C, Feng Q, Luo N, et al. Effect of Ca^{2+}/Hf^{4+} modification at A/B sites on energy-storage density of Bi$_{0.47}$Na$_{0.47}$Ba$_{0.06}$TiO$_3$ ceramics[J]. Chemical Engineering Journal, 2021, 420: 129861.

[49] Wu C, Qiu X, Ge W, et al. Enhanced energy storage performance and temperature stability achieved by a synergic effect in Nd^{3+}/Ga^{3+} co-doped (Na$_{0.5}$Bi$_{0.5}$)TiO$_3$-based ceramics [J]. Ceramics International, 2022, 48(21): 31931-31940.

[50] 焦志. 低温烧结锆钛酸铅基陶瓷的制备和储能特性的研究[D]. 广州：广东工业大学，2021.

[51] 张兰. PZT 体系铁电陶瓷材料的掺杂改性研究[D]. 上海：上海师范大学，2009.

[52] Du X H, Zheng J, Belegundu U, et al. Crystal Orientation Dependence of Piezoelectric Properties of Lead Zirconate Titanate Near the Morphotropic Phase Boundary[J]. Applied Physics Letters, 1998, 72(19): 2421-2423.

[53] Qiao P, Zhang Y, Chen X, et al. Enhanced energy storage properties and stability in(Pb$_{0.895}$La$_{0.07}$)(Zr$_x$Ti$_{1-x}$)O$_3$ antiferroelectric ceramics[J]. Ceramics International, 2019, 45(13): 15898-15905.

[54] Liu Y, Yang T, Wang H. Effect of La doping on structure and dielectric properties of PLZST antiferroelectric ceramics[J]. Journal of Materials Science: Materials in Electronics, 2020, 31(2): 1509-1514.

[55] Liu Z, Bai Y, Chen X, et al. Linear composition-dependent phase transition behavior and energy storage performance of tetragonal PLZST antiferroelectric ceramics [J]. Journal of Alloys and Compounds, 2017, 691: 721-725.

[56] Zhuo F, Li Q, Li Y, et al. Effect of A-site La^{3+} modified on dielectric and energy storage properties in lead zirconate stannate titanate ceramics[J]. Materials Research Express, 2014, 1(4): 045501.

[57] Yashima M, Matsuyama S, Sano R, et al. Structure of ferroelectric silver niobate AgNbO$_3$ [J]. Chemistry of Materials, 2011, 23(7): 1643-1645.

[58] Niranjan M K, Asthana S. First principles study of lead free piezoelectric AgNbO$_3$ and(Ag$_{1-x}$K$_x$)NbO$_3$ solid solutions[J]. Solid state communications, 2012, 152(17): 1707-1710.

[59] Li G, Liu H, Zhao L, et al. Local$\pm[001]_c$ off-centering nanoregions in silver niobate[J]. Journal of Applied Physics, 2022, 131(12): 124107.

[60] Farid U, Gibbs A S, Kennedy B J. Impact of Li Doping on the Structure and Phase Stability in AgNbO$_3$[J]. Inorganic Chemistry, 2020, 59(17): 12595-12607.

［61］ Lu T，Tian Y，Studer A，et al. Symmetry-mode analysis for intuitive observation of structure-property relationships in the lead-free antiferroelectric $(1-x)$ AgNbO$_3$-x LiTaO$_3$ [J]. IUCrJ，2019，6（4）：740-750.

［62］ Fu D S，Endo M，Taniguchi H，et al. Piezoelectric Properties of Lithium Modified Silver Niobate Single Crystals[J]. Applied Physics Letters，2008，92(17)：172905.

［63］ Moriwake H，Konishi A，Ogawa T，et al. Polarization Fluctuations in the Perovskite-Structured Ferroelectric AgNbO$_3$[J]. Physical Review B，2018，97(22)：224104.

［64］ Moriwaks H，Konishi A，Ogawa T，et al. The electric field induced ferroelectric phase transition of AgNbO$_3$[J]. Journal of Applied Physics，2016，119(6)：064102.

［65］ Francombe M H，Lewis B. Structural and electrical properties of silver niobate and silver tantalate[J]. Acta Crystallographica，1958，11(3)：175-178.

［66］ Kania A，Kwapulinski J. Ag$_{1-x}$Na$_x$NbO$_3$（ANN）Solid Solutions：from Disordered Antiferroelectric AgNbO$_3$ to normal antiferroelectric NaNbO$_3$ [J]. Journal of Physics：Condensed Matter，1999，11（45）：8933.

［67］ Shi P，Wang X，Lou X，et al. Significantly enhanced energy storage properties of Nd^{3+} doped AgNbO$_3$ lead-free antiferroelectric ceramics［J］. Journal of Alloys and Compounds，2021，877：160-162.

［68］ Gao J，Li W，Liu J，et al. Local atomic configuration in pristine and A-site doped silver niobate perovskite antiferroelectrics[J]. Research，2022，2022.

［69］ Song A，Song J，Lv Y，et al. Energy storage performance in BiMnO$_3$-modified AgNbO$_3$ antiferroelectric ceramics[J]. Materials Letters，2019，237：278-281.

［70］ Matthias B T. New ferroelectric crystals[J]. Physical Review，1949，75(11)：1771.

［71］ Cross L E. A Thermodynamic treatment of ferroelectricity and antiferroelectricity in pseudo-cubic dielectrics[J]. Philosophical Magazine，1956，1(1)：76-92.

［72］ Vousden P. The non-polarity of sodium niobate[J]. Acta Crystallographica，1952，5(5)：690.

［73］ Lefkowitz I，Lukaszewicz K，Megaw H D. High-temperature phases of sodium niobate and nature of transitions in pseudosymmetric structures[J]. Acta Crystallographica，1966，20(5)：670-683.

［74］ Liu H，Fan L，Sun S，et al. Electric-field-induced structure and domain texture evolution in PbZrO$_3$-based antiferroelectric by in-situ high-energy synchrotron X-ray diffraction[J]. Acta Materialia，2020，184：41-49.

［75］ Qi H，Xie A，Zuo R. Local structure engineered lead-free ferroic dielectrics for superior energy-storage capacitors：A review[J]. Energy Storage Materials，2022，45：541-567.

［76］ Kania A，Kwapulinski J. Ag$_{1-x}$Na$_x$NbO$_3$（ANN）solid solutions：from disordered antiferroelectric AgNbO$_3$ to normal antiferroelectric NaNbO$_3$ [J]. Journal of Physics-Condensed Matter，1999，11（45）：8933-8946.

［77］ Zhou M，Liang R，Zhou Z，et al. Superior energy storage properties and excellent stability of novel NaNbO$_3$-based lead-free ceramics with A-site vacancy obtained via a Bi$_2$O$_3$ substitution strategy[J]. Journal of Materials Chemistry A，2018，6(37)：17896-17904.

［78］ Bian J J，Otonicar M，Spreitzer M，et al. Structural evolution，dielectric and energy storage properties of Na（Nb$_{1-x}$Ta$_x$）O$_3$ ceramics prepared by spark plasma sintering［J］. Journal of the European Ceramic Society，2019，39(7)：2339-2347.

［79］ Qi H，Zuo R Z，Xie A W，et al. Ultrahigh Energy-Storage Density in NaNbO$_3$-Based Lead-Free Relaxor Antiferroelectric Ceramics with Nanoscale Domains[J]. Advanced Functional Materials，2019，29(35)：1903877.

[80]　Chen J，Qi H，Zuo R. Realizing Stable Relaxor Antiferroelectric and Superior Energy Storage Properties in $(Na_{1-x/2}La_{x/2})(Nb_{1-x}Ti_x)O_3$ Lead-Free Ceramics through A/6-Site Complex Substitution[J]. Acs Applied Materials & Interfaces，2020，12(29)：32871-32879.

[81]　Qi H，Zuo R，Xie A，et al. Excellent energy-storage properties of $NaNbO_3$-based lead-free antiferroelectric orthorhombic P-phase(Pbma) ceramics with repeatable double polarization-field loops[J]. Journal of the European Ceramic Society，2019，39(13)：3703-3709.

[82]　Zhou M，Liang R，Zhou Z，et al. Developing a novel high performance $NaNbO_3$-based lead-free dielectric capacitor for energy storage applications[J]. Sustainable Energy & Fuels，2020，4(3)：1225-1233.

[83]　Yang Z，Du H，Jin L，et al. A new family of sodium niobate-based dielectrics for electrical energy storage applications[J]. J Eur Ceram Soc，2019，39(9)：2899-2907.

[84]　Shi J，Chen X，Li X，et al. Realizing ultrahigh recoverable energy density and superior charge-discharge performance in $NaNbO_3$-based lead-free ceramics via a local random field strategy[J]. Journal of Materials Chemistry C，2020，8(11)：3784-3794.

[85]　Lai D，Yao Z，You W，et al. Modulating the energy storage performance of $NaNbO_3$-based lead-free ceramics for pulsed power capacitors[J]. Ceram Int，2020，46(9)：13511-13516.

[86]　Yang Z，Du H，Jin L，et al. Realizing high comprehensive energy storage performance in lead-free bulk ceramics via designing an unmatched temperature range[J]. Journal of Materials Chemistry A，2019，7(48)：27256-27266.

[87]　Chen H，Chen X，Shi J，et al. Achieving ultrahigh energy storage density in $NaNbO_3$-$Bi(Ni_{0.5}Zr_{0.5})O_3$ solid solution by enhancing the breakdown electric field[J]. Ceramics International，2020，46(18)：28407-28413.

[88]　Shi J，Chen X，Sun C，et al. Superior thermal and frequency stability and decent fatigue endurance of high energy storage properties in $NaNbO_3$-based lead-free ceramics[J]. Ceramics International，2020，46(16)：25731-25737.

[89]　Shi R，Pu Y，Wang W，et al. A novel lead-free $NaNbO_3$-$Bi(Zn_{0.5}Ti_{0.5})O_3$ ceramics system for energy storage application with excellent stability[J]. Journal of Alloys and Compounds，2020，815：152356.

[90]　Tian A，Zuo R，Qi H，et al. Large energy-storage density in transition-metal oxide modified $NaNbO_3$-$Bi(Mg_{0.5}Ti_{0.5})O_3$ lead-free ceramics through regulating the antiferroelectric phase structure[J]. Journal of Materials Chemistry A，2020，8(17)：8352-8359.

[91]　Qu N，Du H，Hao X. A new strategy to realize high comprehensive energy storage properties in lead-free bulk ceramics[J]. Journal of Materials Chemistry C，2019，7(26)：7993-8002.

[92]　Liu Z，Lu J，Mao Y，et al. Energy storage properties of $NaNbO_3$-$CaZrO_3$ ceramics with coexistence of ferroelectric and antiferroelectric phases[J]. J Eur Ceram Soc，2018，38(15)：4939-4945.

[93]　Fan Y，Zhou Z，Liang R，et al. Designing novel lead-free $NaNbO_3$-based ceramic with superior comprehensive energy storage and discharge properties for dielectric capacitor applications via relaxor strategy[J]. Journal of the European Ceramic Society，2019，39(15)：4770-4777.

[94]　Tian A，Zuo R，Qi H，et al. Large energy-storage density in transition-metal oxide modified $NaNbO_3$-$Bi(Mg_{0.5}Ti_{0.5})O_3$ lead-free ceramics through regulating the antiferroelectric phase structure[J]. Journal of Materials Chemistry A，2020，8(17)：8352-8359.

[95]　Qu N，Du H，Hao X. A new strategy to realize high comprehensive energy storage properties in lead-free bulk ceramics[J]. Journal of Materials Chemistry C，2019，7(26)：7993-8002.

[96]　Liu Z，Lu J，Mao Y，et al. Energy storage properties of $NaNbO_3$-$CaZrO_3$ ceramics with coexistence of ferroelectric and antiferroelectric phases[J]. J Eur Ceram Soc，2018，38(15)：4939-4945.

第 3 章

二次金属离子电池材料

3.1 概述

在二次金属离子电池当中，锂离子电池（lithium ion batteries，LIBs）以其独特的优势在能源存储领域大放异彩。首先，锂离子电池具有高能量密度，能够在相对较小的体积和重量下存储更多的能量，从而满足高能耗设备的需求。其次，锂离子电池具有较长的循环寿命，能够承受数百次的充放电循环而容量不显著损失。此外，锂离子电池的高效率和快速充电特性使其在电动车辆、移动设备等领域得到广泛应用。除了在电子产品和交通运输方面的重要应用外，锂离子电池在军事、航空航天、医学领域也有着广泛的应用前景。将在 21 世纪军用与民用领域发挥举足轻重的作用。目前，全世界大量的科研团队已投入锂离子二次电池工艺和材料的研究与开发中，锂离子二次电池也将迎来更大的发展。

目前虽然锂离子电池是储能领域的主流技术，但由于锂资源相对稀缺且分布不均匀（70%的锂储量分布在南美洲），我国 80%的锂需依赖进口。因此，寻找替代锂离子电池的二次金属离子电池，如钠、钾、铝等二次金属离子电池，具有重要的现实意义。本章重点讲述锂离子电池和钠离子电池。

3.1.1 锂离子电池的发展历史

锂为自然界内最轻的金属元素，锂的密度 $\rho = 0.53g/cm^3$，摩尔质量 $M = 6.94g/mol$，而且锂的电极电位也比较低，仅为 3.04V（相比于标准氢电极），具有较小的离子半径（0.76Å）。这就意味着在质量相同时，金属锂能比其他活泼金属提供更多的电子。此外，锂元素还有另外一个优点，锂离子的离子半径小，因此相比其他半径更大的金属离子，锂离子更容易在电解液中移动。

1970 年，日本三洋（Sanyo）公司利用二氧化锰作为正极材料制造出了人类第一块商品锂电池。1973 年松下（Panasonic）公司开始量产正极活性物质为氟化碳的锂原电池。1976年，以碘为正极的锂碘原电池问世。接着一些用于特定领域的电池，如锂银钒氧化物（Li/$Ag_2V_4O_{11}$）电池也相继出现，这种电池主要用于植入式心脏设备。20 世纪 80 年代以后，锂的开采成本大幅度降低，锂电池开始商业化。值得注意的是，早期金属锂电池属于一次电池，这种电池只能一次性使用，不能充电。

锂一次电池的成功极大地激发了人们继续研发可充电电池的热情，开发锂二次电池的序幕就此拉开。1972 年，美国埃克森（Exxon）公司采用二硫化钛（TiS_2）作为正极材料，金属锂作为负极材料，开发出世界上第一个金属锂二次电池。但这种以金属锂为负极的二次电池一直存在争议，因此没有投入商业生产。这是因为当金属锂电池充电时，锂离子在负极获得电子并以金属的形式析出。由于金属锂在电极上的沉积通常是不均匀的，因此金属锂会在负极表面形成不规则的凸起。由于锂沉积在长度上的生长明显优于在径向上的生长，从而导致沉积后的金属锂以晶须状、苔藓状及树状三种晶体形貌存在，这类不规则形貌的晶体统称为锂枝晶。锂枝晶沉积不仅使电池性能恶化，而且当锂枝晶刺破隔膜后引起内部短路会导致热失控，存在严重的安全隐患。但是，这些发现为锂离子电池的诞生奠定了坚实的基础。

为解决金属锂电池中锂枝晶引发的安全问题，人们在研究锂电池的同时也开始研究可充、放电锂离子电池的可行性。20 世纪 80 年代初，Armand 率先提出了"摇椅电池"（rocking chair battery）的概念。电池两极不再采用金属锂，而是采用锂的嵌锂化合物。采用低插锂电势的嵌锂化合物代替金属锂为负极，与高插锂电势的嵌锂化合物组成锂二次电池。在嵌锂化合物中，金属锂不是以晶体形态存在，而是以离子和电子的形式存在于嵌合物之间的空隙中，这与后来发展的锂离子电池是同一概念。1980 年美国物理学教授 J. B. Goodenough 发现了类似石墨具有层状结构的 $LiCoO_2$ 适合作锂电池正极，形成了锂离子电池的雏形。1982 年，J. B. Goodenough 发现了尖晶石结构的 $LiMn_2O_4$，这种尖晶石结构能够提供三维的锂离子脱嵌通道，而普通正极材料只有二维的扩散空间。此外，$LiMn_2O_4$ 的分解温度高，且氧化性远低于 $LiCoO_2$，因此安全性更强。1996 年 J. B. Goodenough 又发现具有橄榄树结构的 $LiFePO_4$，这个物质具有更高的安全性，尤其耐高温，耐过充电性能远超过传统锂离子电池材料。1990 年，日本索尼（Sony）公司率先研制成功锂离子电池，它采用可以使锂离子嵌入和脱出的碳材料作为负极、$LiCoO_2$ 为正极，这种负极中不含金属锂的电池后来被称为锂离子电池。相比于金属锂作为负极的锂电池，虽然锂离子电池失去了高电压、高能量密度的优势，但能有效降低锂枝晶引发的安全问题，并且电池在循环稳定性方面具有明显的优势。因此将锂离子电池推向市场后，很快在移动电话、手提电脑、数码相机等便携式电子产品领域得到广泛的应用，并且近些年已经开始在电动汽车、混合动力汽车等各种电动交通工具领域得到广泛的应用。目前使用最广泛的锂离子电池负极为石墨，正极为 $LiCoO_2$，电解液则使用含有锂盐的有机溶剂[1]。

3.1.2 锂离子电池的优缺点

可充电电池（也称为二次电池）是典型的能量储存与转化器件，能够通过电化学过程将电能储存起来。根据电极材料的组成，可将电池进行分类。二次电池主要分为铅酸电池、镍镉电池、镍氢电池和锂离子电池。

铅酸电池是法国科学家 Gaston Plante 于 1859 年首次发明，并成为第一个商用化的可充电电池。铅酸蓄电池自发明后，由于其价格低廉、原材料易获得的特点在化学电源中一直占有绝对优势。但由于充电末期水会分解为氢气，氧气析出，需经常加酸、加水，维护工作繁重。此外，气体溢出时携带酸雾，腐蚀周围设备，铅酸电池的高铅含量被认为对环境有害。

瑞典科学家 Waldmar Jungner 于 1899 在开口型镍镉电池中首先使用了镍极板，而在当时由于碱性蓄电池极板材料比其他蓄电池的材料贵许多，因此实际应用受到了极大限制。直到 1947 年，Neumann 对其进行了改进，成功地推出了完全密封的电池。这种电池具有适中的能量密度和较长的循环寿命。然而，它存在记忆效应，即在部分放电后反复充电会逐渐丧失容量。虽然使用的金属含有毒性，但在高负载电流下的耐久性使其成为充放电循环领域最受欢迎的选择之一。

镍氢电池的研发始于 1970 年，直到 1980 年开发出稳定的金属氢化物合金，这种电池才逐渐为消费者所使用。镍氢电池的阴极由氢氧化镍组成，而阳极则主要包含 AB5 型金属间化合物，其中 A 是稀土元素的混合物，B 则是镍、钴、锰或铝。相比于镍镉电池，镍氢电池具有更高的能量密度。但由于技术限制，其循环寿命相对较短。

相比于上述电池，锂离子电池具有明显的优势，如表 3-1 所示。锂离子电池具有高开路电压（约在 3.6V 以上），是镍氢、镍镉电池开路电压的 3 倍左右。此外，锂离子电池具有轻质、小体积，高比能量密度和体积能量密度的特点，有利于电子产品和电动汽车的轻量化。锂离子电池还具有良好的安全性、循环稳定性、长循环寿命（1000 次以上）、无记忆效应、低自放电率（每月 3%～6%），以及无污染等特点，属于环保的绿色化学电源。因此，锂离子电池获得了广泛应用，不论是移动电子设备、动力工程，或是航天科技，其使用量在短短的三十年内已占据了二次电池总量的 63% 以上。

表 3-1　不同类型二次电池的性能比较

电池类型	工作电压/ V	比能量/ （W·h/kg）	比功率/ （W/kg）	循环寿命/ 次	自放电率/ （%/月）	记忆效应
铅酸电池	2.0	30～50	150	150	5	有
镍镉电池	1.2	30～50	170	170	25	有
镍氢电池	1.2	30～50	250	250	30	有
锂离子电池	3.6	30～50	300～1500	1000	3～6	无

3.1.3　锂离子电池面临的挑战

锂离子电池作为能源储存与转化器件，在我国已经形成了较为完善的锂离子动力电池产业链体系。例如，宁德时代是全球领先的锂离子电池制造商之一，总部位于福建省宁德市，它涵盖了从电池材料到电池组件的整个产业链，为电动汽车、能源存储等领域提供电池。它生产的高能量密度和高性能电池产品在市场上具有很大影响力。根据韩国市场调研机构 SNE Research 公布的统计数据，宁德时代在 2022 年独占全球 37% 的动力电池市场以及国内接近一半的动力电池市场。此外，比亚迪是一家综合性的新能源汽车和储能电池提供商，总部位于深圳，它在磷酸铁锂电池技术方面具有强大实力，涉足电动公交车、电动卡车等领域。这些企业在锂离子电池领域的技术研发、生产制造和市场推广方面取得了显著的成就，为中国锂离子电池产业链的发展做出了积极贡献。随着电动交通、能源存储等领域的持续发展，这些企业将继续发挥重要作用。虽然我国在锂离子电池方面取得了巨大进步，但目前锂离子电池依旧面临一些挑战。

① 能量密度限制　锂离子电池的能量密度是指单位体积或单位质量下所储存的能量。尽管锂离子电池的能量密度已经得到大幅提升，但相比于传统的化石能源，仍存在能量密度限制，这导致了电动汽车续航里程有限，电子设备的待机时间较短等问题。因此需要开发新的电极材料，也需要在电解质等方面探索以进一步提高锂离子电池的能量密度。

② 充放电速率不足　锂离子电池的充放电速率是指电池在一定时间内充电或放电的能力。目前的锂离子电池在高速充放电时会出现性能下降和安全问题。锂离子电池的充放电速率不足限制了其应用。

③ 安全性问题　锂离子电池在充放电过程中可能会产生过热、燃烧甚至爆炸等安全问题，这是因为电池内部的化学反应会释放大量热量和气体。虽然目前的锂离子电池已经采取

了一系列安全措施，如温度控制系统和防爆设计，但安全问题仍然是制约锂离子电池发展的重要因素。因此，需要进一步加强对锂离子电池安全性的研究和控制，开发更安全可靠的电池。

④ 资源稀缺性和环境污染　锂离子电池生产过程需要大量的稀有金属和化学物质，而这些资源往往是有限且难以回收的。此外，锂离子电池的废弃物也可能对环境造成污染。因此，锂离子电池发展面临着对资源的依赖性和对环境影响的问题。为了解决这些问题，需要推动锂离子电池回收和循环利用的技术发展，同时要探索其他新型电池技术，如钠离子电池。

⑤ 成本问题　虽然锂离子电池技术已经得到广泛应用，但其成本仍然相对较高。锂离子电池的制造过程复杂，需要大量的人力和设备投入，这导致了电池的生产成本较高。在电动汽车和能源存储等大规模应用中，降低锂离子电池成本是一个重要的挑战。

3.2　锂离子电池的工作原理与组成

3.2.1　锂离子电池的工作原理

通常来讲，锂离子电池在充电时，在正、负极材料之间电位差的作用下，带有正电荷的锂离子（Li^+）会从正极材料中脱出，在电解液的运输作用下，穿过隔膜，朝着电极材料负极的方向迁移。在 Li^+ 迁移的过程中，为了使正、负两电极保持电中性，与发生迁移的 Li^+ 数量相等的带有负电荷的电子（e^-）在充电过程中也会从正极端传输到负极端，只是由于电解液对 e^- 是绝缘的，且隔膜也不允许 e^- 穿过，因此 e^- 是通过外电路实现传输的。放电的过程恰好与充电过程相反，具体表现为：嵌在负极材料中的 Li^+ 再次通过电池内部返回正极材料中，负极中的 e^- 由外电路返回到正极材料中。在连续的充、放电过程中，Li^+ 和 e^- 连续从正极移动到负极，再从负极返回到正极，不断地重复，像来回摇摆的摇椅，因此，锂离子电池还有一个更为形象的名字，即"摇椅式电池"。锂离子电池的充放电过程如图 3-1 所示。目前商业化的锂离子电池中，最典型的正、负极材料分别为 $LiCoO_2$ 和石墨，以这种典型的锂离子电池为例，在充放电时所发生的化学反应如式（3-1）、式（3-2）、式（3-3）所示。

正极反应：$LiCoO_2 \rightleftharpoons Li_{(1-x)}CoO_2 + xLi^+ + xe^-$ (3-1)

负极反应：$6C + xLi^+ + xe^- \rightleftharpoons Li_xC_6$ (3-2)

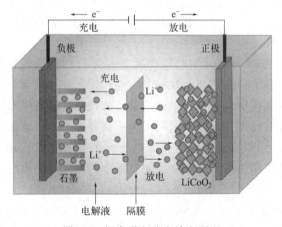

图 3-1　锂离子电池充放电原理

电池反应：$LiCoO_2 + 6C \Longrightarrow Li_{(1-x)}CoO_2 + Li_xC_6$ (3-3)

在以上方程式中，当 x 为 0.5 时，负极的石墨材料就可以提供和其理论比容量相等的比容量，即 $372mA \cdot h/g$。此外，如果电池出现过充电现象，即当其电压超过 5.2V 时，就会发生不可逆的副反应，生成的副产物会破坏电池的结构，具体的副反应如式（3-4）和式（3-5）所示。

副反应 1：$LiCoO_2 \longrightarrow CoO_2 + e^- + Li^+$ (3-4)

副反应 2：$LiCoO_2 + e^- + Li^+ \longrightarrow Li_2O + CoO$ (3-5)

3.2.2 锂离子电池的组成

锂离子电池主要由正极材料、负极材料、电解液和隔膜四大部分组成，此外还包括容器、导电剂、黏结剂、集流体等。

① 正极材料　正极材料是由活性物质、导电剂、黏结剂及集流体组成。正极活性物质一般包括钴酸锂（$LiCoO_2$）、锰酸锂（$LiMn_2O_4$）、磷酸铁锂（$LiFePO_4$）、三元材料（$LiNi_xCo_yMn_{1-x-y}O_2$），作用是提供锂源、提供能量。

② 负极材料　负极的结构与正极相同，也是由活性物质、导电剂、黏结剂及集流体组成。负极活性物质采用石墨，包括天然改性石墨、人造石墨、中间相碳微球等。负极材料是锂离子电池在充电过程中锂离子和电子的载体，起着能量的储存与释放的作用。

③ 电解液　是电池中锂离子传输的载体，由溶剂、电解质锂盐及添加剂组成，因此它决定了电池的容量、循环效率、高低温放电、高温贮存及安全性等性能。

④ 隔膜　是一层有机物薄膜，膜中有丰富的曲折贯通的微孔。这种微孔可以阻止粒径较大的电解液通过，但粒径较小的锂离子可以自由通过，形成电池内部的通电回路。因此隔膜将正负电极分成两个部分，可以防止电池内部发生短路，起到了隔离作用。

⑤ 容器　为电池的包装金属外壳，它主要起到了保持电池的外形和内部电芯的作用，一般电池的外壳与电芯的正负极相连。

⑥ 导电剂　导电剂的作用是提高导电性，为了保证电极有良好的充放电性能，在极片制作时通常加入一定量的导电剂，在活性物质之间与集流体起到收集微电流的作用。作为锂离子电池导电剂材料，常规的导电剂有导电炭黑、导电石墨、碳纳米管、石墨烯等。

⑦ 黏结剂　作用是将活性物质和导电剂黏结在集流体上，保持活性物质间以及和集流体间的黏结作用，同时保证活性物质制浆时的均匀性和安全性。聚偏氟乙烯（PVDF）是目前最常用的油性黏结剂。丁苯橡胶（SBR）是应用最广泛的水性黏结剂。

⑧ 集流体　通常使用的正极集流体是铝箔，负极集流体是铜箔。由于锂离子电池工作原理是将化学能转化为电能，在这个过程中，我们需要一种介质把化学能转化的电能传递出来，这就需要导电的材料。而在普通材料中，金属材料是导电性最好的材料，而在金属材料里，价格便宜导电性又好的是铜箔和铝箔。

3.3 锂离子电池正极材料

锂离子电池经历了蓬勃的发展，其应用领域不断拓展，涵盖了民用和军事等多个领域。随着环境和能源等问题日益凸显，社会对非燃油交通工具的呼声不断提高。在这一背景下，适用于电动汽车（EV）和混合动力汽车（HEV）的电池成了发展的关键所在。EV需要具备高能量密度的电池以支持长距离行驶，而HEV则需要高功率密度的电池以满足瞬间的动力需求。作为锂离子电池的重要组成部分之一，正极材料在锂离子电池性能和成本方面具有至关重要的影响。因此，正极材料的选择和研究对于锂离子电池的发展具有极其重要的作用，可以为其性能提升和应用范围拓展提供有力支持。

目前，锂离子电池的正极材料主要集中在一些锂与过渡金属元素相互结合形成的嵌入化合物。其中，层状结构的$LiMO_2$（M＝Co、Ni、Ni-Co、Ni-Co-Mn）、尖晶石型$LiMn_2O_4$以及橄榄石型$LiMPO_4$（M＝Fe、Mn、Co）等化合物成了研究的热点。在这些化合物中，具有层状结构的$LiMO_2$不仅具备高能量密度，还表现出良好的性能。尖晶石型$LiMn_2O_4$则在循环寿命和稳定性方面有着独特的优势。尤为引人瞩目的是橄榄石型$LiFePO_4$，其高安全性和长寿命特性备受关注，已经进入产业化阶段，并即将在动力电池领域得到广泛应用。这些正极材料的研究和应用，为锂离子电池的性能提升和发展开辟了新的道路。特别是对于具有高安全性和循环寿命的正极材料，它们不仅在电动汽车、储能系统等领域具有重要作用，还有望在未来的能源存储技术中发挥更大的潜力。

3.3.1 层状结构的 $LiCoO_2$

层状结构的钴酸锂（$LiCoO_2$）属六方晶系，具有α-铁酸钠（$NaFeO_2$）型的层状结构，空间群为$R3m$，如图3-2所示[2]。最早由J. B. Goodenough引入正极材料研究，随后由索尼公司实现了商业化应用。$LiCoO_2$的理论比容量为274mA·h/g，具有高工作电压、平稳的充放电电压曲线、电化学性能的稳定性，以及制备工艺简单等特点，使其成为最早实现商业化的正极材料之一。

图 3-2　层状结构 $LiCoO_2$

$LiCoO_2$的制备通常采用高温固相反应方法，为了获得纯相且颗粒均匀的产物，通常需要结合焙烧和球磨技术。虽然高温固相合成工艺具备简单且适合工业化生产的特点，但也存在一些不足之处。例如，反应物难以均匀混合，导致需要较高的反应温度和时间。此外，还存在产物颗粒较大、粒径分布较宽，以及形态不规则等缺陷。为了弥补这些缺陷，人们采用溶胶-凝胶法、喷雾分解法、沉淀法等制备$LiCoO_2$，这些方法的优势在于可以实现Li^+和Co^{2+}的充分接触，从而在很大程度上实现了原子级别的均匀混合，并且更容易控制产物的组成和粒径。

尽管$LiCoO_2$目前是主要的商业化正极材料，但钴元素是国家战略资源，其储量有限，价格昂贵，且有毒性，这对电池成本控制、应用范围以及环境保护产生了负面影响。此外，纯相 LiCoO₂ 性能还未达到理想水平，存在充电截止电压较高（大于 4.3V）以及循环性能较差等问题。为了进一步改善 LiCoO₂ 的性能和降低材料成本，可以采取一系列方法。例如，体相掺杂和表面包覆处理。在掺杂方面，常用的改性方法包括掺入 Li、Mn、Mg、Al、Ni，以及稀土元素。通过元素掺杂，可以调控不同价态和类型的元素，使材料获得更丰富的电子结构，进而提升其综合性能。此外，研究人员还通过采用多元素协同掺杂的方式，来优化 LiCoO₂ 在高电压下的电化学性能，这为未来材料设计提供了新的思路。此外，通过在 LiCoO₂ 表面包覆 Al_2O_3、P_2O_5、$AlPO_4$、MgO 等氧化物材料，可以改善电极材料与电解液之间的相互作用，减缓钴的溶解等问题。特别是 Al_2O_3 的包覆能够有效抑制 LiCoO₂ 中 Co 的溶解，提高材料的结构稳定性。这些方法为优化 LiCoO₂ 的性能提供了有力的支持，有望进一步推动锂离子电池技术的发展。

3.3.2 层状结构的 LiNiO₂

理想的镍酸锂（LiNiO₂）晶体具备与 LiCoO₂ 类似的 α-NaFeO₂ 型层状结构，属于 $R3m$ 空间群。最初由 J. B. Goodenough 引入正极材料领域，并随后被索尼公司商业化应用。LiNiO₂ 的理论容量达到 275mA·h/g，实际容量已经突破了 190～210mA·h/g。相较于 LiCoO₂，LiNiO₂ 在价格和储量方面拥有更大的优势。

然而，LiNiO₂ 的合成条件相对苛刻，易于形成化学计量比偏离的产物 $Li_{1-x}Ni_{1+x}O_2$。这种现象主要由高温合成时锂盐易挥发导致缺锂，以及 Ni^{2+} 到 Ni^{3+} 的氧化电位差大导致不完全氧化。另外，在高温条件下，LiNiO₂ 易发生相变和分解，例如在超过 720℃的空气中，LiNiO₂ 会由六方相（$R3m$ 空间群）向立方相（$Fm3m$ 空间群）转变。

为了解决 LiNiO₂ 存在的问题，可以优化其合成条件。首先，可在原料中添加过量的锂以防止高温挥发导致缺锂相的产生。其次，预氧化技术可以将原料中的 Ni^{2+} 氧化成 Ni^{3+}。最后，低温合成工艺可以避免 LiNiO₂ 的高温分解。通过优化合成条件，可以制备接近化学计量的 LiNiO₂（$x<0.2$ 的 $Li_{1-x}Ni_{1+x}O_2$）。因为占据锂位的 Ni^{2+} 数量减少，这对提升 LiNiO₂ 的容量和循环性能有所帮助。在不出现电池过充的情况下，可以保持较长的循环寿命。然而，如果出现电池过充，仍会发生不可逆的相变，从而缩短其循环寿命。

由于优化合成条件无法从根本上解决充放电过程中存在的问题，因此需要对其内在结构进行改进。其中一种有效的手段是对 LiNiO₂ 进行元素掺杂。在 $LiNi_{1-y}M_yO_2$（M 代表掺杂金属）掺杂化合物的研究中，Co 掺杂 $LiNi_{1-y}Co_yO_2$ 表现出的优越综合性能，得益于 Co 和 Ni 作为同一周期相邻元素，在核外电子排布上具有相似性。因此，可以以任意比例混合 Co 和 Ni，并保持产物的 α-NaFeO₂ 型层状结构。$LiNi_{1-y}Co_yO_2$ 融合了 Co 系和 Ni 系材料的优势，制备条件温和、成本较低，并具备优异的电化学性能和循环稳定性，通过不断的研究和创新，有望进一步改进锂离子电池的性能，推动新能源技术的发展。

3.3.3 尖晶石结构的 LiMn₂O₄

尖晶石结构的正极材料中最具代表性的是立方相的锰酸锂（LiMn₂O₄）材料，20 世纪 80 年代早期由 Thackeray 首次提出了化学式为 LiMn₂O₄ 的尖晶石氧化物，空间群为 $Fd3m$，晶体结构如图 3-3 所示。LiMn₂O₄ 的理论比容量为 148mA·h/g，相对于 LiCoO₂ 和 LiFePO₄ 的理论比容量较低，但实际应用中可达到约 120mA·h/g，其工作电压范围在

3~4.3V 之间。此外，尖晶石 $LiMn_2O_4$ 的脱嵌锂结构在热力学和结构方面较为稳定，具备快速充电的优势。相较于常用的商业化 $LiCoO_2$，尖晶石 $LiMn_2O_4$ 在材料成本、资源丰富性、环境友好性、制备便利性，以及安全性等方面拥有显著的优势。

$LiMn_2O_4$ 制备主要采用高温固相反应法，此外还包括溶胶-凝胶法、共沉淀法、水热法、模板法、微波合成、喷雾干燥法、熔融浸渍法，以及静电纺丝法等。固相反应合成方法是以锂盐、锰盐或锰的氧化物为原料，充分混合后在空气中高温煅烧数小时，制备出尖晶石 $LiMn_2O_4$ 化合物，再经过适当球磨、筛分以控制粒度大小及其分布。工艺流程可简单表述为：原料→混料→焙烧→研磨→筛分→产物。一般选择高温下能够分解的原料，常用的锂盐有 $LiOH$、$LiCO_3$ 等，使用 MnO_2 作为锰源。焙烧过程是固相反应的关键步骤，一般选择的合成温度范围是 600~800℃。

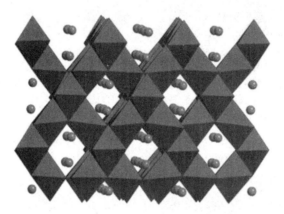

图 3-3　$LiMn_2O_4$ 晶体结构

与商业用 $LiCoO_2$ 相比，尖晶石 $LiMn_2O_4$ 不仅具有低材料成本、资源丰富、环境友好和良好安全性等优势，还被认为是最具商业潜力的正极材料之一。然而，$LiMn_2O_4$ 的容量迅速衰减问题是其商业化的主要障碍。该问题主要归因于 Mn 元素的溶解、Jahn-Teller 效应和电极极化等因素。其中，锰的溶解被认为是影响电化学性能的主要因素之一。锰的溶解是由充放电过程中电极和电解质界面发生的副反应引起的。由于正极电极直接与电解液接触，电极材料表面的水分子与电解液中的 $LiPF_6$ 发生阳离子交换反应，生成 HF，诱导 Mn^{3+} 发生歧化反应，形成 Mn^{2+} 和 Mn^{4+}，而 Mn^{2+} 在电解液中溶解，导致 $LiMn_2O_4$ 活性材料减少。此外，在 HF 的腐蚀环境中会生成 MnF_2，沉积在 $LiMn_2O_4$ 颗粒表面。充电过程中，电池系统的温度升高也会加速 Mn 的溶解，从而影响 $LiMn_2O_4$ 的高温性能[3]。

为了应对上述问题，研究学者们提出了一系列方法，其中主要包括表面包覆、掺杂，以及制备特殊形貌等。通过溶胶-凝胶法、化学沉积法、共沉淀法等手段，可以在尖晶石 $LiMn_2O_4$ 颗粒表面覆盖金属、金属氧化物、金属磷酸盐、碳材料和其他电极材料，从而在尖晶石 $LiMn_2O_4$ 颗粒表面形成一层薄膜。这层薄膜不仅具备锂离子和电子的传输功能，还能有效地阻止 $LiMn_2O_4$ 颗粒与电解液直接接触，减少充放电过程中锰的溶解。图 3-4 展示了金属氧化物包覆 $LiMn_2O_4$ 的过程。

$LiMn_2O_4$ 的掺杂改性的方法主要包括阳离子掺杂、阴离子掺杂以及复合掺杂。其中，阳离子掺杂是最常采用的方法之一。一般会选择与 Mn 离子半径相近的离子，如 Co^{2+}、Ni^{2+}、Al^{3+}、Cr^{3+} 等，来部分取代 Mn^{3+}，从而在不影响晶体结构的前提下减少 Mn^{3+} 的

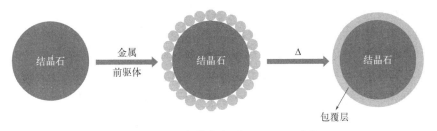

图 3-4　金属氧化物包覆 $LiMn_2O_4$ 过程

含量，抑制 Jahn-Teller 效应，提高结构的稳定性。阴离子掺杂则主要是通过取代 $LiMn_2O_4$ 中的氧来达到减少 Mn 的溶解和抑制 Jahn-Teller 效应的目的，常用的阴离子包括 F^-、Cl^-、I^-、S^{2-} 等。此外，复合掺杂是指在 $LiMn_2O_4$ 中同时引入两种或更多种阳离子或阴离子。通过这些掺杂方法，可以调控材料的性能。

还有一种方法是制备具有特殊形貌的 $LiMn_2O_4$ 材料。这些形貌包括纳米线、纳米棒、纳米带、多孔纳米棒、花簇状、多孔球等。通过控制材料的形貌，可以增加电极与电解液之间的接触面积。

3.3.4　橄榄石结构的 $LiFePO_4$

橄榄石结构中，最具代表性的材料是磷酸铁锂（$LiFePO_4$）。$LiFePO_4$ 的发现可以追溯到 1997 年，由 J. B. Goodenough 等首次报道。这种具有橄榄石结构的材料被证明具有优异的锂储存性能。在对其进行深入研究后，确定了 $LiFePO_4$ 的晶体结构属于正交晶系，$Pnma$ 空间群。其理论容量约为 $170mA \cdot h/g$，工作电压范围为 $3.2 \sim 3.5V$。$LiFePO_4$ 的晶体结构如图 3-5 所示，由 FeO_6 和 PO_4 基团共同构成。其中，FeO_6 呈现八面体结构，而 PO_4 则呈四面体结构。在其充放电过程中，$LiFePO_4$ 和 $FePO_4$ 两相之间发生相互转化，充放电反应方程式如式（3-6）、式（3-7）所示。

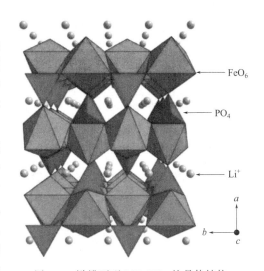

图 3-5　橄榄石型 $LiFePO_4$ 的晶体结构

充电时：$LiFePO_4 - xLi^+ - xe^- \longrightarrow xFePO_4 + (1-x)LiFePO_4$　　　　　（3-6）

放电时：$FePO_4 + xLi^+ + xe^- \longrightarrow xLiFePO_4 + (1-x)FePO_4$　　　　　（3-7）

目前，$LiFePO_4$ 的制备方法有多种，包括高温固相法、水热法、溶胶-凝胶法，以及微波法等。不同的制备方法通常会合成出形貌各异的材料，并对材料的粒度大小和结晶性等产生显著影响。高温固相法是制备电极材料最为常用的一种方法，其操作简单、生产效率高、适合大规模制造，同时对所需设备要求不高，因而得到广泛应用。对于正极材料 $LiFePO_4$ 而言，其生产过程主要包括配料、研磨，以及烧结阶段。在选材方面，常使用碳酸盐、硝酸盐等，锂源采用 Li_2CO_3、$LiOH \cdot H_2O$、$LiNO_3$ 或 Li_3PO_4，铁源采用 $Fe(OOCCH_2)_2$、$FeC_2O_4 \cdot H_2O$、$Fe_3(PO_4)_2 \cdot 8H_2O$，磷源采用 $NH_4H_2PO_4$ 或 $(NH_4)_2HPO_4$，经球磨混合均匀后按化学比例进行配料，在惰性气氛（如 Ar、N_2）的保护下预烧研磨后经高温焙烧

反应制备 $LiFePO_4$。

由于 $LiFePO_4$ 和 $FePO_4$ 具有相同的晶体结构，在充放电过程中能够形成混溶状态，展现出良好的结构稳定性。即使在完全脱锂的情况下，其体积变化也极小，仅为 6.8%，从而展示出优异的循环性能和安全性能。鉴于 $LiFePO_4$ 资源丰富、结构稳定、循环性能好，以及安全性优越，目前广泛应用于电动汽车和移动电子产品领域。

然而，$LiFePO_4$ 也存在着明显的缺点。由于聚阴离子 PO_4^{3-} 之间强烈的共价键键合，电子传导性和 Li^+ 扩散性能较差，其分别为 10^{-10} S/cm 和 10^{-8} cm^2/s。为了提升 $LiFePO_4$ 的电导率和离子传导性，研究人员采取了一系列的改性策略。常用的改性手段包括在制备正极材料过程中掺杂金属阳离子，在正极材料表面涂覆导电层以及缩小正极材料的尺寸等方法。表 3-2 比较了一些常见的层状结构、尖晶石结构和橄榄石结构正极材料的性能。

表 3-2　常见晶型正极材料的理论比容量以及研究水平比较

晶型	化合物	理论比容量/(mA·h/g)	研究水平
层状结构	$LiCoO_2$	274	商业化
	$LiNiO_2$	275	研究
	$LiMnO_2$	285	研究
尖晶石结构	$LiMn_2O_4$	148	商业化
	$LiCo_2O_4$	142	研究
橄榄石结构	$LiFePO_4$	170	商业化
	$LiMnPO_4$	171	研究
	$LiCoPO_4$	167	研究

3.4　锂离子电池负极材料

锂离子电池负极材料主要作为储锂的主体，在充放电过程中实现锂离子的嵌入和脱嵌。按照储锂机制不同，可将负极材料分为三大类：碳基负极（嵌入型）、过渡金属氧化物负极（转化型）以及合金型负极材料（合金型）。从锂离子的发展来看，负极材料的研究对锂离子电池的出现起决定性作用，正是由于碳材料的出现，解决了金属锂电极的安全问题，从而直接导致了锂离子电池的应用。目前实际用于锂离子电池的负极材料基本上都是碳素材料。

3.4.1　碳基负极材料

现阶段，商业化锂离子电池负极材料以碳素材料为主，其比容量高（200~400mA·h/g）、电极电位低（<1.0V $vs.$ Li/Li^+ 标准电极相比）、循环性能好（1000 次以上）、理化性能稳定。

根据结晶程度的差异，碳素材料可被划分为两大类：石墨材料和无定形碳材料。石墨材料由于具有出色的导电性、高度的结晶度、稳定的层状结构以及适合锂嵌入-脱嵌等性能，成为目前主流的商业化锂离子电池负极材料。目前广泛使用的石墨材料有中间相碳微球（MCMB）、人造石墨以及天然石墨。

石墨中碳原子通过 sp^2 杂化形成 C═C 键连接组成六方形结构并向二维方向延伸，构成一个平面（石墨烯面），这些面分层堆积成为石墨晶体。石墨烯面内的碳原子通过共价键连接，石墨烯面之间通过范德华力连接。无定形石墨晶面间距（d_{002}）为 0.335nm，主要为 2H 晶面排序结构，即按 ABAB… 顺序排列，鳞片石墨晶面间距（d_{002}）为 335nm，主要为 2H＋3R 晶面排序结构，即石墨层按 ABAB… 及 ABCABC… 两种顺序排列，石墨结构如图 3-6 所示[4]。

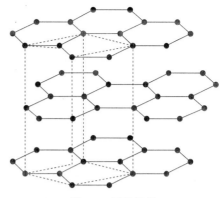

图 3-6　石墨结构

石墨导电性好，结晶度高，具有良好的层状结构，适合 Li^+ 的反复嵌入-脱嵌，是目前应用最广泛、技术最成熟的负极材料。Li^+ 嵌入石墨层间后，形成不同阶的嵌锂化合物 Li_xC_6（$0 < x \leqslant 1$）。石墨的理论比容量为 372mA·h/g，实际使用过程中已经达到 360mA·h/g。

无定形碳材料指的是不具有固定结晶形状的碳材料，主要包括：软碳和硬碳。一般，软碳是指在 2500℃ 以上的高温下可以石墨化的碳。硬碳是指在 2500℃ 以上的高温下难以石墨化的碳材料，其结构无序且石墨片叠层较少，存在较多缺陷。与石墨相比，硬碳的比容量可达 400～600mA·h/g。但是，由于硬碳的无序化结构使得锂离子在其内部传输缓慢，影响倍率性能；此外，较低的首次库仑效率以及振实密度也限制了硬碳的使用。研究表明，表面氧化处理、氟化处理、软碳包裹，以及金属氧化物包裹是克服以上困难的主要方法。表 3-3 为锂离子电池碳负极材料性能对比。

表 3-3　碳负极材料主要性能对比

负极材料	比容量/ （mA·h/g）	首次库仑效率/ %	振实密度/ （g/cm³）	工作电压/ V	循环次数
天然石墨	340～370	90～93	0.8～1.2	0.2	>1000
人造石墨	310～370	90～96	0.8～1.1	0.2	>1500
MCMB	280～340	90～94	0.9～1.2	0.2	>1000
软碳	250～300	80～85	0.7～1.0	0.52	>1000
硬碳	400～600	80～85	0.7～1.0	0.52	>1500

3.4.2　过渡金属氧化物负极材料

与碳材料负极相比，过渡金属氧化物（TMOs）作为锂离子电池负极材料因具有更高的理论比容量和更好的安全性而引起了广泛的关注。常见的过渡金属氧化物作为锂离子电池负极材料时的理论比容量如表 3-4 所示。

表 3-4　常见的过渡金属氧化物作为锂离子电池负极材料时的理论比容量

常见过渡金属氧化物	理论比容量/(mA·h/g)
Fe_2O_3	1005
Fe_3O_4	924
CoO	716
Co_3O_4	890

常见过渡金属氧化物	理论比容量/(mA·h/g)
NiO	718
CuO	674
MnO	756
Mn_3O_4	936
MnO_2	1230

在 2000 年，Transon 等报道了过渡金属氧化物负极的储锂机制，即通过 Li^+ 和过渡金属阳离子之间发生可逆的置换反应进行能量的储存与释放，这种反应被称作是转换反应。转换反应如式（3-8）所示。

$$MO+2Li^++2e^- \Longleftrightarrow M+Li_2O \tag{3-8}$$

式中，M 为过渡金属，例如 Fe、Co、Mn、Cu、Ni 等。

首次嵌锂时，晶体氧化物转变成非晶态，同时金属纳米粒子嵌入 Li_2O 基质中；脱锂时 Li_2O 分解重新生成金属氧化物。过渡金属氧化物又可以进一步划分为岩盐结构的 MnO、FeO、CoO、NiO、CuO，尖晶石结构的 Co_3O_4、Fe_3O_4、Mn_3O_4，以及刚玉结构的 Fe_2O_3、Cr_2O_3、Mn_2O_3 等。过渡金属氧化物作为锂离子电池负极材料也面临着严峻的挑战。首先是过渡金属氧化物固有的电子导电性和离子导电性差。其次是过渡金属氧化物作为电极材料在进行电化学反应的过程中会发生较为严重的体积膨胀（200%）以及电解液分解，当直接将其作为锂离子电池负极材料时，其电化学性能远远达不到实际应用的水平。

研究表明，可将过渡金属氧化物与高导电性的碳材料进行复合，提高其电化学性能，碳材料不仅可以弥补过渡金属氧化物导电性较差的问题，还可以有效缓冲充电和放电过程中发生的体积变化。此外，复合材料的引入能够减少活性材料和电解液的接触面积，减少副反应的发生，因此与高导电性的碳材料复合是一种能够有效提高活性材料储锂性能的方法。

此外，将过渡金属氧化物纳米化是提高其作为锂离子电池负极材料电化学性能的有效途径，纳米化不仅能够缩短充放电过程中 Li^+ 的扩散路径，还能够增加储锂的活性位点，增强材料的储锂能力。而且由于纳米尺寸较小，可以快速释放脱锂/嵌锂过程中由于体积变化产生的应力，能够在一定程度上缓解体积膨胀导致的结构坍塌，从而延长循环寿命。

Zhang 等[5] 采用简单温和的溶胶-凝胶法可控地制备了含有丰富孔隙的纳米结构 MnO_2，来提高其作为锂离子电池负极材料的储锂性能。MnO_2 的形貌演化示意图、SEM 图以及 TEM 图如图 3-7 所示。氧化石墨烯（GO）表面具有丰富的含氧官能团，可以作为 MnO_2 纳米晶体的成核位点，促进 MnO_2 晶体均匀可控地生长。同时，GO 具有超薄的二维纳米薄片结构、超高的比表面积以及在水中有良好的分散性，因此 GO 还可以作为 MnO_2 纳米晶体的封端剂限制其长大。该工作主要通过调节 GO 的量，来控制所制备 MnO_2 的形貌。

图 3-8（a）中，四组样品 M_0、M_1、M_2 和 M_3 在 100mA/g 的电流密度下经过 10 次循环充放电测试后，四组样品的可逆电比容量分别 69mA·h/g、189mA·h/g、435mA·h/g 和 905mA·h/g，容量保持率分别为 5.3%、16.6%、33.7% 和 78.2%。M_0、M_1、M_2 在前几次循环中出现了严重的比容量不可逆损失，而样品 M_3 比容量损失较小，即使经过 80 次的充放电测试，它的可逆比容量依然能够维持在高达 813mA·h/g，通过计算可以发现，M_3 样品的容量保持率是 70.2%。样品 M_2、M_3 的在不同电流密度下的倍率测试性能如图

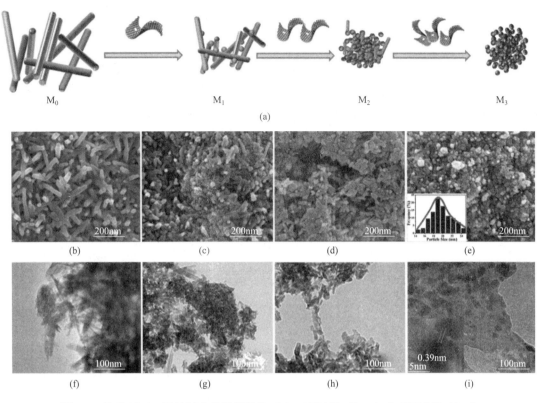

图 3-7　纳米 MnO_2 可控制备的形貌演化（a）、SEM 图（b~e）和 TEM 图（f~i）

3-8（b）所示。对于 M_3 样品，它的最大放电比容量依次是 845mA·h/g、695mA·h/g、595mA·h/g 和 464mA·h/g，明显高于在相同电流密度下 M_2 样品的最大放电比容量（335mA·h/g、212mA·h/g、118mA·h/g 和 48mA·h/g）。经过大电流密度充放电测试后，当电流密度再次回落到初始电流密度 200mA/g 时，M_3 与 M_2 的放电比容量分别回升至 685mA·h/g 和 210mA·h/g。倍率性能测试结果进一步表明减小活性物的尺寸能够有效提高电极材料快速充放电的能力。

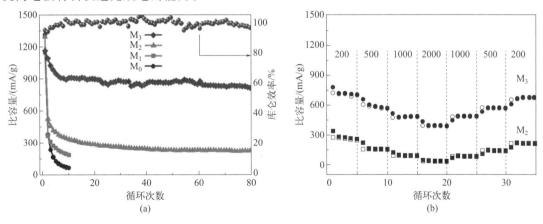

图 3-8　四组样品 M_0、M_1、M_2 和 M_3 的循环充放电性能（a）和样品 M_2、M_3 的倍率测试性能（b）

3.4.3 合金型负极材料

常见的合金负极材料有硅（Si）、锗（Ge）、锡（Sn）以及其氧化物等，由于具有较高的理论比容量，引起了广泛的关注。表3-5为常见的合金负极与石墨负极材料电化学性能的比较。从表中可以看出，合金化合物的理论比容量能够达到石墨负极材料理论比容量的2～10倍，远高于目前商用的石墨类负极材料。

表3-5　石墨负极与常见合金负极材料电化学性能比较

性能	材料			
	C	Si	Sn	Sb
密度	2.25	2.33	7.29	6.7
嵌锂后	LiC_6	$Li_{4.4}Si$	$Li_{4.4}Sn$	Li_3Sb
理论比容量	372	4200	994	660
体积膨胀/%	12	320	260	200
电压平台	0.05	0.4	0.6	0.9

注：密度的单位为 g/cm^3，电压平台单位为 V $vs.$ Li/Li^+ 标准电极相比，理论比容量单位为 $mA \cdot h/g$。

Si作为锂离子电池负极材料，具有超高的理论比容量（$Li_{22}Si_5$：4200mA·h/g）。其理论比容量高达商业化石墨负极材料的10倍有余（372mA·h/g），同时能够达到 $Li_4Ti_5O_{12}$ 理论比容量（175mA·h/g）的20倍有余。此外，Si负极材料具有合适的电压平台，这优于商业化的石墨负极和 $Li_4Ti_5O_{12}$ 负极材料。石墨负极材料的电压平台过低，这会导致石墨负极中嵌入多余的 Li^+，结合 e^- 后成为枝晶锂，并且枝晶锂无法形成 Li^+ 参与电池的充放电反应，这会造成电池比容量的降低。更为严重的是，在连续的充放电过程中，枝晶锂会不断生长，如果它穿透隔膜，就会造成电池短路引起安全事故，因此使用Si负极材料可以有效提高电池的安全性能。

相比于石墨负极，$Li_4Ti_5O_{12}$ 负极材料的 Li^+ 插层电位更高（1.55V $vs.$ Li/Li^+ 标准电极相比），锂离子难以在负极表面沉积，因此可以避免发生短路引发安全事故。$Li_4Ti_5O_{12}$ 在充放电循环过程中，当 Li^+ 嵌入和脱出时，它的体积几乎不发生改变，可以有效避免电极材料结构破坏导致容量衰减。然而，由于 $Li_4Ti_5O_{12}$ 电压平台过高，当将 $Li_4Ti_5O_{12}$ 组装成全电池时，不利于提高全电池的能量密度。此外，Si元素在地壳中元素含量排名中位于第二，因此Si及其衍生物材料被认为是最有发展前景的负极材料之一。

Si基材料在使用过程中存在以下问题。在嵌锂过程中会发生巨大的体积膨胀，例如当形成 $Li_{15}Si_4$ 合金时，其体积膨胀能达到280%，形成 $Li_{22}Si_5$ 合金时，体积膨胀高达400%。巨大的体积膨胀产生大量的切应力和压应力，使Si颗粒破裂，内阻增大，影响电子在电极上的直接传输，Si颗粒严重破裂会使部分活性材料完全失去电化学活性；对于整个电极，体积变化会导致结构坍塌和电极剥落，造成电极材料与集流体电接触中断，活性材料与导电剂、黏结剂之间失去接触，从而导致容量衰减；体积变化使Si电极表面不能形成稳定的固体电解质膜（SEI膜），SEI膜反复破裂和生成，要消耗大量电解液中的 Li^+，Li^+ 的消耗会造成不可逆容量损失，导致电池比容量发生连续的衰减。同时SEI膜厚度随着电化学循环不断增加，过厚的SEI膜阻碍电子转移和 Li^+ 扩散，阻抗增大，造成Si基材料电化学性能的衰减。

为了改善Si基材料的电化学储锂性能，研究人员开展了大量的研究工作，其中，纳米化和合金化被证明是改善 Si 基锂离子电池负极材料储锂性能的两种重要途径。Si 基锂离子电池负极材料纳米化是目前最有效方法之一。利用不同的制备方法，可以获得不同维度、形貌各异的纳米 Si 材料，利用其特殊的纳米结构和形貌，可以减小嵌脱锂过程的体积膨胀，缓冲内应力，从而改善负极材料的电化学循环稳定性能。同时，纳米结构内部的孔洞可以促进电解液的渗透，缩短锂离子的扩散距离，也有利于提高 Si 基负极材料的嵌/脱锂动力学性能。纳米 Si 基锂离子电池负极材料主要包括：零维 Si 纳米颗粒、一维 Si 纳米线和纳米管、二维 Si 纳米薄膜，以及三维多孔纳米 Si 等。近年来，基于纳米化方法，Si 基复合材料的研究取得了一些重要进展。

3.4.3.1 Si 基零维纳米结构及其复合材料

Si 纳米颗粒的自身应力小、机械强度高，能够进一步与起到缓冲作用的基体复合，可以很好地缓解体积膨胀、释放内应力，从而大幅度提高其电化学性能。为了改善空心核-壳结构的电化学性能，早在 2012 年，N. Liu 等[6] 合成了一种蛋黄核壳结构的纳米颗粒 Si/C 复合电极材料。如图 3-9 所示，该结构以纳米硅（SiNPs）（约 100nm）为"蛋黄"，以无定形碳（5～10nm 厚）为"壳"，每个 SiNPs 都附着在碳壳的一侧，在另一侧有一个 80～100nm 的空间。该方法将 SiO_2 作为牺牲层包覆在 SiNPs 表面，在 SiO_2 外部包覆聚多巴胺，碳化后形成氮掺杂的双涂层（Si@SiO$_2$@C），通过氢氟酸（HF）处理选择性去除 SiO_2 牺牲层后，得到了蛋黄核壳 Si@void@C 结构。这个蛋黄-蛋壳结构的硅碳负极实现了高容量。在 400mA/g 的电流密度下，首次放电比容量为 2833mA·h/g，经过 1000 次循环后的容量保持率高达 74%。

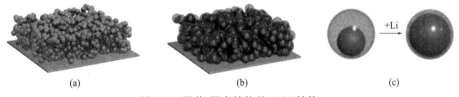

$$(a) \qquad\qquad (b) \qquad\qquad (c)$$

图 3-9　蛋黄-蛋壳结构的 Si/C 结构

3.4.3.2 Si 基一维纳米结构及其复合材料

一维纳米 Si 结构主要有纳米管和纳米线。H. Wu 等巧妙地设计出双壁硅纳米管（DWSiNTs）结构，图 3-10 为 DWSiNTs 的制备过程示意图与形貌表征[7]。如图 3-10（a）所示，首先通过静电纺丝法制备出聚合物纳米纤维，然后将聚合物纳米纤维碳化为碳纤维并通过化学气相沉积法（CVD）在碳纤维表面包覆一层硅。通过在 500℃ 的空气中加热样品，可以选择性地去除内部的碳纤维模板，留下外表面具有氧化硅（SiO_x）机械约束层的硅纳米管。图 3-10（b）为 DWSiNTs 的 SEM 图，SEM 结果表明，在完全去除内芯的情况下，制备出光滑均匀的空心管。图 3-10（c）中的低倍率 SEM 图显示，合成管在长距离上是连续的。这种连续的管结构对于防止电解液润湿内部至关重要，可保护管免受 SEI 内部生长。这种连续的纳米管网络的另一个优点是在整个网络中提供机械和导电网络，因此可以直接使用独立的纳米管作为电池负极，而不需要任何导电添加剂或黏合剂。通过图 3-10（d）的 TEM 图不难发现，所合成的管内外表面均光滑，壁厚为 30nm。选择区域电子衍射（SAED）图 [3-10（d）中的插图]，表明合成的纳米管是无定形的。该 SiO_x 外壳包围的活性硅纳米管组成的负极循环 6000 次后的容量可以保持在其初始容量的 85％以上。含有这种双壁硅纳米管阳极的电池，其充电容量大约是传统碳负极的 8 倍。

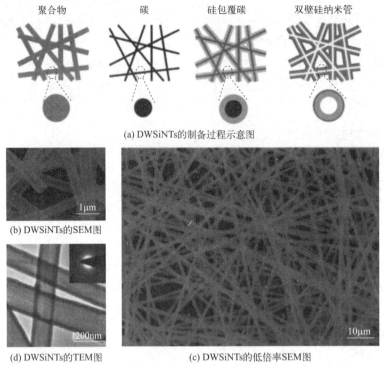

(a) DWSiNTs的制备过程示意图

(b) DWSiNTs的SEM图

(d) DWSiNTs的TEM图

(c) DWSiNTs的低倍率SEM图

图 3-10　DWSiNTs 的制备过程与形貌表征

此外 Cui Yi 团队还提出了 Si 纳米管在循环过程中容量衰减的失效模型，如图 3-11 所示。Si 纳米线材料表面 SEI 层形成过程如图 3-11（a）所示，Si 纳米线在嵌锂过程中发生体积膨胀，在其表面形成一层薄薄的 SEI 层。在脱锂过程中，由于硅的体积收缩，SEI 层发生破裂成为分散的碎片，会导致新的 Si 表面暴露在电解质中。在以后的循环中，新的 SEI 层继续在新暴露的 Si 表面上形成，这最终导致 Si 纳米线外部生成非常厚的 SEI 层。过厚的 SEI 层会阻碍电子转移和 Li$^+$ 扩散，使阻抗增大，造成 Si 基材料电化学性能的衰减。类似地，如图 3-11（b）所示，对于 Si 纳米管，由于没有机械约束层，SEI 层并不稳定，因此形成了较厚的 SEI 层。如图 3-11（c）所示，在 Si 纳米管上设计一个 SiO$_x$ 机械约束层，可以防止硅在嵌锂过程中向外、向电解液扩张。因此，可以构建一个薄而稳定的 SEI 层。这种结构阻隔了 Si 纳米管和电解液的直接接触，但 Li$^+$ 依然可以通过机械固定层 SiO$_x$ 和 Si 纳米管接触。此设计有助于防止 Si 纳米管在充放电过程中由于体积膨胀导致 SEI 层反复形成，能够提高负极材料的循环稳定性。

3.4.3.3　Si 基二维纳米结构及其复合材料

二维纳米材料主要包括纳米片和纳米涂层。Xue 等使用直流电弧放电等离子体法合成了超薄二维 Si 纳米片，纳米片的长度约为 20nm，厚度为 2.4nm，约为 8 个原子层厚度。首次充放电比容量分别为 2553mA·h/g 和 1242mA·h/g，库仑效率为 49％。在 100mA/g 的电流密度下，40 个循环后充电比容量为 442mA·h/g。图 3-12 为 Park 等[8] 通过一步熔融盐诱导剥落还原法以天然黏土为 Si 源制备了高纯度的介孔 Si 纳米片，纳米片厚度为 5nm，包覆碳的硅纳米片阳极在 1.0A/g 下具有的 865mA·h/g 高可逆比容量，经过 500 个循环后的容量保持率为 92.3%。

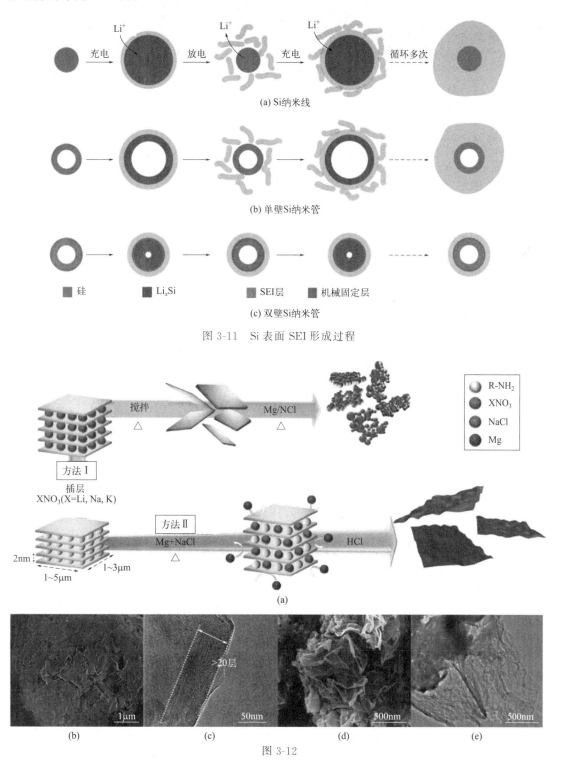

(a) Si 纳米线

(b) 单壁 Si 纳米管

硅　　　Li$_x$Si　　　SEI 层　　　机械固定层

(c) 双壁 Si 纳米管

图 3-11　Si 表面 SEI 形成过程

R-NH$_2$
XNO$_3$
NaCl
Mg

搅拌 △　　　Mg/NCl △

方法 I
插层
XNO$_3$(X=Li, Na, K)

方法 II
Mg+NaCl △

HCl

2nm
1~3μm
1~5μm

(a)

>20 层

1μm　　　50nm　　　300nm　　　500nm　　　500nm

(b)　　　(c)　　　(d)　　　(e)

图 3-12

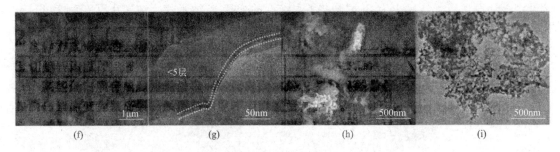

图 3-12 超薄 Si 纳米片的合成过程及结构表征

（a）使用两种不同方法制备超薄 Si 纳米片的合成示意图；黏土矿物的（b）SEM 和（c）TEM 图；熔融盐诱导剥落还原法（方法 II）合成超薄硅纳米片的（d）SEM 和（e）TEM 图；预剥落黏土矿物的 SEM（f）和 TEM（g）图；连续化学还原（方法 I）合成的硅纳米片 SEM（h）和 TEM（i）图

　　作为二维纳米材料的研究热点，石墨烯具有独特的片层结构，与 Si 复合可以形成特殊的封包和三明治结构，产生很好的结构支撑，缓解机械应力，从而大幅度提高导电性，减少反应阻抗。Y. Ren 等[9]制备了一种用褶皱石墨烯包覆 Si 纳米片（Si-NSs@rGO）的复合体系，如图 3-13 所示，呈现出明显高于 Si 纳米片的电化学储锂容量、库仑效率和容量保持率，在 2A/g 的电流密度下，经过循环 1000 次充放电测试，每圈的容量衰减率仅为 0.05%。此外，对于 Si 基材料，Si 纳米片厚度越薄，越有利于体积膨胀应力的释放，但同时会造成电极材料的容量降低。高容量与长循环性能难以兼得是二维材料研究的难点。

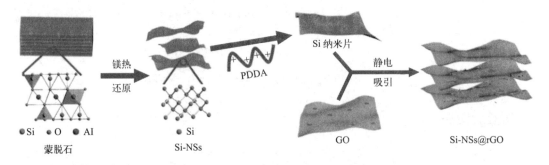

图 3-13 合成 Si-NSs@rGO 复合材料

3.4.3.4　Si 基三维纳米结构及其复合材料

　　三维 Si 纳米材料主要是指具有纳米多孔结构的 Si，电解液容易扩散到开放的孔隙中，以确保 Li$^+$快速、有效地传输到 Si 材料中，并降低由界面处锂离子浓度极化引起的粒子/电极界面阻抗。与零维、一维和二维纳米结构相比，三维结构的 Si 材料具有更高的电极密度（或堆积密度）和结构完整性。G. Hou 等[10]通过射频感应热等离子体结合喷雾干燥法制备出三维石榴多孔结构的 Si/C 复合材料。如图 3-14 所示，硅纳米球均匀嵌入碳基体中，形成约 50nm 稳定的球形集成复合材料，这种设计促使大规模生产高质量三维 Si/C 复合材料成为可能。在 Si 纳米球表面包覆碳层有利于提高 SEI 层的稳定性，首次库仑效率达到 88%。此外，这种通过微/纳米设计，提高了体积容量至 1244mA·h/cm^3，而且复合材料中丰富的纳米孔有利于缓解体积膨胀问题。

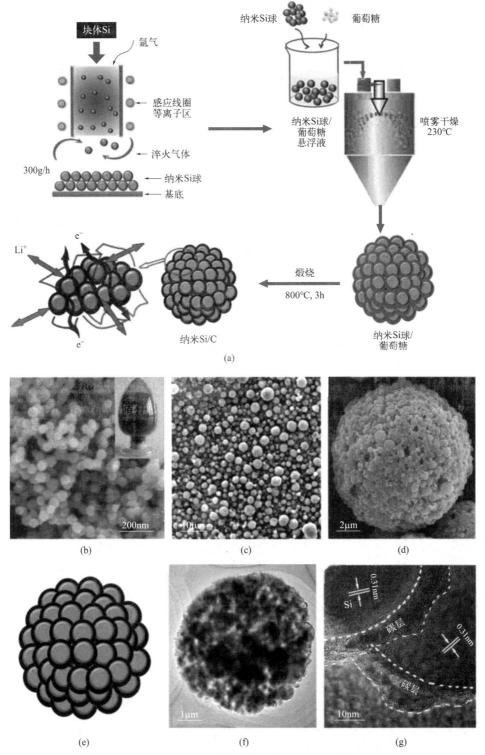

图 3-14　三维 Si/C 复合材料制备过程及形貌表征

（a）三维 Si/C 复合材料制备过程；（b）Si 纳米球的 SEM 图；（c）三维 Si/C 复合材料的 SEM 图；（d）单个 Si/C 复合材料的放大 SEM 图；（e）单个三维多孔石榴结构的 Si/C 复合材料；（f）单个三维多孔石榴结构 Si/C 复合材料的 TEM；（g）单个三维多孔石榴结构 Si/C 复合材料的 HRTEM 图

合金化是利用合金中合金相的缓冲作用来改善硅循环性能的手段，其中能与 Si 形成合金的金属主要分为惰性金属和活性金属。虽然惰性金属在充放电过程中不具备脱嵌锂活性，但是可以起到支撑结构、缓解体积膨胀和提高机械稳定性的作用，这有利于释放 Si 在充放电过程中的机械应力。例如：铁（Fe）、钴（Co）、镍（Ni）等元素本身在低电位下不能进行电化学嵌锂反应，但 Fe-Si、Co-Si 和 Ni-Si 合金均能在电化学环境下发生置换嵌锂反应，析出惰性金属，形成 Li-Si 合金。

活性金属是指金属本身具有脱嵌锂活性，但是与硅充放电电位不同，因此它们的复合使得材料的体积膨胀可以在不同电位下进行，缓解产生的机械内应力，从而提高整个材料的循环稳定性，如钙（Ca）、镁（Mg）、铝（Al）等。

Y. Chen 等[11] 通过对 Si 和 Fe 粉末进行简单高能球磨使碳包覆，成功合成了核-壳结构的 $FeSi_2$/Si@C 的纳米复合材料（图 3-15）。这种由惰性 $FeSi_2$ 和活性 Si 为内核的结构能有效缓冲充放电过程中的体积膨胀，最外层的碳能防止 Si 在循环过程中的团聚，200 次循环后，其比容量保持在 $1010mA \cdot h/g$，容量保持率高达 94%。

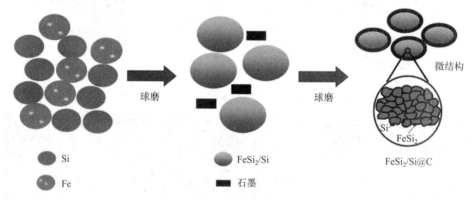

图 3-15　制备 $FeSi_2$/Si@C 纳米复合材料

硅基材料作为锂离子电池的负极材料，在比容量方面与其他材料相比具有非常大的优势，但是其循环性能差仍是未来需要解决的难题。因此，为了实现硅负极材料的商业化应用，应在维持硅负极材料高比容量的同时，通过纳米化、合金化等各种改性方法提高其循环性能。

3.5　锂离子电池电解液

电解液作为正负极与隔膜之间的连接材料，被称为电池的"血液"，是锂离子电池中 Li^+ 传输的载体。电解液不仅对电极/电解液界面的性能具有重要的调控作用，而且对电池性能包括容量、内阻、倍率、充放电性能、工作温度，以及安全性能起着至关重要的作用。

理想的电解液一般应当具备如下特性：电导率高，要求电解液黏度低，锂盐溶解度和电离度高；Li^+ 导电迁移数高；稳定性高，要求电解液具备高的闪点、高的分解温度、低的电极反应活性，及搁置无副反应等；界面稳定，具备较好的正负极材料表面成膜特性，能在前几周充放电过程中形成稳定的低阻抗 SEI 膜；宽的电化学窗口，能够使电极表面钝化，从而在较宽的电压范围内工作；环境友好、成本低廉。

锂离子电池中的电解液是将一种或多种锂盐溶解在单一或者混合的非水有机溶剂中。其中溶剂主要作为运输锂离子的载体，对电解质盐进行溶剂化作用，保证 Li^+ 的传输；锂盐则是 Li^+ 的提供者。此外，为了改善电解液某方面的性能，需要在电解液中使用一定比例的功能添加剂，添加剂在电池首次充电过程中在负极材料表面发生还原反应，形成 SEI 膜。SEI 膜是 Li^+ 的优良导体，能够让 Li^+ 在其中进行传输，同时又是良好的电子绝缘体，能够有效地降低内部的短路概率，改善自放电。

3.5.1 锂离子电池非水有机溶剂

溶剂的许多性能参数与电解液的性能优劣密切相关，如溶剂的黏度、介电常数、熔点、沸点、闪点对电池的使用温度范围、电解质锂盐的溶解度、电极电化学性能和电池安全性能等都有重要影响，目前主要用于锂离子电池的非水有机溶剂有碳酸酯类、醚类和羧酸酯类等。

（1）碳酸酯类

碳酸酯类溶剂是最早应用于锂离子电池工业的有机溶剂之一，这类有机溶剂以其卓越的化学和电化学稳定性，在锂离子电池工业中扮演着不可或缺的角色。在锂离子电池领域，碳酸酯类溶剂主要分为环状碳酸酯和链状碳酸酯两大类。

碳酸丙烯酯（PC）和碳酸乙烯酯（EC）是锂离子电池电解液中最重要的两种环状碳酸酯类有机溶剂。PC 呈无色透明液体，略带芳香气味，在标准温度和压力下，其闪点为 128℃，着火点为 133℃。值得一提的是，PC 具有相对较低的熔点（−49℃），这意味着即使在较低温度下，含有 PC 的电解液仍能保持良好的电导率。然而，需要指出的是，锂离子电池中的石墨类碳负极材料与 PC 的兼容性较差。这是因为 PC 无法在石墨类电极表面有效形成 SEI 膜。在放电过程中，PC 与溶剂化锂离子同时嵌入到石墨层间，导致石墨片层的剥离，从而破坏了石墨电极的结构，最终导致电池的性能下降。因此，在当前的锂离子电池体系中，一般不采用 PC 作为电解液的组成部分。

与 PC 不同，EC 在锂离子电池电解液中占据主导地位。EC 具有良好的石墨类负极材料兼容性，能够在石墨表面形成有效、致密和稳定的 SEI 膜，从而显著提高了电池的循环寿命。EC 的熔点较高（36℃），因此通常需要与低黏度的链状碳酸酯一同使用作为共溶剂，以确保电解液在广泛的温度范围内保持液态状态。

在锂离子电池领域，常用的链状碳酸酯溶剂包括碳酸二甲酯（DMC）、碳酸二乙酯（DEC）、碳酸甲乙酯（EMC）和碳酸甲丙酯（MPC）等。这些溶剂的共同特点是具有相对较低的黏度、介电常数、沸点和闪点等物理性质。然而，需要注意的是，它们单独使用时不能在石墨类电极或锂电极表面有效地形成 SEI 膜。因此，它们通常需要与环状碳酸酯一同配合使用，以构成锂离子电池电解液的溶剂体系。

相对于环状碳酸酯，链状碳酸酯具有一些优势，包括较低的熔点、低的黏度和低的介电常数等。这使得它们可以与环状碳酸酯（通常是 EC）以不同比例混合，而不出现相分离或沉淀。混合 EC 与 DMC 的电解液溶剂，可以充分发挥两种溶剂的优点，同时弥补它们各自的缺点，从而获得具有良好电化学稳定性的电解液体系。在商业化锂离子电池中，电解液通常由 EC 与一种或两种链状碳酸酯混合而成，以满足高性能电池的要求。

（2）醚类有机溶剂

醚类有机溶剂可以分为环状醚、链状醚，以及冠醚及其衍生物等几个主要类别。在环状醚类中，主要代表包括四氢呋喃（THF）、2-甲基四氢呋喃（2-MeTHF）、1,3-二氧环戊烷（DOL）和 4-甲基-1,3-二氧环戊烷（4-MeDOL）等。链状醚类有机溶剂主要包括二甲氧甲烷（DMM）、1,2-二甲氧乙烷（DME）、1,2-二甲氧丙烷（DMP）和二甘醇二甲醚（DG）等。随着碳链长度的增加，这些溶剂的氧化稳定性也增强，但相应的，它们的黏度也随之升高，这对提高有机电解质的电导率并不利。需要指出的是，醚类有机溶剂具有较高的成本和毒性，因此目前尚未广泛应用于锂离子电池领域。

（3）羧酸酯类有机溶剂

羧酸酯溶剂可分为环状羧酸酯和链状羧酸酯两大类。一方面，曾广泛用于一次锂电池的重要环状羧酸酯溶剂之一是 γ-丁内酯（BL）。相较于碳酸酯有机溶剂，BL 具有较小的介电常数和电导率。然而，BL 在遇水时容易分解，且毒性较大，导致其在锂离子电池中的循环效率明显低于碳酸酯溶剂，因此实际应用范围较为有限。

另一方面，链状羧酸酯溶剂包括甲酸甲酯（MF）、乙酸甲酯（MA）、丁酸甲酯（MB）和丙酸乙酯（EP）等。这些酯类溶剂通常具有较低的熔点和黏度。适量添加链状羧酸酯到有机电解液中有助于提高电解液在低温环境下的性能表现。

然而，需要注意的是，羧酸酯溶剂在一些方面存在局限性，如 BL 的水解问题和毒性，因此它们的应用范围相对较窄，尤其在高性能锂离子电池中的使用相对有限。

3.5.2 锂离子电池电解质锂盐

电解质锂盐不仅为电解液中锂离子的主要供应源，其阴离子也是影响电解液性能的重要因素。锂盐在电解液制备中起着关键作用，尽管其用量仅占电解液总量的 $10\% \sim 12\%$，但其成本却占电解液原材料成本的 $40\% \sim 60\%$。当前，常见的电解质锂盐主要包括：六氟磷酸锂（$LiPF_6$）、高氯酸锂（$LiClO_4$）、四氟硼酸锂（$LiBF_4$）、六氟砷酸锂（$LiAsF_6$）以及双草酸硼酸锂（LiBOB）。

（1）六氟磷酸锂（$LiPF_6$）

$LiPF_6$ 是电解液中成本最重要的组分，约占电解液总成本的 43%。其生产技术门槛较高，特别是生产高纯晶体 $LiPF_6$ 更具有挑战性。$LiPF_6$ 作为锂电池领域的高级材料，实为电解液的核心。作为目前商业锂电池中最常用的电解质锂盐，$LiPF_6$ 在非质子型有机溶剂中表现出相对较高的离子电导率和电化学稳定性。此外，$LiPF_6$ 电解质可以与铝（Al）集流体形成一层保护膜，从而减弱电解液对 Al 集流体的腐蚀性。更为重要的是，基于 $LiPF_6$ 锂盐的碳酸酯电解液能够在石墨负极上形成一层 SEI 膜，有效防止电解液与石墨负极之间的不良反应，使锂离子电池具备卓越的循环性能。然而，$LiPF_6$ 锂盐的热稳定性较差，且容易与微量水分发生反应，生成强酸 PF_5。PF_5 极易与电解液中的有机溶剂发生副反应，导致电池性能下降。

（2）高氯酸锂（$LiClO_4$）

高氯酸锂（$LiClO_4$）是一种溶解度相对较高的电解质锂盐，因此在碳酸酯类有机溶剂中表现出较高的离子电导率，室温时可达 9mS/cm。此外，$LiClO_4$ 作为电解质锂盐，其电化学稳定窗口可达 5.1V *vs.* Li/Li^+，具备良好的氧化稳定性，适应于高电压正极材料，有助于提高锂电池的能量密度。$LiClO_4$ 的优势还在于其制备简便、成本较低、稳定性较好，因此在实验室基础研究中得到广泛应用。然而，$LiClO_4$ 中的氯（Cl）处于 +7 价的最高氧化态，容易与电解液中的有机溶剂发生氧化还原反应，可能导致锂电池发生燃烧、爆炸等安全问题，因此，在商业锂电池中很少采用 $LiClO_4$。

（3）四氟硼酸锂（$LiBF_4$）

$LiBF_4$ 具有相对较小的阴离子半径（0.227nm），因此其与锂离子之间的配位能力较弱，容易在有机溶剂中解离，可提高锂电池的电导率和性能。然而，正因为其阴离子较小，容易与电解液中的有机溶剂发生配位，从而降低了锂离子的电导率，因此 $LiBF_4$ 在常温锂离子电池中的应用较为有限。$LiBF_4$ 具有较好的热稳定性，在高温环境下不易分解，因此常用于高温锂离子电池中。此外，在低温条件下，由于基于 $LiBF_4$ 的电解液在低温下具有较小的界面阻抗，$LiBF_4$ 仍然表现出良好的电池性能。$LiBF_4$ 对于 Al 集流体具有一定的抗腐蚀性，因此常被用作锂离子电池电解液的添加剂，有助于提高电解液对 Al 集流体的耐腐蚀性。

（4）六氟砷酸锂（$LiAsF_6$）

$LiAsF_6$ 具有与 $LiBF_4$ 类似的离子电导率，但不对 Al 集流体产生腐蚀作用。此外，$LiAsF_6$ 电解质锂盐的电化学窗口可达 6.3V *vs.* Li/Li^+，远高于一般锂盐，表现出较好的电化学稳定性。然而，由于 $LiAsF_6$ 中含有剧毒的砷元素，因此在商业锂电池中使用较少。

（5）双草酸硼酸锂（LiBOB）

LiBOB 电解质锂盐具有高离子电导率、宽电化学稳定窗口、良好的热稳定性和循环稳定性等特点。研究表明，LiBOB 可以与 Al 集流体形成稳定的钝化膜，保护 Al 免受电解液的腐蚀。然而，LiBOB 的溶解度相对较低，导致其构成的电解液的电导率较低，限制了基于该盐电池的倍率性能。为克服其溶解度低、离子电导率差的问题，科研人员发现了一种新型电解质锂盐：二氟草酸硼酸锂（LiDFOB）。研究表明，LiDFOB 具有比 LiBOB 更高的离子电导率、良好的电化学稳定性，以及与正、负极的良好兼容性。此外，基于 LiDFOB 的电池在低温条件下也表现出良好的性能。因此，LiDFOB 目前广泛应用于锂电池中。

3.5.3 锂离子电池电解液功能添加剂

添加剂是一种经济实用的方法，它们用量虽少，但在改善锂离子电池性能方面效果显著。通过在锂离子电池的电解液中添加适量的添加剂，可以有针对性地提升电池的某些性能。理想的锂离子电池电解液添加剂应具备以下特点：在有机溶剂中具有高溶解度、微量添加即可显著改善性能、不与电池其他组件发生有害反应、低成本、无毒或低毒性。根据其功能不同，常见的添加剂有 SEI 成膜添加剂、阻燃添加剂、高低温添加剂等。

（1）SEI 成膜添加剂

根据添加剂分子结构，SEI 成膜添加剂可以分为环状和链状两类。环状成膜添加剂包括碳酸乙烯酯（EC）、亚硫酸乙烯酯（ES）、亚硫酸丙烯酯（PS）、碳酸亚乙烯酯（VC）等；链状成膜添加剂包括碳酸二甲酯（DMC）、碳酸二乙酯（DEC）、二甲基亚硫酸酯（DMS）、二乙基亚硫酸酯（DES）以及 1,2-三氟乙酸基乙烷（BTE）等。从成膜机理角度看，SEI 成膜添加剂分为还原型、反应型和修饰型。还原型添加剂如 VC 和 SO_2，具有较高的充电电位，有利于形成难溶性固体覆盖物，保护石墨；反应型添加剂如 CO_2 和 LiBOB，则不发生电化学还原，但能捕获活性离子或与锂烷氧基形成更稳定的 SEI 膜；SEI 修饰剂如三（五氟苯基）硼 $[B(C_6F_5)_3，TPFPB]$，有助于提高电池性能。

（2）阻燃添加剂

阻燃剂的概念最早来源于聚合物阻燃领域。在锂离子电池中，阻燃添加剂是提高安全性的经济、有效途径之一，其主要功能是防止电解液氧化分解，从而抑制电池内部温度升高。目前，用于锂离子电池的阻燃物质主要包括磷酸酯、亚磷酸酯、有机卤代物和磷腈等。阻燃机理主要分为两种：物理阻燃过程，通过建立凝聚相和气相之间的隔离层来抑制燃烧；化学自由基捕获机理，通过终止气相燃烧的自由基链式反应来防止燃烧。通常这两种机理在不同条件下同时起作用，前者主要用于凝聚相，后者主要用于气相[12]。

3.6 锂离子电池隔膜

锂离子电池的隔膜在电池性能、安全性，以及可持续储能方面发挥着关键作用。性能出色的隔膜需要具备良好的电绝缘性、稳定的化学特性、高机械强度，以及相对较高的孔隙率等特点。隔膜作为隔离层能够有效阻止阳极和阴极之间的短路，同时具有良好的离子透过性，促使锂离子能够在电池正负极之间自由迁移，从而实现锂离子电池的充放电过程。

锂离子电池隔膜的材料种类繁多，其组成和结构也各具特色，主要包括织物隔膜、无纺布隔膜、复合隔膜以及目前主流的聚烯烃微孔膜等几类。

（1）聚烯烃及其复合材料隔膜

目前，聚烯烃微孔膜是主流锂离子电池的隔膜材料。聚乙烯（PE）和聚丙烯（PP）等聚烯烃材料以其低成本、卓越的力学性能和稳定的化学特性，成为锂离子电池隔膜的首选。然而，聚烯烃的热稳定性在一定温度下存在局限，可能导致微孔膜孔隙性改变，从而无法隔离正负离子，引发电池内部短路。此外，聚烯烃微孔膜通常需要克服一定的电阻以促进离子的移动，因此其离子传导率较低。当前，通过涂覆和喷涂改性来改善聚烯烃膜的热稳定性和亲润性，以提高隔膜的安全性，或者通过优化制备工艺来提高整体性能。

（2）聚偏氟乙烯（PVDF）及其复合隔膜

PVDF 对锂离子电池酯类电解液有很好的亲和性，同时具备出色的电化学和化学稳定性、高机械强度以及热稳定性，因此成为隔膜材料研究的重要领域。不断研发的聚偏氟乙烯-高氯化聚乙烯（PVDF-HPE）、聚偏氟乙烯-聚四氟乙烯（PVDF-PTFE）、聚偏氟乙烯-三氟乙烯（PVDF-TrFE）等 PVDF 基复合隔膜，显著提升了物理性能，有助于改善电池倍率性能。

（3）聚酰亚胺（PI）及其复合隔膜

聚酰亚胺（PI）由于其独特的分子链结构，能够耐受高达 500℃的高温，在长期 300℃的使用条件下表现出杰出的性能，具有出色的耐热性。此外，PI 还具有卓越的化学稳定性、优异的力学性能，因此成为目前性能最佳的隔膜类绝缘材料之一。虽然聚酰亚胺相对于聚烯烃隔膜来说具有极性基团，与锂离子电解液有较好的亲和性，但其性能独特，仍需要深入研究以充分发挥其潜力。

3.7 钠离子电池

目前虽然锂离子电池是储能领域的主流技术，但由于锂资源的有限性和不均匀分布，使得我国 80% 的锂需依赖进口。因此，寻找替代锂离子电池的非锂金属离子电池具有重要的现实意义。非锂金属离子电池通常包括碱金属（如钠和钾）、碱土金属（如镁和钙）、第三主族金属（如铝）和过渡金属（如锌）等类型。这些离子电池共同的特点是它们在地壳中储量丰富（图 3-16 为地壳中元素的含量），价格相对低廉，环境友好，并且具备大规模应用的潜力。

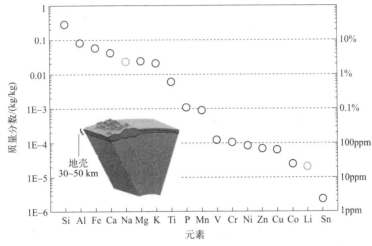

图 3-16 地壳中元素的含量

注：$1ppm = 10^{-6}$

3.7.1 钠离子电池的发展概况

钠离子电池（Sodium ion Batteries，SIBs）几乎与锂离子电池同时问世于 20 世纪 70 年代。当时，Whittingham 在发现了 TiS_2 的嵌锂机理后，迅速探索了该材料的嵌钠行为。但由于锂离子电池的商业化迅速崭露头角，导致更多的研究资源流向了锂离子电池领域，钠离子电池的研究逐渐减缓。然而，近年来，随着锂离子电池的需求不断增加，原材料价格上涨，钠离子电池再次引起了储能领域的广泛兴趣，其研究发展势头强劲，研究方向也逐渐从基础研究中解放出来，走向二次电池市场。

钠与锂属于同一主族，具有相似的理化性质（见表 3-6）。相对于锂离子电池，钠离子电池具备更为丰富和广泛分布的资源，且钠离子电池的正极材料无须使用钴、镍等稀有金属。此外，钠离子电池还可以采用比铜箔更为经济的铝箔作为集流体，预计材料成本比锂离子电池低 30%～40%。

然而，由于钠离子（Na^+）的质量较大且半径（0.102nm）较锂离子（Li^+）大，导致

Na^+在电极材料中的嵌入/脱出更为困难,动力学过程较慢。此外,由于半径差异而导致化合物的空间配位不同,在锂化合物中存在四面体和八面体的配位空间,而在钠化合物中则较少出现四面体的空间配位。这也使得Na^+嵌入活性材料时产生明显的体积膨胀效应,威胁电极结构的稳定性,从而影响电池的循环寿命和倍率性能。此外,由于钠离子电池的标准电极电位〔$-2.71V$($vs.SHE$)〕高于锂离子电池的标准电极电位〔$-3.04V$($vs.SHE$)〕,钠离子电池的工作电压较低。因此,对于常规电极材料来说,钠离子电池的能量密度较锂离子电池低。虽然锂离子电池在便携式电子产品市场应用广泛,并逐渐扩展至电动汽车、智能电网和可再生能源大规模储能系统。但在大规模储能应用方面,理想的二次电池除了需要具备出色的电化学性能外,还必须满足资源丰富、价格低廉等社会经济效益指标。这使得钠离子电池再次引起广泛关注。

表 3-6 钠元素与锂元素物理、化学参数比较

性质	钠	锂
原子量/(g/mol)	23	6.94
离子半径/nm	0.102	0.076
相对原子质量	23.00	6.94
标准电势/V	$-2.71V$	-3.04
熔点/℃	97.7	180
密度/(g/cm³)	0.698	0.534
分布	分布广泛	70%在南美
碳酸盐价格/(元/kg)	2	40
地壳丰度/%	2.83	0.0065
理论比容量/($ACoO_2$,mAh/g)	235	274

注:$ACoO_2$在锂离子电池中代表层状$LiCoO_2$,在钠离子电池中代表$NaCoO_2$。

3.7.2 钠离子电池的工作原理

钠离子电池的构成与锂离子电池类似,包括可逆嵌入/脱出的正负极材料、电解液、隔膜等组件。在钠离子电池的充放电过程中,Na^+在正极和负极之间可逆的嵌入和脱出,导致电极电位的变化,从而实现电能的储存和释放。工作原理如图 3-17 所示,在充电时,Na^+从正极材料中脱离,经过电解液的传输穿过隔膜,然后定向移动到负极并嵌入负极材料。同时,负极通过外电路接收来自正极的电子。此时,正极处于富电子、贫钠状态,而负极处于富钠状态,正负极之间的电压差升高,实现了钠离子电池的充电。在放电过程中,情况恰恰相反。Na^+从负极脱离,穿过隔膜,嵌入正极材料,使正极恢复到富钠状态,同时电子从负极流向正极,为外部设备提供电能,完成了电池的充电和能量释放过程。在理想的充、放电情况下,Na^+在正负极材料之间的嵌入和脱出不会破坏材料的晶体结构,电化学反应高度可逆。

钠离子电池具有如下特点。

① 丰富的钠盐原材料储备,低廉的价格,满足了钠离子电池制造的原材料需求,可广泛应用于储能系统。

② Na^+不与铝形成合金,因此负极可采用廉价的铝箔作为集流体,有望进一步降低成本。

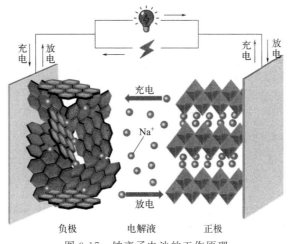

图 3-17　钠离子电池的工作原理

③ 相较于锂离子电池，钠离子电池的半电池电势较高，提高了电解质溶剂和电解质盐的适用范围，减小了电解质的分解电势。此外，钠离子电池具有相对稳定的电化学性能，因此具备更高的安全性。

3.7.3　钠离子电池负极材料

（1）碳基负极材料

碳基材料根据其石墨化程度可分为两大类：石墨碳和无定形碳。其中石墨具有层状结构，层与层之间通过范德华力结合在一起，层内碳原子均以 sp^2 杂化的共价键结合。目前广泛使用的石墨材料有中间相碳微球（MCMB）、人造石墨以及天然石墨。石墨类材料还具有工作电位低、循环稳定性好、导电性优良以及价格便宜等诸多优点。

早期基于碳酸酯类电解液的研究认为，由于 Na^+ 的半径较 Li^+ 更大，并且 Na^+ 与石墨层之间的相互作用相对较弱，Na^+ 更倾向于沉积在电极表面而不是插入石墨层之间，因此石墨不适用于作为钠离子电池的负极材料。然而，2014 年，Adelhelm 等研究团队首次报道了石墨在醚类电解液中表现出储钠活性。研究结果显示，放电产物为嵌入溶剂化 Na^+ 的石墨。通过这种溶剂化 Na^+ 的协同嵌入效应［见图 3-18（a）］，南开大学的 Chen 等[12] 研究人员进一步研究了天然石墨在醚类电解液中的钠嵌入行为，发现其表现出卓越的稳定性。在 200mA/g 的电流密度下，经过 6000 次充放电实验，其库仑效率保持在 100%，可逆比容量为 110mA·h/g，容量保持率为初始容量的 95% ［见图 3-18（b）］。

与石墨相比，新型碳材料的结构更加复杂，具备更多的活性位点。石墨烯就是其中之一，作为二维碳材料，与三维块体材料相比，石墨烯本身具有许多独特的性质，并且较普通石墨材料具有更好的导电性，可加速离子和电子的传导。此外，石墨烯具有超大的比表面积，能够增大电极材料内部与 Na^+ 的接触面积，提供更多的活性位点。Ding 等人研究了在不同热处理温度下制备的层状碳材料的物化性质和储钠性能，结果显示在 1100℃ 下制备的层状碳材料具有较高的石墨化程度，其晶面间距能达到约 0.39nm，并展示出近 298mA·h/g 的储钠比容量。此外，碳纳米管和碳纳米线也被广泛应用于钠离子电池研究中。由于新型碳材料具有独特的物化性质，在钠离子电池中展现出一系列特殊的储钠机理和储钠性能，这些特性具有广阔的研究价值和应用前景。

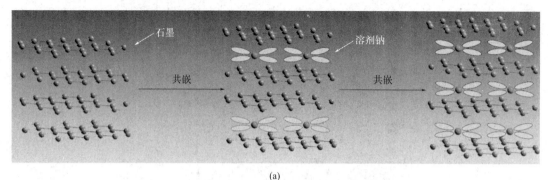

(a)

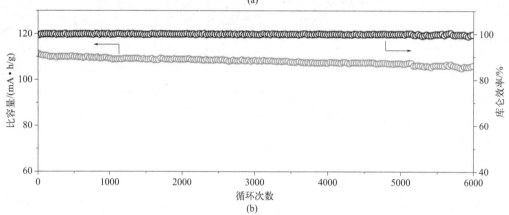

(b)

图 3-18 溶剂化 Na^+ 共嵌入石墨层间的机制 （a）以及在 200mA/g 电流密度下的恒电流充放电测试 （b）

（2）合金类负极材料

在惰性气氛中，单质钠能够与多种金属（如 Pb、Sn、Bi、Ga、Ge）以及非金属元素（如 Si、P）按照特定的比例，在适当温度下发生合金化反应，生成钠金属合金。目前，主要研究的是二元和三元合金。表 3-7 列出了常见合金类负极材料的理论比容量和体积膨胀率。相对于碳基负极材料，合金类材料通常具有更高的理论比容量。以元素周期表第 V 主族的磷为例，当与钠形成磷化钠合金时，其理论比容量高达 2596mA·h/g，是目前嵌钠材料中比容量最高的材料之一。然而，Na^+ 在向负极嵌入时会引起较大的体积膨胀。关于磷材料，有三种主要形态：白磷、红磷和黑磷。白磷不稳定且易燃，同时具有高度毒性，因此不适用于钠离子电池的负极材料。红磷价格便宜，但它是电子绝缘体，而且当其与水接触时，其嵌钠产物（Na_3P）会释放出高毒性的 PH_3 气体，这些缺点限制了红磷在钠离子电池负极中的应用。黑磷具有较高的电子电导率和热力学稳定性，但其制备过程复杂，需要在高温高压条件下将红磷转化为黑磷。

表 3-7 常见的合金类负极材料对应的理论比容量和体积膨胀率

元素周期表位置	合金元素	合金化合物	比容量/(mA·h/g)	体积膨胀率/%
ⅣA	Si	NaSi	954	114
	Ge	NaGe	369	369
	Sn	$Na_{15}Sn_4$	845	420
	Pb	$Na_{15}Pb_4$	485	487

元素周期表位置	合金元素	合金化合物	比容量/(mA·h/g)	体积膨胀率/%
VA	P	Na_3P	2596	—
	Sb	Na_3Sb	1040	—
	Sb	Na_3Sb	660	293
	Bi	Na_3Bi	373	—
ⅢA	In	Na_2P	467	

Si 基材料是未来钠电池中最具应用潜力的一类合金材料，据 Ceder 的计算，Na 和 Si 形成 NaSi 合金对应的理论比容量为 954mA·h/g，且体积膨胀在合金类材料中较小，约为 114%。然而，实验发现硅的表面往往被一层极薄的二氧化硅覆盖，这降低了其导电性。钠合金负极的主要优势在于其能够防止过充电时产生钠金属枝晶，从而提高了钠离子电池的安全性，延长了电池的使用寿命。然而，这类材料仍然需要解决一个关键问题，即如何抑制 Na^+ 在嵌入和脱出过程中引起的体积膨胀，以获得具有高库仑效率和卓越循环性能的材料。解决这一问题主要采用材料的纳米化、与其他金属的合金化，以及与碳材料的复合等方法。

合金类负极材料储钠的方程式如式（3-9）、式（3-10）、式（3-11）所示。

$$M + xNa^+ + xe^- \longrightarrow Na_xM(M \text{ 表示 Si、Sn、Sb、Ge}) \tag{3-9}$$

还有一类合金化合物，兼具了合金化反应与转换反应，这类化合物通常为合金类的氧/硫/硒等化合物，其反应过程如下：

$$MO/S_x + 2xNa^+ + 2xe^- \longrightarrow M + xNa_2O/S \tag{3-10}$$

$$M + xNa^+ + xe^- \longrightarrow Na_xM(M \text{ 表示 P、Sn、Sb、Ge}) \tag{3-11}$$

（3）过渡金属氧化物负极

过渡金属氧化物因具有较高的理论比容量，已广泛应用于锂离子电池负极材料。该类材料作为钠离子电池负极嵌钠材料，其储钠机理既不同于碳材料的脱嵌反应，也与合金负极材料的合金化反应不同，而是通过发生氧化还原反应来实现 Na^+ 的储存与释放，其储钠机制如式（3-12）所示：

$$TM_xX_y + (yb)Na^+ + (yb)e^- \longrightarrow xTM + yNa_bX \tag{3-12}$$

式中，TM 为过渡金属（Cu、Co、Mn 等）；X 为阴离子（O^{2-}、S^{2-}、Se^{2-} 等）。以 Co_3O_4 为例进一步解释这一机制。在放电过程中，首先 Co_3O_4 与金属钠反应生成 $NaCo_3O_4$ 中间产物。然后，$NaCo_3O_4$ 继续与钠发生氧化还原反应，生成 Co 单质和 Na_2O。在充电过程中，这一过程刚好相反，Co 单质与 Na_2O 首先反应，形成 $NaCo_3O_4$，然后 $NaCo_3O_4$ 脱钠，重新生成 Co_3O_4。通常情况下，电极材料的放电平台与还原过程中的电子数相对应[14]。

3.7.4 钠离子电池正极材料

钠离子电池的性能取决于电池内部材料的结构和性能，而正极的性能和成本关乎整个钠离子电池体系的市场竞争力。理想的正极材料一般具备以下特点。

① 较高的比容量。

② 较高的氧化还原电位，以提高电池的输出电压。

③ 良好的结构稳定性和电化学稳定性，Na^+ 的嵌入与脱出过程应可逆，并且在该过程中主题结构不发生改变或只发生很小的改变。

④ 优异的电子导电率和离子电导率。

⑤ 在适当的电压范围内与电解液相容性良好。

⑥ 具有资源丰富、价格低廉、环境友好、制备工艺简单等特点。

目前，研究钠离子电池正极材料的种类繁多。根据正极材料的结构特点，主要可分为以下几类。

（1）层状金属氧化物

层状金属氧化物的结构通式为 Na_xTMO_2，其中，TM 代表一种或者多种过渡金属元素。这类材料因具备较高的氧化还原电位和能量密度而被广泛用作钠离子电池正极材料。一般情况下，过渡金属元素与六个周围氧原子形成 MO_6 八面体共棱连接，而 Na^+ 位于过渡金属层之间，形成 TMO_2 层与 Na 层交替排布的层状结构。这些材料中的 Na^+ 有两种配位环境，分别是八面体（O 型）和三棱柱（P 型）构型。最常见的两种结构是 O3 型（ABCABC…）和 P2 型（ABBA…）（数字代表氧最少重复单元的堆垛层数，如 2 对应 ABBA…3 对应 ABCABC…）（图 3-19）[15]。近年来，低钴含量、锰基、铁基等新型材料引起广泛关注。Hu 等人制备了铜铁锰层状金属氧化物的钠离子电池正极材料，其比容量达到 130mA·h/g。层状氧化物钠离子电池正极材料因其商业应用前景广阔，类似于锂离子电池，成为备受瞩目的正极材料之一。

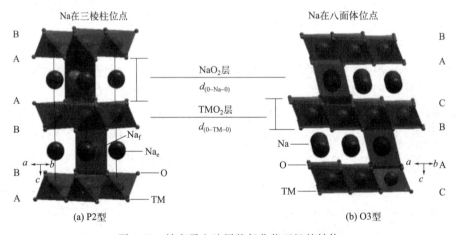

图 3-19 钠离子电池层状氧化物正极的结构

（2）聚阴离子型化合物

聚阴离子型化合物是由具有多面体结构的过渡金属氧化物 MO_x（M＝Fe、Co、V、Ti、Cr 等）与阴离子基团 $(XO_4)^{n-}$（X＝S、P、Si、B 等）通过共价键相连而成的一类化合物。这些多面体结构和阴离子基团之间的连接方式是共角或共边。聚阴离子型化合物具有开放的框架结构、较低的 Na^+ 迁移能，以及稳定的电压平台。这些特点赋予了它们较高的热力学稳定性和电压氧化稳定性。常见的聚阴离子型化合物包括钠离子超导体（NASICON）、磷酸盐化合物、焦磷酸盐化合物、氟磷酸盐化合物、硫酸盐化合物，以及由两种阴离子组成的混合聚阴离子型化合物。

NASICON 型的钠离子正极材料的化学式通式为 $Na_x M_2(XO_4)_3$，（其中 M=V、Fe、Ti、Tr、Nb 等；X=P、S；$x=0\sim4$）。NASICON 型的 Na^+ 正极材料具有高离子传导率，还具有较高的结构稳定性和热稳定性。典型的代表材料是 $Na_3 V_2(PO_4)_3$，它具有六方晶体结构，如图 3-20 所示[16]。$[V_2(PO_4)_3]^{3-}$ 骨架由 VO_6 八面体和 PO_4 四面体基团构成，这种开放结构拥有三维离子通道，有助于 Na^+ 的传输，从而提高了电极材料的电化学性能。然而，NASICON 结构的电极材料本身的电导率较低，限制了其在高倍率应用中的电化学性能。当前的研究

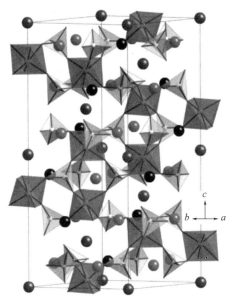

图 3-20　$Na_3 V_2(PO_4)_3$ 的晶体结构

主要集中在通过降低颗粒尺寸、包覆导电碳层、聚阴离子基团的替代以及金属离子的掺杂来优化和改性电极材料。

（3）普鲁士蓝类化合物（prussian blue analogs，PBAs）

普鲁士蓝化合物是一类配位化合物，具有广泛的商业应用前景，同时也被归类为有机金属骨架材料（MOF）的一种。它的化学通式为 $Na_x M[M'(CN)_6]_y H_2O$（$0\leqslant x\leqslant2$，$0\leqslant y\leqslant1$，其中 M、M' 代表过渡金属，包括 Fe、Mn、Ni、Co、Cu、Zn 等）。这类化合物由氰离子（CN^-）和过渡金属离子组成的配位结构构成，其中 M 与 N 配位，M' 与 C 配位，H_2O 则为结晶水，具有稳定的结构和大型间隙位置上的刚性通道，有利于快速嵌入和脱出 Na^+，从而提升了电极材料的电化学性能。普鲁士蓝化合物可呈现三种不同的结构类型：立方结构、斜方结构和菱形结构。通常，缺少钠的普鲁士蓝及其类似物具有立方结构，而富含钠的普鲁士蓝及其类似物则呈现单斜结构。尽管普鲁士蓝化合物在电化学储钠性能方面表现出色，但目前研究进展较为缓慢，主要原因在于它们普遍存在以下问题：低的密度；难以去除的结晶水；在充放电过程中容易形成空位，严重降低电子传导率；在制备过程中产生剧毒的氰离子。

（4）有机化合物

有机化合物正极材料因其丰富的来源、安全性好、理论比容量高、结构多样而备受关注。其中，由一个芳香环中心和两个酸酐基团构成的 3,4,9,10-四羧酸酐（PTCDA）作为钠离子电池正极材料，表现出卓越的电化学性能。Deng 等人报道了 3,4,9,10-二甲苯二甲酰亚胺正极材料，该材料不溶于有机电解质，并具有多个 Na^+ 结合位点。在 1.0~3.0V 的电压范围内，以 10mA/g 的电流密度，可逆比容量达到 $140mA\cdot h/g$，并且表现出卓越的循环稳定性。在经过 300 次充放电循环后，仍然能保持 90% 的容量保持率。当电流密度扩大至十倍时，其可逆比容量仍保持在 $91mA\cdot h/g$。然而，有机化合物的工作电压远低于无机化合

物，这限制了其实际应用[17]。

3.7.5　钠离子电池电解液

电解液作为钠离子电池的重要组成部分，影响钠离子电池的安全性能和电化学性能。为了确保电池的有效运行，钠离子电池电解液的选择必须具备以下特征：良好的电化学热稳定性以及机械强度、高离子电导性、宽电化学窗口、介电常数高、离子迁移阻力小。从目前已有的研究来看，可将钠离子电池电解质从态相上分为四大类：液态电解质、离子液体电解质、固态电解质以及凝胶态聚合物电解质。

（1）钠离子电池液态电解质

液态电解质可分为有机电解质和水系电解质两类，其中有机溶液电解质由于具有良好的综合性能而得到广泛的应用。有机溶液电解液是通过在适当比例的有机溶剂中加入钠盐组成。常用的有机溶剂有：碳酸乙烯酯（EC）、碳酸丙烯酯（PC）、碳酸二甲酯（DMC）、碳酸二乙酯（DEC）等。常用的钠盐主要有：六氟磷酸钠（$NaPF_6$）、高氯酸钠（$NaClO_4$）、双三氟甲烷磺酰亚胺钠（NaTFSI）等。由于有机电解质很容易腐蚀钠电极，影响钠离子电池的电化学性能，通常可通过在电解质中加入成膜添加剂来改善这种情况。锂离子电池电解质中常用的成膜剂有：氟代碳酸乙烯酯（FEC）、亚硫酸乙烯酯（ES）、碳酸亚乙烯酯（VC）等。研究表明，在钠离子电池中，只有在电解质中加入 FEC 时，才能在负极表面形成钝化层，从而阻止电解质与负极发生反应。虽然有机电解质电池具有较高的能量密度，且循环寿命长，倍率性能好，但是有机电解质电池在生产、运输，以及使用过程中容易发生燃烧、爆炸等危险，有安全隐患。相比于有机电解质，水系电解质具有环境友好，成本低廉且腐蚀性小的优点而获得关注。目前研究最多的水系电解质为 Na_2SO_4 溶液，Na_2SO_4 属于强电解质，可以在水溶液电解时起到提供 Na^+ 的作用。

（2）钠离子电池离子液体（ionic liquid）电解质

相对于碳酸酯类有机溶剂电解质，离子液体电解质具有电化学窗口宽、不易燃、不易挥发等优点，在钠离子电池中，可有效解决有机溶剂的稳定性和安全性问题。近年来得到广泛关注。离子液体又称室温离子液体或室温熔融盐，是由有机阳离子和无机阴离子组成，在 100℃ 以下呈液体状态的盐类。大多数离子液体在室温或接近室温的条件下呈液体状态，并且在水中具有一定程度的稳定性。但在实际应用当中，由于离子液体制备成本较高，因此暂未实现大规模的应用。

（3）钠离子电池固态电解质

目前，根据 Na^+ 的输运机理和化学组成的不同，钠基固态电解质（SSEs）可以分为三类：固态聚合物电解质（SPEs）、无机固态电解质（ISEs）和复合固态电解质（CSEs）。

固态聚合物电解质又称为离子导电聚合物，通常由有机聚合物基体和溶解在聚合物基体中的盐组成。在众多聚合物电解质体系中，聚氧化乙烯（PEO）基 SPEs 是研究最早且研究最多的体系。它具有质量轻、黏弹性好、易成膜等诸多优点。除常用的 PEO 以外，聚丙烯腈（PAN）、聚乙烯醇（PVA），以及聚乙烯基吡咯烷酮（PVP）等也被用来制备聚合物固体电解质。

无机固态电解质主要包括 beta-AlO_3、NASICON 型固态电解质。但目前对于无机固态电解质的研究报道较少，主要由于离子在无机固体电解质中的迁移较为困难，导致电导率变低，进而限制了其在钠离子电池中的应用。未来无机固态电解质发展的主要方向是提高其电导率。

固态电解质能够很好地弥补液态有机电解质存在的漏液、易燃、易腐蚀等缺陷，且固体电解质具有热稳定性好、循环寿命长、成本低等优点，是一种较有潜力能够大量生产应用的材料。

（4）钠离子电池凝胶态聚合物电解质

凝胶态聚合物电解质可以看作是固体电解质和液体电解质的中间态，通过分子力，在聚合物固态电解质中引入低分子量有机溶剂，为钠盐提供充分的溶剂化作用。凝胶态聚合物电解质能够有效避免有机液态电解质泄漏、易爆等问题。同时，相比于固态聚合物电解质，它具有较高的电导率。因此，凝胶态聚合物电解质在钠离子电池领域具备着广阔的发展前景[18]。

3.7.6 钠离子电池隔膜

隔膜在钠离子电池中担任着重要职责，它起到隔绝正、负极，避免其直接接触的关键作用，既阻止电子的穿透，又允许 Na^+ 自由传输。隔膜的性能直接关系到电池的电化学性能和安全性。因此，隔膜需具备以下关键特性。

首先，隔膜必须在电解液中稳定存在，并对电解质具有良好的亲和性，同时具备一定的孔隙率以确保良好的吸液性能。其次，隔膜需要具备出色的机械强度和高度的热稳定性。最后，隔膜的孔径大小、厚度以及制备成本也是影响其性能的重要因素。目前，钠离子电池隔膜材料主要包括三种类型：玻璃纤维滤纸、有机聚合物无纺布和聚烯烃复合隔膜。

思考题

1. 锂离子电池的主要组成部件有哪些？
2. 简述锂离子电池的工作原理。
3. 写出以 $LiCoO_2$ 作为正极，石墨为负极这种典型的锂离子电池在充放电时所发生的化学反应方程式。
4. 层状结构、结晶石结构、橄榄石结构正极材料的代表性材料分别是什么？其理论比容量是多少？
5. 按照储锂机制的不同，将锂离子电池负极材料分类，并写出每类材料的代表性材料的理论比容量。
6. Si 基材料作为锂离子电池负极材料，其优点是什么？缺点是什么？常见改性的方法是什么？
7. 请简述锂离子电池电解液由几部分组成，以及每个部分的作用。
8. 相比于锂离子电池，钠离子电池有什么优缺点？
9. 写出三种钠离子电池正极材料的类型及化学通式。
10. 写出钠离子电解质的分类以及每种电解质的特点。

参考文献

[1] 刘国强，厉英. 先进锂离子电池材料[M]. 北京：科学出版社，2015：1-3.

[2] Xu B，Qian D，Wang Z，et al. Recent progress in cathode materials research for advanced lithium ion batteries[J]. Materials Science and Engineering：R：Reports，2012，73(5)：51-65.

[3] 吴奇胜，张霞，戴振华，等. 新能源材料[M]. 2 版. 上海：华东理工大学出版社，2017：65-70.

[4] 朱继平，罗派峰，徐晨曦，等. 新能源材料技术[M]. 北京：化学工业出版社，2014，16-33(39)：14824-14832.

[5] Zhang L，Song J，Liu Y，et al. Tailoring nanostructured MnO_2 as anodes for lithium ion batteries with high reversible capacity and initial Coulombic efficiency[J]. Journal of Power Sources，2018，379：68-73.

[6] Liu N，Wu H，Mcdowell M T，et al. A yolk-shell design for stabilized and scalable Li-ion battery alloy anodes[J]. Nano Letters，2012，12(6)：3315-3321.

[7] Wu H，Chan G，Choi J W，et al. Stable cycling of double-walled silicon nanotube battery anodes through solid-electrolyte interphase control[J]. Nature Nanotechnology，2012，7(5)：310-315.

[8] Ryu J，Hong D，Choi S，et al. Synthesis of ultrathin Si nanosheets from natural clays for lithium-ion battery anodes[J]. ACS Nano，2016，10(2)：2843-2851.

[9] Ren Y，Xiang L，Yin X，et al. Ultrathin Si nanosheets dispersed in graphene matrix enable stable interface and high rate capability of anode for lithium-ion batteries[J]. Advanced Functional Materials，2022，32(16)：2110046.

[10] Hou G，Cheng B，Cao Y，et al. Scalable production of 3D plum-pudding-like Si/C spheres：Towards practical application in Li-ion batteries[J]. Nano Energy，2016，24：111-120.

[11] Chen Y，Qian J F，Cao Y L，et al. Green synthesis and stable Li-storage performance of $FeSi_2$/Si@ C nanocomposite for lithium-ion batteries[J]. ACS Applied Materials ＆ Interfaces，2012，4(7)：3753-3758.

[12] 冯传启，王石泉，吴慧敏. 锂离子电池材料合成与应用[M]. 北京：科学出版社，2017，175-183：58-62.

[13] Zhu Z，Cheng F，Hu Z，et al. Highly stable and ultrafast electrode reaction of graphite for sodium ion batteries[J]. Journal of Power Sources，2015，293：626-634.

[14] 李凡群，赵星星. 钠离子电池负极材料的研究现状[J]. 电池，2017，47(2)：120-122.

[15] Zhao C，Wang Q，Yao Z，et al. Rational design of layered oxide materials for sodium-ion batteries[J]. Science，2020，370(6517)：708-711.

[16] Bui K M，Dinh V A，Okada S，et al. Hybrid functional study of the NASICON-type $Na_3V_2(PO_4)_3$：crystal and electronic structures，and polaron-Na vacancy complex diffusion[J]. Physical Chemistry Chemical Physics，2015，17(45)：30433-30439.

[17] 方学舟，吕景文，郑涛，等. 钠离子电池正极材料的研究现状[J]. 电池，2021，51(2)：201-204.

[18] 朱娜，吴锋，吴川，等. 钠离子电池的电解质[J]. 储能科学与技术，2016，5(3)：285-291.

第 4 章

质子交换膜燃料电池

质子交换膜燃料电池（proton exchange membrane fuel cell，PEMFC）也被称为聚合物电解质燃料电池。质子交换膜燃料电池使用聚合物质子交换膜作为固体电解质，质子交换膜被水润湿后，会发生溶胀，其酸性官能团发生解离，进而在整个膜中形成可自由移动的质子，由此便可以在隔绝电子的前提下，实现电极间的离子交换。

质子交换膜燃料电池在室温下可以快速启动，工作温度为 $60 \sim 70℃$，属于低温型燃料电池。质子交换膜燃料电池最初是 20 世纪 60 年代通用电气公司为美国国家航天局的宇宙飞船供电而开发的，其以磺化聚苯乙烯离子交换膜作为电解质，Pt 催化剂负载量约为 $4mg/cm^2$，单体电池的输出电压约 $0.6V$。磺化聚苯乙烯离子交换膜化学稳定性较差，这使得此时的质子交换膜燃料电池累计寿命较短，同时较高的 Pt 用量使其成本较高，无法推广至民用领域。之后有关质子交换膜燃料电池的研究开发进展缓慢，直到 21 世纪初，使用杜邦公司开发的 Nafion 质子交换膜，采用 Pt/C 代替纯铂催化剂，以及热压膜电极三合一组件等措施，才使质子交换膜燃料电池的性能有了显著提升，比功率达到 $600 \sim 800mW/cm^2$，Pt 的使用量也降低至 $0.4mg/cm^2$，电池的使用寿命则延长至数万小时，由此掀起了质子交换膜燃料电池大规模开发及应用的热潮。目前，质子交换膜燃料电池的整体技术已相对成熟。2008 年 6 月，丰田公司推出了世界第一款能大规模生产的质子交换膜燃料电池车 "FCX Clarity"。在 2010 年世博会期间，上海市政府共部署了 10 个加氢站、100 辆燃料电池大巴和 1000 辆燃料电池汽车。

4.1 质子交换膜燃料电池的工作原理

质子交换膜燃料电池的工作原理如图 4-1 所示。反应气体 H_2 透过扩散层到达阳极催化层，在催化剂的作用下，解离为带正电荷的质子和带负电荷的电子。质子通过质子交换膜传递到阴极催化层。而电子则通过外电路做功之后传输至阴极。质子与阴极的 O_2 及电子，在催化剂的作用下发生反应，生成 H_2O。其电极半反应和电池总反应如式（4-1）~式（4-3）所示。

$$阳极反应：H_2 \longrightarrow 2H^+ + 2e^- \tag{4-1}$$

$$阴极反应：\frac{1}{2}O_2 + 2H^+ + 2e^- \longrightarrow H_2O \tag{4-2}$$

$$总反应：H_2 + \frac{1}{2}O_2 \longrightarrow H_2O \tag{4-3}$$

上述反应从基本概念上描述了质子交换膜燃料电池的工作原理，但是在实际情况中，质子在水溶液介质中存在明显的水合作用，即此时质子是以水合离子的形式存在的（$H^+ \cdot nH_2O$），这就使得电极在反应过程中所发生的反应可以写为：

阳极反应：$2H_2+4nH_2O \longrightarrow 4H^+ \cdot nH_2O+4e^-$ (4-4)

阴极反应：$O_2+4H^+ \cdot nH_2O+4e^- \longrightarrow (n+2) H_2O$ (4-5)

    基于此原因，为了使电解质膜的离子通道保持通畅，需要对反应物进行加湿，并保持质子交换膜的湿润状态，因此 PEMFC 需要经常补充水分。但是供给的水分与空气极上生成的水分会造成空气极侧水溢出，引起水分从空气极向燃料极的逆扩散，堵塞空气极扩散通路，阻碍电极反应的发生，所以在 PEMFC 中，水分的管理非常重要。

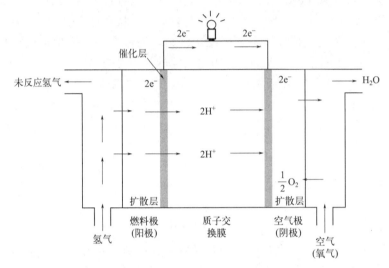

图 4-1　质子交换膜燃料电池的工作原理

4.2　质子交换膜燃料电池的优缺点

    和其他类型的燃料电池相比，质子交换膜燃料电池具有如下突出的优点。

    ① 使用固态的质子交换膜作为电解质，在使用过程中不会出现电解质泄漏的问题；同时聚合物膜的使用可以使电极间的压差控制变得更为简单。

    ② 质子交换膜燃料电池可在常温下启动，且启动时间较短。

    ③ 使用具有良好离子传导率的质子交换膜以及高活性催化剂，质子交换膜燃料电池可以在高电流密度下保持较高的输出功率，易于实现小型化和轻量化。

    质子交换膜燃料电池也存在诸多缺点需要改进。

    ① 使用全氟磺酸和聚四氟乙烯共聚物（商品名 Nafion）膜作为电解质膜。Nafion 膜的加工过程较为复杂，造成电池成本较高；Nafion 电解质膜对重金属污染物极为敏感，微量重金属离子就会造成电导率的断崖式降低，这对用于制作电极和电池结构材料的组成和纯度提出了很高的要求。

    ② 质子交换膜燃料电池对 CO 极为敏感，这就要求燃料气中的 CO 浓度需要降低到极低的水平。当使用改质气作为原料时，需要对燃料气进行充分的净化。为了防止燃料中的 CO 降低催化剂的性能，可以在 Pt 催化剂中引入贵金属 Ru。Ru 能够利用电解质中的水分

将 CO 催化氧化为 CO_2[1]，降低 CO 对电池的影响。

③ 质子交换膜燃料电池的工作温度较低，这使其在工作过程中所产生的余热难以得到有效利用。

4.3 质子交换膜燃料电池的分类

质子交换膜燃料电池使用质子交换膜作为电解质，根据所使用燃料的不同，可以将其分为以下两类[2]。

（1）氢氧质子交换膜燃料电池

氢氧质子交换膜燃料电池以氢气为燃料，是目前技术最成熟，研究最充分的质子交换膜燃料电池。习惯上，PEMFC 也专指氢氧质子交换膜燃料电池，其工作原理及优缺点如前文所述。本章中如非专门提到，则所称质子交换膜燃料电池均指氢氧质子交换膜燃料电池，不再赘述。

（2）碳质化合物质子交换膜燃料电池

除了以氢气为燃料外，质子交换膜燃料电池还可以直接以碳质化合物如甲醇、甲酸、甲醚、乙醇的水溶液作为燃料。在各种碳质化合物燃料中，直接使用甲醇为燃料的电池被称为直接甲醇燃料电池（direct methanol fuel cell，DMFC）。直接甲醇燃料电池的发展与氢氧质子交换膜燃料电池同步，其电池结构也基本一样，DMFC 的工作原理可由化学反应方程式（4-6）～式（4-8）表示。首先甲醇水溶液通过扩散层进入电池的阳极催化层，在催化剂的作用下分解为 CO_2、电子和 H^+。CO_2 作为废气直接排出，H^+ 则穿过质子交换膜到达阴极催化层，与阴极的 O_2 和从外电路传导至阴极的电子发生反应生产水。

$$阳极反应：CH_3OH + H_2O \longrightarrow CO_2 + 6H^+ + 2e^- \tag{4-6}$$

$$阴极反应：\frac{3}{2}O_2 + 6H^+ + 6e^- \longrightarrow 3H_2O \tag{4-7}$$

$$总反应：CH_3OH + \frac{3}{2}O_2 \longrightarrow CO_2 + 2H_2O \tag{4-8}$$

与氢氧质子交换膜燃料电池相比，直接甲醇燃料电池不需要设置燃料处理装置，直接以廉价易得、储运方便的液体甲醇为燃料。同时直接甲醇燃料电池水热管理简单，辅助配件少。具有体积小、质量轻、电池系统更加小型化等特点，是便携式电子产品的理想电源，不同于目前广泛应用的锂离子电池需要进行充电，直接甲醇燃料电池在电量耗尽之后，只需更换燃料包即可继续提供电能，相对而言更加方便快捷。

根据热力学数据可以计算出，直接甲醇燃料电池在标准状态下的理论开路电压高达 1.213V，相对应的发电效率为 96.7%。但实际上由于甲醇较高的氧化电位及电池本身的内阻等因素，现实中相对电流的电压降很大，其实际发电效率约为 40%，低于氢氧质子交换膜燃料电池。在甲醇燃料电池中，存在甲醇渗透现象。此现象是指在发电过程中，部分未经催化的甲醇分子会从阳极直接穿过电解质膜达到阴极，渗透的甲醇分子在阴极催化剂的作用下发生氧化反应产生混合过电位，导致电池工作电压降低。甲醇渗透现象还会造成甲醇燃料的浪费，产生废热。

为了解决甲醇渗透问题,目前研究的重点如下。

① 对现有 Nafion 膜进行改性　其改性可分为物理方法和化学方法两类。物理方法是通过物理手段如电子束轰击等,减小 Nafion 膜表面的孔径尺寸以阻碍甲醇分子的通过。化学方法则包括对 Nafion 膜进行掺杂减小孔径,以及将催化剂包埋于 Nafion 膜内部,在甲醇分子通过时将其催化氧化。此类方法虽然可以有效阻止甲醇分子的渗透,但同时也会降低 Nafion 膜自身的质子传导率,造成电池性能下降。

② 开发新型质子交换膜　由杜邦公司开发的 Nafion 系列膜是目前最常见的质子交换膜,其分子式如图 4-2 所示。在此基础上研究人员又开发了其他新型质子交换膜。按照其组成可以分为氟化质子交换膜和非氟化质子交换膜两大类。氟化质子交换膜包括陶氏化学开发的 XUS 膜、3M 公司开发的 3M 膜、Asahi Glass 公司开发的 Flemion 膜等。此类质子交换膜均表现出良好的质子传导性,但所有的氟化质子交换膜均存在不环保、制备工艺复杂及价格昂贵的问题。非氟化质子交换膜主要包括磺化及磷化烃聚合物,其具有生产成本低廉和便于回收利用的特点。该类质子交换膜包括磺化聚磷腈(S-PPZ)、磺化聚醚醚酮(S-PEEK)、聚苯并咪唑(PBI)、聚醚醚酮(PEEK)等,其分子式如图 4-2 所示。

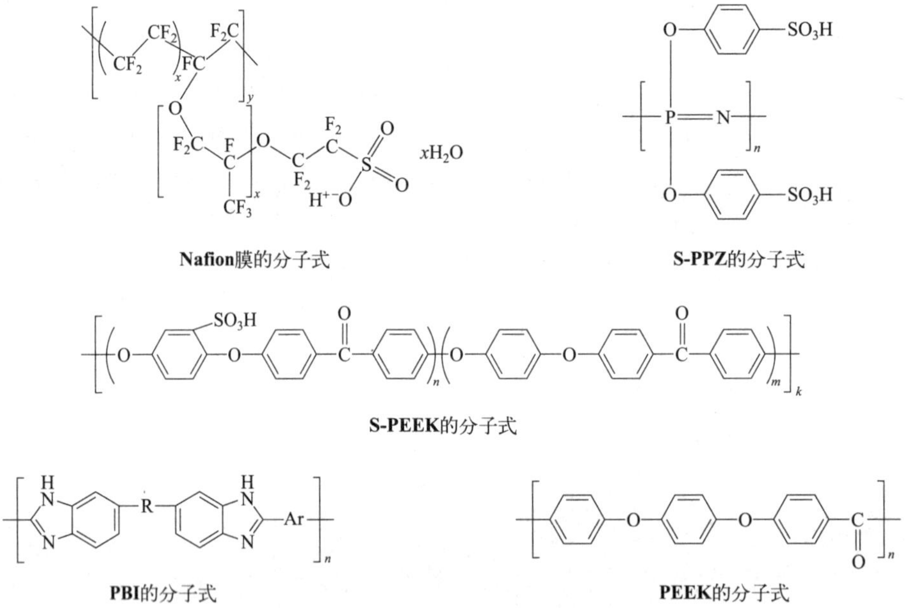

图 4-2　不同质子交换膜的分子式

4.4　质子交换膜燃料电池的组成

质子交换膜燃料电池的基本组成如图 4-3 所示,其主要由电解质膜、催化剂层、气体扩散层、集流体及双极板构成。其中,催化剂层一般直接涂覆于电解质膜表面形成三合一膜电极(membrane electrode assembly,MEA),膜电极是质子交换膜燃料电池的关键核心部件,很大程度上决定了电池的性能。集流体起着支撑膜电极的作用,双极板的两侧刻有流道,反应气体通过流道到达电极,同时电池反应生成的水蒸气经过流道排出。为了便于水分的排出，质子交换膜燃料电池的电极面需要垂直放置。在质子交换膜燃料电池中，MEA 的总厚度为 0.5～0.6mm，双极板厚度约为 1.5mm，流道深度约为 0.5mm。

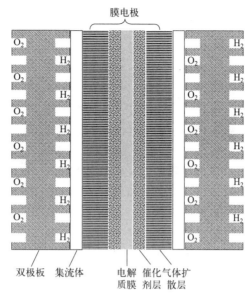

图 4-3   质子交换膜燃料电池的基本构造

4.4.1 电解质膜

电解质膜即质子交换膜，是一种具有良好质子传导性能的固态高分子聚合物，在 PEMFC 中起着隔绝阴极和阳极，充当电解质的作用。质子交换膜自身的电阻是 PEMFC 内阻的重要构成部分，所以膜的性能在一定程度上决定了电池的性能。一般情况下，质子交换膜性能与电池性能之间存在如下关系。

① 膜的高质子传导率，可以提高单位时间内质子传递数量，提高电池的输出功率密度，提高电池效率。

② 膜的低电子导电率，可以有效隔绝燃料反应生成的电子在电池内部的直接传导，使电子从外电路通过，提高电池的发电效率。

③ 膜较低的气体渗透压，可以有效阻隔氢气和氧气在阴阳极之间的渗透，提高燃料电池的开路电压。除此之外，电池中氢气和氧气的直接反应会产生大量自由基，此自由基攻击质子交换膜和催化剂层，使之发生退化，影响电池性能。膜较低的气体渗透压也可以有效减缓自由基攻击造成的电池性能衰减。

④ 良好的化学、电化学、力学性能。PEMFC 运行工况复杂，导致质子交换膜存在热分解、化学降解等问题。理化性质稳定的电解质膜降解率低，可以显著提高整个电池的使用寿命。

⑤ 较低的尺寸变化率。质子交换膜会吸收周围介质中的水分子，导致其体积膨胀，这一现象称为溶胀。溶胀率反映了质子交换膜的形变特性。溶胀率高，尺寸变化大的膜会影响质子的传输速率，并造成局部应力增大，进而导致燃料电池性能降低。

目前常见的质子交换膜主要是磺化聚合物，按照含氟量可以分为全氟磺酸膜、部分氟化磺酸膜和非氟磺酸膜等。其中全氟磺酸膜具有质子传导率高、热稳定性高、机械强度好等优点，获得了广泛的应用。但此类膜材的质子传导率严重依赖膜内含水量[3]。除此之外，全氟磺酸膜价格昂贵，以杜邦公司生产的 Nafion 系列膜为例，其售价高达 $700\sim800$ 美元$/\mathrm{m}^2$，严重提高了燃料电池的生产及使用成本。除此之外，将其用于直接甲醇燃料电池存在严重的甲醇渗透现象。

4.4.2　催化剂层

催化剂层是电化学反应发生的场所，由支撑催化剂的碳微粒、离子导电聚合物的电解质和疏水材料混合而成。疏水材料可以防止水进入气体通路将其堵塞，保证气体的稳定供应，在常压下使气体和电解液在微孔中处于平衡状态，形成稳定的气（原料气体）-液（H_2O）-固（催化剂表面）三相界面（图 4-4）。碳微粒既是催化剂的载体，又是电子的传导媒介。电解质起着传递质子的作用。碳微粒和电解质间存在的大量孔隙，作为燃料气体和水的传输通道。在催化层中构筑三相界面，是催化反应发生的必要条件。以阳极为例，氢气由气体扩散层到达催化剂层，再通过碳微粒和电解质间的

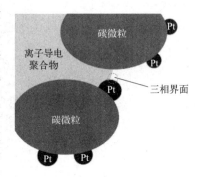

图 4-4　三相界面结构

孔隙达到 Pt 与离子导电聚合物的界面（即三相界面）。在三相界面上，氢气在 Pt 的催化作用下解离成质子和电子，质子通过离子导电聚合物传输至阴极，电子通过碳微粒传输至外电路。如果 Pt 与离子导电聚合物无接触，则生成的质子无法传输。

4.4.3　气体扩散层

质子交换膜燃料电池的原料为气体，气体在电解质溶液中较小的溶解度会限制燃料电池的电化学反应，降低输出电流密度。为了解决这个问题，通常使用多孔材料作为扩散层，在支撑催化层的同时使气体原料均匀分布。

气体扩散层的作用在于输送反应所需的气体，同时防止电解液淹没气体扩散通道，其一般由疏水材料制成，故而又称为疏水层。如在 PEAMC 燃料电池中，氢气被输送至阳极，氢气分子在 Pt 的催化作用下被分离成氢离子和电子，氢离子和电子分别被输送到电解质和电极的电子导体上。而在阴极上，氧气分子、氢离子和电子在 Pt 催化剂表面发生反应生成水。在此过程中，燃料电池的反应发生在气体通路、电子通路与离子通路的交界点上，此交界点即为反应活性位点。气体扩散层较大的比表面积可以提供更多的反应活性位点，加速反应的进行。目前常用的气体扩散层材料包括疏水性的碳纸、碳布、碳网以及无纺布等。理想的气体扩散层应具有电子电导率高、耐腐蚀性好、机械强度高、孔隙率和孔径适宜等特点。

4.4.4　集流体及双极板

由于单个燃料电池的电压较小，实际使用中需要将单电池串联在一起，构成叠层电池（又称为电堆）来提高输出电压。单电池堆叠在一起后，燃料气体和氧化剂的导入及隔绝，以及单电池间阴阳两极之间的电流通路等，均通过分离器来实现。分离器又称为双极板，在其两面都存在很细的刻槽，这些刻槽可以将气体均匀导入电极的表面进行电极反应。同时分离器还是支撑燃料电堆的骨架。燃料电池在发电的过程中会产生热量需要及时导出，双极板良好的导热作用，以及内部可供冷却液流通的通道，可以及时导出热量，保持电池热场均匀。

目前，常用的分离器材料包括石墨、金属材料和复合材料。其中石墨是热和电的良好导体，同时具有较好的耐腐蚀性，可以长时间工作。同时石墨密度较低，有助于减轻电堆的整体质量，提高能量密度。但是碳材料的石墨化温度高达 2500℃，为了保证所制石墨分离器的平整，需要严格控制其热处理工艺。除此之外，石墨分离器加工工艺十分复杂，生产成本较高。目前使用柔性石墨材料可以在一定程度上避免普通人造石墨的不足，但是柔性石墨杂质含量较高，其内部的孔道结构需要封闭处理。金属材料分离器使用金属薄板，具有导电性好、机械强度高、气密性好等优点。常用材质包括金、铂金、钛和不锈钢等。但金属材料在使用过程中存在腐蚀性问题，对此一般通过表面改性或涂镀保护层的方式进行解决。用于燃料电池分离器的复合材料包括金属基和碳基复合材料两种，金属基复合材料分离器使用薄金属板复合石墨板，兼具金属和石墨的优点，轻质、高强、耐腐蚀。但多层结构的制备工艺比较复杂。碳基复合材料分离器是将碳材料与聚合物混合后，经热压注塑制备而成。此材料加工工艺简单、耐腐蚀性和导电导热性均较好，且价格便宜，适合大规模生产。

目前分离器的研究主要集中在表面刻槽的合理设计和开发新型分离器材料两方面。刻槽设计（又称流场设计）直接影响燃料电池的性能，是目前研究的热点之一。流场设计需要保证其均匀性，以使气体在电极表面分布均匀，提升燃料的利用率，保证热量和水分及时排出。常见的流场设计包括平行流场、蛇形流场、Z 形流场和交织形流场等[4]。

4.4.5　膜电极的制备技术

膜电极的制备是燃料电池中技术门槛最高的一环，其结构设计及制备工艺均较为复杂。能否制备高性能膜电极是衡量燃料电池制造企业实力的重要标准。目前膜电极的制备主要采用催化剂涂覆法。

催化剂涂覆法直接将催化剂涂覆在基体表面，按照基体种类的不同可分为催化剂涂覆于气体扩散层（catalyst coated substrate，CCS）和催化剂涂覆于膜（catalyst coated membrane，CCM）两种。其制备流程如图 4-5 所示。CCS 是将催化剂涂覆于气体扩散层上，再将其置于质子交换膜两侧，通过热压制成膜电极。而 CCM 则是将催化剂涂覆于质子交换膜两侧，然后将阳极和阴极气体扩散层贴在催化剂表面，经热压得到膜电极。CCS 法制备工艺简单，但在制备过程中催化剂会渗透进气体扩散层，催化剂利用率低且与质子交换

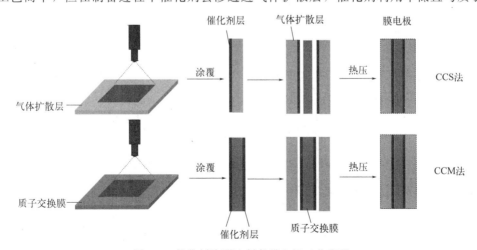

图 4-5　催化剂涂覆法制备膜电极工艺流程

膜结合力差。CCM 法则可以克服上述缺点，制备的膜电极中催化剂利用率高、界面阻力小，是目前的主流技术。相关研究表明，与 CCS 法相比，CCM 法制作的 MEA 其催化剂负载量可以减少 75%[5]。

催化剂涂覆法的关键步骤在于将催化剂负载到载体之上，其具体涂覆方式包括转印法、电化学沉积法、超声喷涂法、丝网印刷法、溅射法等。

(1) 转印法

转印法是将催化剂预先涂覆在基板上，然后将其转印至质子交换膜表面的方法（如图 4-6）。具体步骤包括配制催化剂墨水、涂覆催化剂、干燥、热压转印、移除转印基质等步骤。该方法可以有效解决质子交换膜在催化剂涂覆过程中的吸水膨胀问题，是膜电极大规模制备的可靠方法之一。

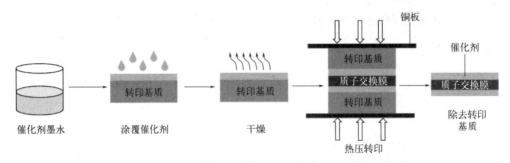

图 4-6　转印法制备膜电极的工艺流程

(2) 电化学沉积法

电化学沉积法是利用三电极体系，将质子交换膜浸入氯铂酸溶液中，施加电流使铂离子在质子交换膜上吸附进而被还原成 Pt 纳米颗粒的方法。电化学沉积法可以在保持膜电极性能的前提下，显著减少 Pt 的负载量。电化学沉积法按照外加电流的不同可以分为直流和脉冲电流两种，其中使用脉冲电流可以有效控制沉积颗粒的大小和形态，所沉积的 Pt 颗粒粒径更小。C. D. Cooper 等人[6] 利用脉冲电流制备出直径为 1.36nm 的 Pt 纳米晶，所得催化剂层的厚度小于 10μm。但是电化学沉积制备的催化剂易于团聚，且在质子交换膜中分布不均匀。

(3) 超声喷涂法

超声喷涂法是利用超声震荡，将催化剂均匀分散于液体中，得到均质催化剂墨水，然后在超声条件下，将催化剂墨水喷涂于支撑体（气体扩散层或质子交换膜）上。超声喷涂法可节约催化剂用量，所得催化剂层分布均匀，操作简单适于批量化生产。但超声喷涂法所需能耗较大，这是制约其进一步应用的重要因素。

4.5 质子交换膜燃料电池的研究进展

质子交换膜燃料电池在效率、功率密度、低温启动性等方面均具有较好的表现，基于其制备的电堆及电站，已经广泛应用于医院、学校、通信中心以及电动汽车等领域，具有广阔的发展前景。但质子交换膜燃料电池的大规模推广应用还有赖于解决成本过高和电池寿命较短的问题。目前的研究主要集中在开发新型催化剂及质子交换膜等方面。

4.5.1 新型催化剂的开发

质子交换膜燃料电池的反应由阳极氢气氧化和阴极氧气还原两个半反应构成，其反应的快慢直接取决于催化剂的催化效率。在两个半反应中，氧还原（oxygen reduction reaction，ORR）是质子交换膜燃料电池最重要的反应，但 ORR 反应动力学很慢，即使使用 Pt 催化剂，所需的过电势仍超过 300mV（电流密度为 $1A/cm^2$）。提升电池性能需要提高铂催化剂的用量，但这无疑会增加电池的使用成本。虽然非贵金属催化剂在实验室条件下具有良好的氧还原催化性能，但是实际工况下催化性能衰减严重。同时非贵金属催化剂的催化效率低，无法将氧气完全还原，会导致毒化问题[7]。

目前提升催化剂活性的思路可归结为两点。首先是"以量取胜"策略，即尽可能地提高催化剂的负载量，增加电极活性位点的数量，提高催化剂的分散度，增加活性位点的暴露数量。但是电极上能负载催化剂的量存在物理极限，高负载量也会导致催化过程中电荷输运受限。其次是"以质取胜"策略，即增加催化剂的本征活性。在开发新型非贵金属催化剂，以代替或部分代替目前所用的 Pt 等贵金属方面，研究主要集中在铁、钴、镍及其氧化物、硫化物、磷化物等材料上，并取得了一定的进展。例如理论计算表明，MoS_2 边缘具有催化活性，通过制备纳米 MoS_2，最大程度地暴露其活性边缘，获得了催化活性较好的 MoS_2 催化剂[8]。进一步地，通过将 MoS_2 纳米颗粒分散在还原氧化石墨烯纳米片上，可以有效减少MoS_2 纳米颗粒团聚，取得更好的分散效果。而此时 MoS_2 边缘位点的暴露和还原氧化石墨烯的高导电性，使得复合材料催化活性优异[9]。但 MoS_2 基催化剂的活性与 Pt 相比，还存在较大的差距，相关的研究仍在继续推进。目前，Pt 基催化剂仍然是商用质子交换膜燃料电池中的主流，对其进行改性研究来增加 ORR 的反应速率是目前的热点，主要研究方向包括制备 Pt 单原子、暴露 Pt 纳米晶的不同晶面、构筑微纳结构等手段。

（1）Pt 单原子催化剂

自从中国科学院大连化学物理研究所张涛院士于 2011 年提出"单原子催化"这一概念后，相关研究迅速成为催化领域的热点[10]。单原子催化剂是一种特殊的负载型金属催化剂，载体上的所有金属组分都以单原子分散的形式存在，不存在同原子间的金属键。

Pt 单原子催化剂具有如下优势。首先，将 Pt 以单个孤立原子的形式分散在载体表面，利用单个原子极大的表面能，赋予其较高的催化活性。同时单原子在载体表面均匀分散，催化剂的最大原子利用率可达到 100%。其次，Pt 单个原子作为催化中心，在载体上分散性高，负载量少，所需活性物用量降低，这可以在保持高催化活性的同时极大地降低催化剂的用量，显著降低成本。最后，通过调控载体的结构，优化载体与 Pt 原子之间的相互作用，诱导 Pt 电子结构发生改变，可以进一步提升 Pt 单原子催化剂的活性并降低反应过电势，提升质子交换膜燃料电池的性能。

图 4-7（a）为清华大学李亚栋院士课题组[11]通过静电诱导离子交换-二维限域路线制备的负载于锐钛矿 TiO_2 的 Pt 单原子催化剂的技术路线示意图，以及所得催化剂的 HAADF-STEM-EDS 图［4-7（b）］和 HADDF-STEM 照片［4-7（c）］。可以看到此时 Pt 以单个原子及原子团簇的形式均匀分散在 TiO_2 纳米管表面。除了使用球差校正透射电子显微镜

外，还可以用以吡啶、CO、NH_3作为探针分子的漫反射红外光谱，X射线吸收精细结构、魔角旋转固体核磁共振谱等对单原子进行精确表征。其中球差校正透射电子显微镜和同步辐射X射线吸收谱已成为表征单原子催化剂最主要的方法。

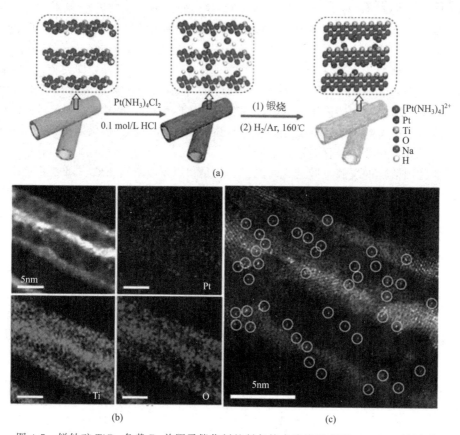

(a)

(b)

(c)

图4-7 锐钛矿TiO_2负载Pt单原子催化剂的制备技术路线示意图（a）、Pt单原子/TiO_2催化剂的高角度环形暗场扫描透射电子显微镜元素面扫描（HAADF-STEM-EDS）图（b）和高角度环形暗场扫描透射电子显微镜（HADDF-STEM）照片（c）[11]

（2）暴露不同晶面

早在2005年，南加利福尼亚大学教授Narayanan等人发现，暴露不同晶面的Pt纳米晶表现出不同的ORR催化活性[12]。其中暴露高指数晶面的Pt纳米晶具有更多的配位不饱和原子和丰富的活性位点，因而具有更好的催化性能。由此研究人员制备出纳米立方体、纳米管、纳米线、枝状纳米晶和纳米笼等不同形貌和晶面暴露的Pt基催化剂。Pt纳米晶暴露不同晶面的三维多面体构型如图4-8所示[13]。其中立方体暴露6个（100）晶面，而二十面体暴露20个（111）晶面，较多的暴露面可以增大底物与催化剂的接触面积，进而提升ORR催化性能。除此之外，通过引入第二相金属粒子，制备Pt合金也是提高其催化活性的有效手段。通过引入Fe、Co、Ni、Ti等过渡金属，得到的PtM（M为过渡金属元素）合金可以降低顶层Pt的氧吸附能，从而提升其氧还原性能。K. Sasaki等[14]使用氯化钯和氯化金对碳颗粒（乙炔黑）进行湿法浸渍，并用甲酸进行化学还原，在钯-金合金纳米颗粒表面制备出单层 Pt 催化剂。将之用于燃料电池测试，发现循环 100000 次之后，催化剂活性无明显降低。除此之外，暴露 PtM 合金的特定晶面，其催化性能要比常规球形 PtM 合金更为突出。Yang 等人[15] 通过电沉积及阳极氧化过程，利用方波电势控制的独特动态氧泡模板，制备出充分暴露 (111) 晶面的 PtNi 多孔膜催化剂，其 Pt 负载量仅为 $0.015mg/cm^2$，而起始电位可达 $0.92V$（$vs.$ RHE）。除此之外，相比于凸面，凹面 Pt 纳米晶可暴露更多的高指数晶面如 (310)，从而拥有更好的 ORR 性能。

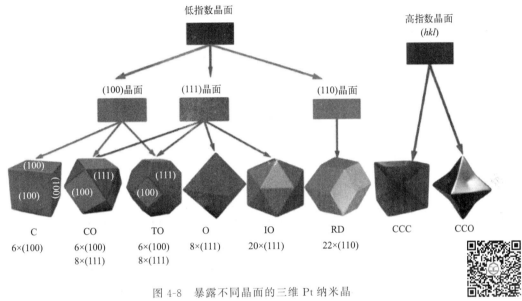

图 4-8　暴露不同晶面的三维 Pt 纳米晶

C 为立方体，CO 为立方八面体，TO 为截断八面体，O 为八面体，IO 为二十面体，RD 为菱十二面体，CCC 为凹面立方体，CCO 为凹面八面体[13]

（3）微纳结构 Pt 催化剂

形貌及微观结构的调控对提升 Pt 基催化剂的性能同样至关重要。纳米尺寸的催化剂虽然由于其高表面能而表现出较好的催化活性，但在催化反应过程中，小尺寸纳米颗粒存在自发团聚的趋势，造成催化性能衰减。通过构筑特殊微纳结构可以有效避免催化剂发生团聚，并借助特殊形貌提供较大的比表面积，得到具有稳定催化性能的 Pt 基催化剂。此类微纳结构包括：多孔结构、一维纳米线、二维纳米片、三维纳米组装体等（图 4-9）。更进一步地，在构筑微纳结构的同时，可以利用形貌控制或调控制备工艺等方法，在构筑体的基元中暴露高活性晶面，利用高活性晶面与构筑体大比表面积之间的协同作用，来提升 Pt 基催化剂的反应活性。通过引入第二相金属 M 构筑核壳结构，利用 Pt 与 M 的晶格不匹配促使 Pt 层中产生晶格应力，进而改变其 d 带中心，实现对 Pt 催化活性和稳定性的调控。例如在 Pd_9Au_1 表面沉积 Pt 薄层，得到 Pd_9Au_1@Pt 催化剂，在循环测试 10000 次之后，其活性损失仅为 8%[16]。

图 4-9　不同微纳结构
的 Pt 基催化剂

4.5.2 质子交换膜的开发

作为质子交换膜燃料电池的关键组件，质子交换膜起着传导质子、隔绝电子及正负极反应物的作用。按照其工作温度的不同，可以分为低温质子交换膜（low temperature proton exchange membrane，LTPEM）和高温质子交换膜（high temperature proton exchange membrane，HTPEM）两类。

（1）低温质子交换膜

低温质子交换膜的工作温度低于100℃，通常具有质子传导性高、极限电流密度高和功率大等优点，但其机械强度较低。用于质子交换膜燃料电池的低温质子交换膜包括含氟的聚全氟磺酸（perfluoro sulfonic acid，PFSA）树脂膜，以及不含氟的磺化聚芳基醚酮膜等。其中以美国杜邦公司开发的Nafion系列全氟磺酸膜最为知名。但全氟磺酸膜在长期的运行中会由于较低的机械强度而发生失效，需要对其进行改性以增加强度和耐久性。

最常见的改性方法是将其他材料，如纤维、金属及其氧化物等与全氟磺酸膜进行复合。其中通过复合金属氧化物可以显著抑制全氟磺酸膜的降解，延长耐久性。例如通过电喷涂法将CeO_2纳米颗粒和Nafion离子交换树脂的混合物沉积在Nafion膜（211）表面，得到多功能树枝状Nafion/CeO_2复合结构膜。CeO_2的引入有效地减轻了质子交换膜燃料电池在运行过程中产生的自由基对膜外表面的攻击，从而减缓了Nafion膜由自由基引发的化学降解，提高了Nafion膜的耐久性[17]。除此之外，其独特的树枝状结构扩大了膜与催化剂层之间的界面接触面积，并在催化剂层与气体扩散介质之间形成了微尺度空隙。这可以有效提升催化剂的利用率并增强反应物的传质速度，进而显著改善质子交换膜燃料电池的性能。

（2）高温质子交换膜

虽然通过对低温质子交换膜进行改性可以提升膜组件的机械稳定性，但在工作温度较低时，质子交换膜燃料电池存在电极反应催化活性低、气液两相共存，造成传质过程调控难度大等问题。针对这一问题，将电池的工作温度提升至100～200℃是一种行之有效的解决方法。

高温质子交换膜即质子交换膜燃料电池在高温下工作时所用的膜组件，通常具有如下特点。能够在高温环境下保持稳定的性能，不易受到热分解或降解的影响；具有优异的质子传导性能，能够快速传递质子，这意味着使用高温质子交换膜可以使得能量转换更加高效；对酸、碱等化学物质具有较好的耐受性。除此之外，高温质子交换膜还具有机械强度高的优点。

PFSA材料同样可以在高温条件下使用。但在高温低湿度条件下，质子交换膜中质子传导速率较慢，导致电池性能衰减严重，同时也会影响电池的耐久性。为了解决这一问题，研究制备具有自增湿能力的PFSA质子交换膜是目前的热点。其途径包括：在质子交换膜中添加Pt纳米颗粒作为催化剂，原位催化从阴极和阳极分别扩散到质子交换膜中的氢气和氧气在膜内生成水，实现对质子交换膜的自增湿；在质子交换膜中引入具有亲水功能的金属氧化物，通过这些氧化物将阴极生成的水吸引到质子交换膜中，实现质子交换膜的自增湿目的。

另一种可用于高温质子交换膜的材料是聚苯并咪唑（polybenzimidazole，PBI）。PBI材料在高温低湿条件下可通过跳跃机制传导质子，表现出良好的质子传导性[18]，并具有热稳定性好、力学性能好、气体透过率低等优点，是目前最受关注的高温质子交换膜材料。而当使用磷酸（PA）等无机酸对其进行高浓度掺杂之后，酸与咪唑环中的 N—H 基团发生反应，可以进一步地提升 PBI 材料的质子传导性。但是高 PA 掺杂度会造成 PBI 膜的力学性能和干湿变形性变差。

为了解决此问题，一方面将 PBI 与磺化聚合物等酸性组分混合，开发的 PBI 交联膜可以在提高膜的机械强度的同时保持高质子传导性。将 PBI 衍生物（PB-OO）和磺化聚砜的混合物加热至 200℃时可引发 Friedel-Crafts 反应，其中聚砜的磺酸基团与 PB-OO 膜的苯基反应形成共价交联体系。所制备的 PBI 膜具有 200mW/cm^2 的峰值功率密度。将其用于 PEMFC 中，在 160℃和 5% 相对湿度下，该膜具有 260mS/cm 的质子导电性和 266%（质量分数）的磷酸吸收率，但是此 PBI 交联膜的长期稳定性较差[19]。另一方面，引入无机填料制备复合膜也是提高 PBI 膜性能的有效方法。研究表明，使用二氧化硅、二氧化钛和磷酸锆作为无机填料制备的 PBI 基复合膜，具有更好的热稳定性和酸保留能力[20]。其中，通过引入质量分数为 5% 的二氧化硅和二氧化钛，所得 PBI 复合膜的质子传导性显著增加。其原理在于，引入无机材料可以限制 PBI 膜的溶胀，降低在反应过程中 PA 的流失。除此之外，碳纳米管、石墨烯等碳材料，以及蒙脱土、黏土等硅酸盐材料也可以有效改善 PBI 复合膜的性能，如提高 PA 掺杂度、质子传导率和化学稳定性等。

思考题

1.简述质子交换膜燃料电池的分类及特点。
2.说明质子交换膜燃料电池的工作原理并画出简图。
3.计算在标准状态下，以甲醇为燃料时，直接甲醇燃料电池的理论电压和理论效率。
4.为什么要使用气体扩散电极？
5.什么是质子交换膜，其常见材质有哪些？
6.什么是甲醇渗透现象，如何改善这种现象？

参考文献

［1］ Zhou Y，Xie Z，Jiang J，et al. Lattice-confined Ru clusters with high CO tolerance and activity for the hydrogen oxidation reaction[J]. Nature Catalysis，2020，3：454-462.

［2］ Sazali N，Wan N，Jamaludin A S，et al. New Perspectives on Fuel Cell Technology：A Brief Review[J]. Membranes，2020，10(5)：99.

［3］ Shang Z，Hossain M M，Wycisk R，et al. Poly (phenylene sulfonic acid)-expanded polytetrafluoroethylene composite membrane for low relative humidity operation in hydrogen fuel cells[J]. Journal of Power Sources，2022，535：231375.

［4］ 王琦，徐晓明，司红磊，等. 流道脊宽对梯形流道质子交换膜燃料电池性能的影响[J]. 山东交通学院学报，2022，30(02)：11-16.

［5］ Lim B H，Majlan E H，Tajuddin A，et al. Comparison of catalyst-coated membranes and catalyst-coated substrate for PEMFC membrane electrode assembly：A review［J］. Chinese Journal of Chemical

Engineering，2021，33：1-16.

[6] Cooper C D，Burk J J，Taylor C P，et al. Ultra-low Pt loading catalyst layers prepared by pulse electrochemical deposition for PEM fuel cells[J]. Journal of Applied Electrochemistry，2017，47：699-709.

[7] Ioroi T，Siroma Z，Yamazaki S I，et al. Electrocatalysts for PEM Fuel Cells[J]. Advanced Energy Materials，2019，9(23):1801284.1-1801284.20.

[8] Sadighi Z，Liu J，Zhao L，et al. Metallic MoS_2 nanosheets：Multifunctional electrocatalyst for the ORR，OER and $Li-O_2$ batteries[J]. Nanoscale，2018，10(47)：22549-22559.

[9] Ramakrishnan S，Karuppannan M，Vinothkannan M，et al. Ultrafine Pt nanoparticles stabilized by MoS_2/N-doped reduced graphene oxide as a durable electrocatalyst for alcohol oxidation and oxygen reduction reactions[J]. ACS applied materials & interfaces，2019，11(13)：12504-12515.

[10] Qiao B，Wang A，Yang X，et al. Single-atom catalysis of CO oxidation using Pt_1/FeO_x [J]. Nature chemistry，2011，3(8)：634-641.

[11] Chen Y，Ji S，Sun W，et al. Discovering partially charged single-atom Pt for enhanced anti-markovnikov alkene hydrosilylation[J]. Journal of the American Chemical Society，2018，140(24)：7407-7410.

[12] Lee C，Meteer J，Narayanan V，et al. Self-assembly of metal nanocrystals on ultrathin oxide for nonvolatile memory applications[J]. Journal of Electronic Materials，2005，34：1-11.

[13] Wang Y J，Long W，Wang L，et al. Unlocking the door to highly active ORR catalysts for PEMFC applications：polyhedron-engineered Pt-based nanocrystals[J]. Energy & Environmental Science，2018，11(2)：258-275.

[14] Sasaki K，Naohara H，Choi Y M，et al. Highly stable Pt monolayer on PdAu nanoparticle electrocatalysts for the oxygen reduction reaction[J]. Nature communications，2012，3(1)：1115.

[15] Wang G，Yang Z，Du Y，et al. Programmable exposure of Pt active facets for efficient oxygen reduction[J]. Angewandte Chemie International Edition，2019，58(44)：15848-15854.

[16] Kong J，Qin Y H，Wang T L，et al. Pd_9Au_1@Pt/C core-shell catalyst prepared via Pd_9Au_1-catalyzed coating for enhanced oxygen reduction[J]. International Journal of Hydrogen Energy，2020，45(51)：27254-27262.

[17] Choi J，Yeon J H，Yook S H，et al. Multifunctional Nafion/CeO_2 dendritic structures for enhanced durability and performance of polymer electrolyte membrane fuel cells[J]. ACS Applied Materials & Interfaces，2021，13(1)：806-815.

[18] Pu H，Meyer W H，Wegner G. Proton transport in polybenzimidazole blended with H_3PO_4 or H_2SO_4 [J]. Journal of Polymer Science Part B：Polymer Physics，2002，40(7)：663-669.

[19] Javed A，Palafox Gonzalez P，Thangadurai V. A critical review of electrolytes for advanced low-and high-temperature polymer electrolyte membrane fuel cells[J]. ACS Applied Materials & Interfaces，2023，15(25)：29674-29699.

[20] Namazi H，Ahmadi H. Improving the proton conductivity and water uptake of polybenzimidazole-based proton exchange nanocomposite membranes with TiO_2 and SiO_2 nanoparticles chemically modified surfaces[J]. Journal of Power Sources，2011，196(5)：2573-2583.

第 5 章

太阳能电池

5.1 太阳能电池的发展历史

人类对太阳能的利用按照其转换形式可分为光能-热能转换、光能-电能转换、光能-化学能转换三种。其中，太阳能的光电转换是目前发展最快、最具活力的研究领域。图 5-1 是各种一次能源的需求结构变化趋势，可以发现太阳能将逐渐成为未来能源的主要供给形式之一。

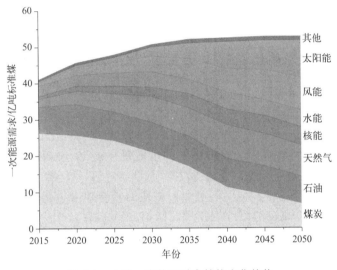

图 5-1　全球一次能源需求结构变化趋势

太阳能发电可分为太阳能热发电和太阳能光发电两种。太阳能热发电是指通过水或其他工质和装置将太阳辐射转换为热能，再将热能转换为电能。目前存在两种转换方式：一种是将太阳热能直接转化成电能，如半导体或金属材料的温差发电、真空器件中的热电子和热离子发电、碱金属热电转换，以及磁流体发电等；另一种则是将太阳热能富集后，通过热机（如蒸汽轮机）带动发电机发电，这与常规热力发电类似，区别在于其热能来源于太阳能，而非燃料燃烧。太阳能光发电是直接将光能转换为电能的发电方式，它主要包括光伏发电、光化学发电、光感应发电及光生物发电。本书中所述太阳能电池均指利用光伏效应进行光电直接转换的太阳能光发电。

光伏效应又称光生伏特效应，利用半导体禁带宽度与可见光能量相匹配的特点，当光照射到半导体表面时，光子所携带的能量被半导体吸收，半导体中的电子跃迁造成电荷密度发生变化，进而产生电势差的现象。太阳能电池正是利用这一效应进行光电转换的器件。太阳能电池的发展离不开光伏材料的不断发展和新技术的不断进步。虽然到目前为止，太阳能电池的种类因光伏材料的不同有所区别，但其基本结构和基本原理并未发生改变。

太阳能电池的出现最早可追溯至 1839 年，法国实验物理学家 Becquerel 发现于液体电解液中的光伏效应。随后在 1883 年，美国发明家 Charles Fritts 制作出第一块硒太阳能电池。1930 年，W. Schottky 在《新型氧化亚铜光电池》的论文中研究了 Cu_2O 的光伏效应理论；同年，Langer 在《新型光伏电池》的论文中报道了由 Cu_2O/Cu 构成的太阳能电池，将太阳能转换成电能。之后，经过研究人员的持续努力，美国贝尔（Bell）实验室的研究人员 D. M. Chapin 等人于 1954 年首次报道了光电转换效率为 4.5% 的单晶硅太阳能电池，经过优化将光电转换效率提升至 6%。由此拉开了硅基太阳能电池商业化的序幕[1]。在随后的十几年里，硅太阳能电池的效率不断提升，目前单晶硅太阳能电池的实验室效率已经达到 26.6%，非常接近其理论光电转化效率极限（29.4%）。目前通过构筑叠层太阳能电池，可突破单结电池的理论光电转换效率极限。

在硅基太阳能电池发展的同时，基于其他材料和结构的太阳能电池也在不断研究和开发之中。1932 年，Audobert 等人发现了硫化镉的光生伏特现象，基于此，1972 年法国人在尼日尔一乡村学校安装了一个硫化镉光伏系统，用于教育电视供电。随后，研究人员进一步开发出硫化亚铜/硫化镉薄膜太阳能电池，但该电池稳定性较差，且无法通过调节生产工艺进行解决。其后，研究人员又将目光投向Ⅲ-Ⅴ族元素，制备出第一块具有实际意义的砷化镓（GaAs）薄膜太阳能电池，并将其应用于叠层电池技术，但高昂的价格限制了砷化镓电池的进一步应用。进入 21 世纪，铜铟镓硒（$CuIn_xGa_{1-x}Se_2$）薄膜太阳能电池（CIGS）和碲化镉（CdTe）多晶薄膜太阳能电池因其较高的光电转换效率和稳定性，引起了人们的兴趣，得以迅速发展并实现商业化应用。在 CIGS 材料中，改变 Ga 元素含量可使半导体的禁带宽度在 1.04～1.70eV 变化。而在 CIGS 薄膜的膜厚方向调节 Ga 元素的含量，即可形成梯度带隙半导体，产生背表面场效应，获得更多的电流输出。据日本科学家小长井诚的预测，CIGS 太阳能电池的光电转换效率将超过 50%。而目前 CdTe 薄膜太阳能电池在实验室中获得的最高光电转换效率已达到 17.3%，其商用模块的转换效率也达到 10% 左右。但此类电池的缺点也较为明显，金属镉的毒性众所周知，而碲（Te）及铟（In）等稀有元素储量有限，难以满足大规模生产。除此之外，有机半导体材料的出现为聚合物太阳能电池的发展奠定了基础。聚合物太阳能电池以聚合物为半导体材料。它具有材料来源广泛、质量轻、加工工艺简单、可制成柔性器件等优点，目前所报道的聚合物太阳能电池的光电转换效率已经超过 12%，且在不断优化之中。但有机材料易发生光老化，同时载流子迁移率较低而体电阻高，因此还处于实验研究阶段。

从 20 世纪 70 年代起，R. Memming 等人对各种染料敏化剂与半导体纳米晶之间的光敏化作用进行了系统研究，发现通过引入染料敏化剂可提升半导体纳米晶的光电转换效率，由此开辟了染料敏化太阳能电池这一崭新的方向。染料敏化太阳能电池的光电转换效率已超过 15%，且拥有材料质量轻、制造成本低、加工性能好等优点，有望成为大规模商业化应用的太阳能电池之一。钙钛矿材料在 2009 年首次被尝试应用于光伏发电领域后，其优异的性能为太阳能电池的研究提供了新的方向。其光电转换效率在 10 年内从最初的 3.8% 提高到现在的超过 20%。同时钙钛矿材料对太阳能的可见光有良好的反应，有建筑一体化潜力，且发电成本低，这使得人们在探索太阳能电池新材料的道路上，逐步关注钙钛矿材料。

太阳能光伏发电技术于 20 世纪初发轫，于 80 年代开始迅速发展，获得初步应用。而进入新世纪以来，全球气候变暖，生态环境恶化及化石能源短缺等为太阳能电池的发展带来了新的机遇。图 5-2 为全球光伏装机容量变化趋势图，可以看到发展光伏产业已成为人类的共识。而随着太阳能电池转换效率的提高，制造成本降低，太阳能电池行业必将成为新兴朝阳产业。

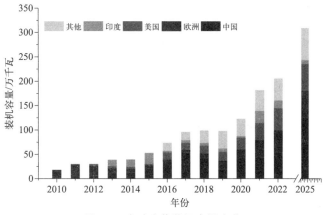

图 5-2　全球光伏装机容量变化

5.2　太阳能电池基本概念

5.2.1　太阳能电池的定义

太阳能电池是通过光电效应或者光化学效应直接将光能转化成电能的装置。目前以光伏效应为原理的晶硅太阳能电池是商用太阳能电池的主流，市场份额占比超过 85%。图 5-3 和图 5-4 为常见晶体硅太阳能电池板的实物图及太阳能光伏组件典型原理图。

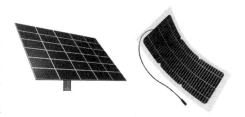

图 5-3　太阳能电池板

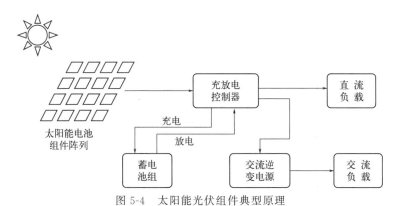

图 5-4　太阳能光伏组件典型原理

5.2.2　太阳能发电的优缺点

太阳能发电以太阳光为能源，是一种一次投资长期收益的发电模式。发电过程安全可靠，无任何废弃物及二氧化碳等温室气体排放。与其他如风电、潮汐发电等绿色发电方式相比，具有如下优点。

① 能量来源稳定。从能量来源来看，光伏发电设备以太阳光为能量来源，据相关研究，太阳的质量约为 2.0×10^{30} kg，而太阳每秒钟通过核聚变所消耗的质量仅为其质量的 0.08%，据此可以计算出太阳中的核聚变反应能够稳定运行 50 亿年。对人类而言，太阳能是取之不尽用之不竭的稳定能源。

② 安全可靠。光伏发电过程安全可靠，无机械传动装置及高温高压运行环境，发电过程十分安全。同时光伏发电以太阳能为能源，不受能源危机及燃料市场不稳定等因素的影响。而晶体硅太阳能电池的使用寿命长达 20～35 年，只需做好设计选型，使用过程中维护得当，即可实现长期稳定发电。

③ 无地域限制。太阳能发电过程无需冷却水，对地形条件要求不高，不受地域限制。可以按照实际需求，架设于任何能接受到阳光辐照的地方。从而有效利用建筑物屋顶、墙面，以及荒漠、戈壁滩等环境恶劣的地表。这对于偏远区域尤其适用，可做到就近供电，减少输电线路投资，降低输电过程中的线路损耗。

④ 太阳能发电器件只需一次投资，无需提供燃料，运行成本低。发电过程中不产生噪声、不排放废气和废水等污染物，属于理想的清洁能源。

⑤ 太阳能光伏器件建设周期短，发电组件为预制电池板。除跟踪式发电设备外，太阳能光伏发电器件无任何运动部件，不易损毁，安装相对容易、维护简单。同时，太阳能发电器件可以根据实际需求，通过增加或减少电池板的数量进行减容或扩容，发电方式灵活。

但任何事物都具有两面性，太阳能发电也存在一些缺点。

① 能量密度低。虽然每秒钟地球接收到的太阳能量为 1.7×10^{17} J，但经过大气层吸收后，抵达地球表面的阳光已经衰减，在大气清澈且太阳位于正上方时，每单位面积上接收到的能量密度只有 1000 W/m^2，即意味着实际情况下，在绝大部分地区和日照时间内所接收到的能量密度很低。

② 占地面积大。由于太阳辐射能量密度较低，要实现持续发电并实现大功率输出就必须铺设较大面积的发电板，这会造成光伏发电系统的占地面积巨大。但随着光伏建筑一体化发电技术［building integrated photovoltaic，BIPV；不同于光伏器件架设于建筑之上（building attached photovoltaic，BAPV）］的成熟，可通过发电板屋顶及墙面等，来克服占地面积大的缺点。除此之外，将光伏器件架设在鱼塘或沙漠之上，一方面提供遮阴或减少沙地暴露，降低水分蒸发。另一方面沙漠地区云雾天气较少，光照资源充足，年平均日照时间长，太阳能资源丰富，有利于光伏器件的稳定运行。图 5-5 分别为浙江等地的渔光互补及库布奇沙漠的光伏治沙发电模式，此类"一种资源、多个产业"集约发展模式，不需占用农业、工业和住宅用地，大大提高了单位面积土地经济价值，实现了社会效益、经济效益和环境效益的多赢。

③ 发电成本高。目前主流的晶体硅太阳能电池板制造工艺复杂，对材料纯度要求高（一般要求硅含量为 99.9999%，即 6N，N 为英文单词 nine 的首字母大写），粗硅精炼过程涉及一系列复杂的物理和化学反应，能耗巨大，这造成光伏器件本身造价较高。但随着技术的进步以及大规模工业化制造的摊薄效应，目前光伏发电的成本已降至 0.3 元/kW·h 以下，与煤电相当。

④ 间歇性和随机性。光伏发电以太阳光为能源，但太阳光受地理位置、昼夜交替、气候变化等因素的影响，无法保持连续照射的状态，并因云雾雨雪等天气因素的影响无法精准控制。这导致在地面应用时，太阳能光伏器件实际可利用的年发电时数较低，平均只有

图 5-5　将太阳能电池板安装在鱼塘及沙漠上的"渔光互补"及"光伏治沙"发电模式

1300h。相比之下，外太空既无大气层对阳光的吸收也不受地面各种因素的影响，所以有研究人员提出在外太空地球静止轨道建设巨型天基太阳能发电站，并将所得电能通过高能微波传送至地面接收站，从而达到高效利用太阳能的目的。

可以发现，根据实际使用环境及目的，太阳能发电的缺点也可以作为优点加以利用。对于其发电成本较高的缺点，完全可以通过科学技术的发展，比如开发新的发电材料、改进晶体硅材料的提纯工艺等进行解决。相信在不久的将来，太阳能发电作为理想的电力来源会成为人类能源供给的主要形式之一。

5.2.3　太阳能电池的分类

太阳能发电技术源远流长，在其发展过程中，先后出现数种太阳能电池。按照材料的发展历程，可以将太阳能电池分为三代，具体划分如图 5-6 所示。

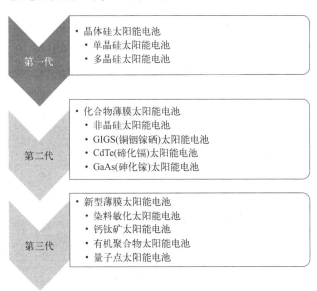

图 5-6　太阳能电池的分类

① 第一代太阳能电池主要由晶体硅材料构成，包括单晶硅及多晶硅系列。

② 第二代太阳能电池由块体材料向薄膜材料转变，薄膜材料具有更高的吸光系数和更低的制造成本，拥有制成大面积柔性电池片的潜力。其主要包括非晶硅薄膜电池、CIGS（铜铟镓硒）太阳能电池、CdTe（碲化镉）太阳能电池及 GaAs（砷化镓）太阳能电池等。

薄膜太阳能电池与晶体硅太阳能电池相比，能容忍更高的缺陷密度，在高温下能量转换效率衰减更小，同时在多云及阴天等弱光条件下仍可正常工作。但此类材料的光电转换效率相对较低，且需要使用稀有元素，生产成本高。

③ 第三代太阳能电池则是在薄膜型电池的基础上，使用结构更新颖、理论光电转换效率更高的材料。同时为了更有效地利用整个太阳光谱，此类电池通常使用不同带隙的半导体材料作为活性层，并通过中间层将其串联或并联起来，以实现对太阳光谱的分波段协同利用，从而进一步提升器件的光电性能。其包括染料敏化太阳能电池、钙钛矿太阳能电池、有机聚合物太阳能电池、量子点太阳能电池[2]。但作为新兴领域，此类电池还处于实验室研发阶段，实际转换效率较低，有许多基础科学问题还有待深入研究。此类电池犹如新生的婴儿，代表着太阳能电池未来的发展方向。

此外，太阳能电池的结构也在随着时间的推移不断迭代变化，按照太阳能电池的结构，可以将其划分为以下几种。

① 同质结太阳能电池。顾名思义，同质结太阳能电池是指采用同一种半导体材料形成的 PN 结或梯度结所构成的电池，常见的单晶硅太阳能电池和砷化镓太阳能电池均属于此类。

② 异质结太阳能电池。相比之下，异质结太阳能电池是指使用两种具有不同禁带宽度的半导体材料接触时形成的 PN 结所构成的电池。如氧化锡/硅太阳能电池、晶体硅/非晶硅异质结太阳能电池等。值得一提的是，由隆基研发的硅异质结太阳能电池的发电转换效率已达 26.5%，刷新世界纪录。如果所使用的两种半导体材料晶格参数相近，在界面处晶格相匹配，此时形成的电池则称之为异质面太阳能电池，如砷化铝镓/砷化镓异质面太阳能电池。

③ 肖特基结太阳能电池。肖特基结是指导体与半导体接触时会形成肖特基势垒，利用该势垒可在一定条件下产生类似于 PN 结的整流效应，从而构成肖特基结太阳能电池，如石墨烯/硅太阳能电池[3]。

④ 多结太阳能电池。多结太阳能电池是指由多个 PN 结按照一定方式构成的太阳能电池，又称为复合结太阳能电池，按照 PN 结的分布方式可将其分为水平多结太阳能电池和垂直多结太阳能电池两种。

⑤ 液结太阳能电池。液结太阳能电池由液体电解质及进入其中的半导体所构成，主要是指染料敏化太阳能电池。该电池由具有多孔结构的宽带隙半导体及其上的染料分子的光阳极、含有氧化还原对的电解质和含有催化剂的阴极三部分构成，也称之为光电化学电池。

5.3 太阳能电池工作原理

虽然目前存在的太阳能电池种类繁多，所用光阳极材料五花八门，但其发电原理基本一致。本节将以晶体硅太阳能电池为例，对其工作原理进行详细介绍。

5.3.1 太阳能电池的物理基础

在开始之前，需要对太阳能电池所涉及的相关物理知识进行简要回顾。在 5.1 节中，我们对光伏效应进行了简单的介绍。光伏发电是将太阳光（包括紫外光、可见光、红外光）直接转化为电能。其转化过程可以简化为以下三个步骤。

① 太阳光的吸收，半导体材料吸收光子能量，内部电子发生从基态到激发态的跃迁，产生一个带正电的空穴和带负电的自由电子。

② 通过一种输运机制，带负电的自由电子向阴极方向迁移，带正电的空穴向阳极方向迁移。到达阴极的自由电子通过外电路，经过负载消耗掉能量后回到阳极。

③ 与迁移到阳极的带正电空穴发生复合，使吸收层从激发态重新回到基态，完成一个循环。

上述循环大量发生，并重复进行，便可以产生可观的电流，为人类所利用。

5.3.1.1 能带理论

为了对光伏效应进行进一步阐释，此时需要引入能带理论。能带理论是用量子力学的方法研究固体内部电子运动的理论，是现代电子技术的理论基础。能带理论认为固体中的电子是在整个固体内运动的共有化电子。首先基于分子轨道理论，对于单个原子来说，其核外电子处于不同的分立能级之上。当许多单个原子

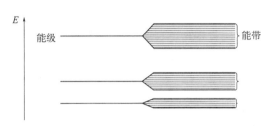

图 5-7　原子能级与能带之间的对应关系

组成固体之后，固体内部的原子核对其价电子的吸引能力随着距离的不同而发生变化，这就导致原本分立的电子能级发生进一步分裂，而分裂后能级之间的能量差很小，可以近似地认为其能量是在一定范围内连续变化的，这就形成了能带。能级与能带的关系如图 5-7 所示。

在熟悉能带理论的基本含义之后，就可以据此对半导体的性质进行解释。在能带理论中，被外层价电子充满的能带称为满带，比满带处于更高能级的能带称为导带。在满带与导带之间不存在任何能级的电子禁止区，称为禁带。电子从价带跃迁至导带所需的最小能量即为禁带宽度（band gap），通常用符号 E_g 表示，单位为电子伏特（eV）。按照上面的描述，我们可以绘制出半导体的能带结构图，如图 5-8 所示。可以看到，半导体的禁带宽度较小，在提供一定能量的情况下，少量电子便可以从价带跃迁至导带成为自由电子。而价带中原来被电子填充的位置，因电子跃迁而形成一个带正电的空位。为了方便描述，我们将这个空位假想成一个带有正电荷、具有正有效质量的准粒子，并命名为空穴。需要特别指出的是，空穴不能脱离晶体而存在，它只是一种实物粒子的等价描述，是一个准粒子。电子和空穴均可以在电场的作用下发生定向移动，产生宏观电流，统称为载流子。

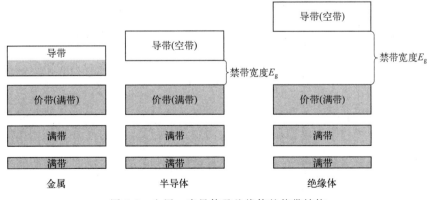

图 5-8　金属、半导体及绝缘体的能带结构

5.3.1.2　本征半导体

在理想状态下，完全不含任何杂质且无晶格缺陷的纯净半导体称为本征半导体。但实际情况中，并不存在完全纯净的半导体材料，我们只能通过复杂的精炼及铸造工艺，尽可能去降低半导体材料中的杂质含量及晶格缺陷。目前光伏级多晶硅的纯度为 6N，而电子级多晶硅纯度需达到 11N。实际上的本征半导体是指导电能力主要由其本征激发而形成的高纯度半导体。典型的本征半导体有硅（Si）、锗（Ge）及砷化镓（GaAs）等。本征半导体中由载流子的运动产生的导电称为本征导电。对于本征半导体来说，其载流子浓度数量极少，且部分自由电子会落入空穴而迅速复合，同时产生晶格热振动或电磁辐射，将所吸收的能量释放，所以本征半导体的导电能力很小。为了增强半导体的导电能力，一般情况下我们会对本征半导体进行掺杂，这种由于掺杂而获得的导电特性，称为非本征导电。在掺杂的元素中，如果该元素具有俘获电子的能力，称为受主杂质。如果该元素有释放电子的能力，则称为施主杂质。

5.3.1.3　P 型和 N 型半导体

在 4 价本征半导体晶体硅中掺入 3 价的硼、铟、镓等元素（即受主杂质），硅晶体中就会出现一个空穴。该空穴在热力学上是极不稳定的，会自发地吸收电子而中和，从而形成 P 型半导体，也称为空穴型半导体，如图 5-9 所示。晶体硅中某一个硅原子被硼原子所置换，产生置换式杂质原子点缺陷，形成一个空穴。该空穴会吸引价带中相邻位点的其他电子摆脱束缚进行填充，形成一个新的空穴，故而空穴可以在价带中移动，形成带正电的空穴电流。

同样地，在 4 价本征半导体晶体硅中掺入 5 价的磷、砷、锑等元素（即施主杂质），硅晶体中就会出现多余电子，形成 N 型半导体，又称为电子型半导体，如图 5-10 所示。晶体硅中某一个硅原子被磷原子置换，形成一个位于共价键之外的多余电子。该电子所受的束缚力要比组成共价键的电子小，只需要少许能量，便可以激发到导带中，成为自由电子，自由电子在导带中移动，形成带负电的电子电流。

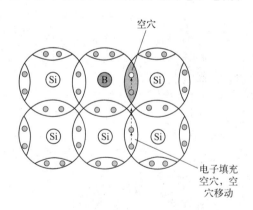
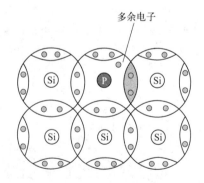

图 5-9　掺入硼元素时晶体硅的结构　　　　图 5-10　掺入磷元素时晶体硅的结构

半导体的导电能力由其所含自由电子和空穴的数目以及它们在半导体中的迁移能力决定。在经过掺杂形成的非本征半导体中，由于掺杂元素不同，所形成的半导体类型不同，其含有的电子和空穴的数目也不同。我们把数目较多的载流子称为"多数载流子"，简称"多子"。把数目较少的载流子称为"少数载流子"，简称"少子"。在 P 型半导体中，空穴为"多子"，电子为"少子"；N 型半导体的情况则正好相反。

5.3.1.4　PN 结

在能带理论的描述中，不难推导出本征半导体中受激产生的自由电子和空穴在数量上是相同的（对称的），为了打破这种对称性，需要在半导体中建立一个内置电场，以驱动自由电子和空穴发生分离，并分别向阴极和阳极移动。构筑内置电场可以在同种材料中实现，这种半导体内部存在内置电场的区域，称为结。而在某些结构中，需要使用第二种材料，在两者的接触面上建立起对称性破缺的区域，这种区域也称为结。

如果对一块完整的硅片，使用不同工艺在其两端分别掺杂硼元素和磷元素，就会使其一边形成 P 型半导体，另一边形成 N 型半导体。由于 P 型半导体中空穴浓度较高，而 N 型半导体中电子浓度较高，即两者之间存在载流子浓度梯度。当两者相接触时，便会发生空穴从 P 区流向 N 区，而电子从 N 区流向 P 区的扩散运动。在 N 型半导体中，电子扩散至 P 区与空穴发生复合被消耗，接触面偏向 N 区一侧区域的电子浓度降低，使得电离杂质的正电荷数高于剩余电子浓度，进而出现正电荷区域。同样地，在 P 型半导体中，空穴扩散至 N 区与电子发生复合被消耗，降低接触面偏向 P 区一侧区域的空穴浓度，出现负电荷区域。由正负电荷区域构成的薄层，称为空间电荷区，又称为"耗尽区"。该区域内正负电荷浓度的差异，会产生一个方向为 N 型半导体指向 P 型半导体的内置电场，该电场是由 P 型和 N 型半导体接触而构建的，所以称为 PN 结，如图 5-11 所示。

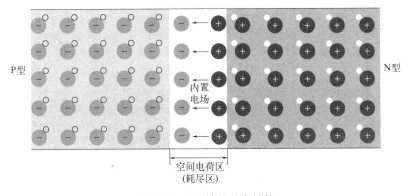

图 5-11　PN 结的基本结构

内置电场会使空间电荷区中的空穴向 P 型区漂移，自由电子向 N 型区漂移。可以发现，载流子的漂移方向与其扩散方向相反。P 型半导体和 N 型半导体刚接触时，载流子的扩散运动占优势，空间电荷区内的载流子浓度逐渐增大，空间电荷区的宽度变大。但载流子浓度增大后所形成的内置电场强度也会逐渐增大。在内置电场驱动下，载流子的漂移逐渐占优势，使扩散运动减弱，最后漂移和扩散的载流子数目相同，达到动态平衡。空间电荷区也将维持在平衡态下的一定范围之内。同时在此平衡状态下，PN 结内没有电流通过，净电流为零。

PN 结是太阳能电池工作原理最核心的部分，也是构成双极型晶体管和场效应晶体管的核心，是现代电子技术的基础。在 PN 结中，其内置电场的方向为 N 型指向 P 型。当在 PN 结两端施加外部电压时，会产生两种截然不同的导电效果。如果 N 型接电源的正极，P 型接电源负极，此时外加电源的电压方向与内置电场方向相同，这就相当于进一步增强了内置电场的强度，载流子的漂移将超过其扩散运动。由 PN 结的形成机理可知，参与漂移的载流子属于少子，其运动产生的电流很小，可以忽略不计。此时在宏观上就表现为 PN 结的电阻极大，电流无法通过。相反地，如果 N 型接电源的负极，P 型接电源正极，此时外加电源的电压方向与内置电场方向相反，内置电场的强度将被削弱，载流子的扩散运动将超过其漂移运动，而参与扩散运动的载流子为多子，其运动产生的电流很大，宏观上就表现为 PN 结电阻较小，电流很容易从 P 区流向 N 区。这就是 PN 结的单向导电性。太阳能电池正是利用光辐照下产生的载流子可以通过 PN 结，而不能反向流动的单向导电性而发电的。

5.3.2　太阳能电池的工作原理

在了解 PN 结特性的基础上，我们就可以对太阳能电池的工作原理进行初步学习。图 5-12 为太阳能电池的工作原理图，此处仍以晶体硅太阳能电池作为模型。太阳能电池是以半导体的 PN 结为核心，接受太阳光后产生光生伏特效应，将太阳光能直接转换为电能的装置。太阳能电池里的关键材料是吸收光能的材料，此类材料能吸收太阳光谱中的光子能量，从而产生激发态。如图所示的 N 型和 P 型半导体就属于光吸收材料。除了光吸收材料之外，太阳能电池结构中还有其他辅助性材料单元，比如减反射膜和电极。减反射膜是用于匹配光学阻抗的媒介，它们与太阳光发生耦合，使太阳光能够更有效地进入太阳能电池中，提高光的利用效率，常用的减反射膜为氮化硅薄膜。电极可为太阳能电池提供欧姆接触和向外界输送电流所需要的栅线，其材质通常为金属或者透明的导电氧化物。

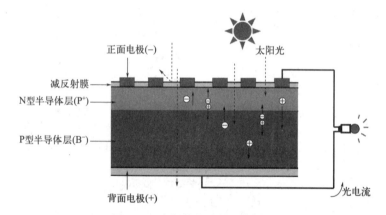

图 5-12　太阳能电池的工作原理

太阳能电池的工作原理如下。在太阳光辐照下，太阳能电池内部的 N 型区、P 型区以及空间电荷区均会吸收光子能量，产生载流子。一方面 N 区产生的空穴在内置电场的作用下，向 P 区加速扩散。而电子受电场力的作用无法穿过 PN 结，留在 N 区。另一方面，P 区产生的自由电子在电场力的作用下，向 N 区加速扩散，而空穴由于 PN 结的单向导电性无法通过则留在 P 区。除此之外，空间电荷区本身受光照激发产生的空穴和电子也在电场力的作用下发生分离，分别向 P 区和 N 区扩散。上述结果使得 PN 结以及 N 型和 P 型区的光生载流子被内置电场分离，空穴在 P 区富集使其带正电，电子在 N 区富集使其带负电，于是便会在 PN 结两端产生光生电压。如果在太阳能电池两端接上电极，将富集的空穴和电子通过外电路引出，便可以形成光生电流，驱动负载做功。

5.4 太阳能电池的性能

太阳能电池作为将太阳能转换为电能的装置，其应用主要集中在地面上。但太阳光在穿透大气层时会被吸收及反射。同时在地球不同维度的地方，由于入射角度的问题，太阳光的辐射强度并不一致，所以对其性能进行评价时，需要规定一个标准的测试条件。

一般情况下，我们所说的太阳光谱是指太阳光穿透大气层后，到达地面的光谱。为了反映大气对地面接收太阳光的影响，使用 AM（air mass）作为太阳光穿透地球大气的量度，其定义为太阳光穿透大气的实际距离与大气垂直厚度之比。当阳光到达大气层顶端时，太阳光穿透的大气厚度为 0，此时太阳光照度为 AM0。当太阳光垂直穿透大气层时，其光程与大气垂直厚度相同，太阳光照度为 AM1。当太阳高度角为 48.2°，此时太阳光到达地面的光程约为大气垂直厚度的 1.5 倍，太阳光照度为 AM1.5。由于中美等世界主要国家均在这一纬度，所以一般使用 AM1.5 来表示地表上太阳光的实际照度。

5.4.1 太阳能电池的性能评价

太阳能电池的性能评价，在国标中有具体的规定。对于晶体硅太阳能电池的性能测试，一般需要满足三个条件。第一，测试温度为 25℃，即环境温度和电池板温度均为 25℃；第二，所用辐照光源的光谱为 AM1.5；第三，所用光源的辐照强度为 $1000W/m^2$。

和太阳能电池性能相关的参数主要有[5]：短路电流、开路电压、最佳工作电流、最佳工作电压、最大输出功率、填充因子和光电转换效率。太阳能电池的性能可以通过图 5-13 所示的电流-电压曲线（I-V）及功率-电压曲线（P-V）进行说明。I_{sc} 为短路电流，P_{max} 为最佳输出功率。V_{pm} 和 I_{pm} 分别为最佳工作电压和最佳工作电流。

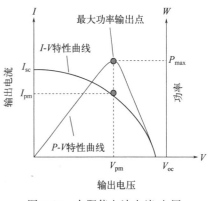

图 5-13　太阳能电池电流-电压曲线及功率-电压曲线

从图中可以看出，太阳能电池不连接负载时，电路中电流 I 为 0，所对应的电压称为开路电压，用 V_{oc} 表示，单位为伏特（V）。太阳能电池的开路电压可以通过增减串联的电池片数量进行调节。

将太阳能电池正负极直连，此时通过电池两端的电流称为短路电流，用 I_{sc} 表示，单位为安培（A）。短路电流的大小与光源辐照强度有关。

最佳工作电流又称峰值电流，是太阳能电池输出功率最大时的工作电流，单位为安培（A）。最佳工作电压又称峰值电压，是太阳能电池输出功率最大时的工作电压，单位为伏特（V）。

最大输出功率，即 I-V 曲线上最佳电流和最佳电压的乘积，$P_{max}=I_{pm}V_{pm}$，也就是 I-V 曲线内面积最大的矩形的面积，单位为瓦特（W）。最大输出功率是太阳能电池的理想功率，实际情况下衡量太阳能电池发电性能的是额定功率 P。额定功率与最大输出功率之间存在如下关系：$P=uP_{max}$，其中 u 为太阳能电池的输出效率。

填充因子是指太阳能电池的最大输出功率与开路电压和短路电流乘积的比值，用符号 FF 表示。根据上述定义，$FF = P_{max}/(I_{sc}V_{oc}) = I_{pm}V_{pm}/(I_{sc}V_{oc})$。理想情况下的 FF 为 1。填充因子是评价太阳能电池性能优劣的重要参数之一，FF 值越大，太阳能电池的性能就越好。

光电转换效率是指太阳能电池的最大输出功率与其所接收到的太阳光总能量之比，用符号 η 表示，$\eta = P_{max}/P_{in} \times 100\%$。根据太阳能电池测试标准，在 25℃，AM1.5 的光源辐照下，入射功率为 $1000W/m^2$ 时，太阳能电池的转换效率为 $\eta = FFI_{sc}V_{oc}$。光电转换效率是太阳能电池性能评价参数中最重要的指标，其决定了太阳能电池对光能的利用效率。理论计算表明单晶硅太阳能电池的热力学极限效率约为 30%[4]，但实际情况下受各种因素的影响，效率通常低于此值。比如目前商用的多晶硅太阳能电池组件的效率仅为 20%。在实验室研究中使用多结叠层电池技术，在聚光照射下，测试得到的最高光电转换效率已经达到 47.1%[5]。具有更高光电转换效率材料的研发及其结构调控一直是各国研究人员竞相追赶超越的热门领域之一。

5.4.2　太阳能电池的性能影响因素

太阳能电池的光电转换效率是决定太阳能电池发电能力的根本因素，其与材料特性、电池的结构、制备工艺、结特性、工作温度等密切相关。下面对影响太阳能电池性能的主要因素进行简要介绍[6]。

材料禁带宽度的影响。禁带宽度是指电子从价带跃迁至导带所需要能量的最小值。不同半导体材料具有不同的禁带宽度，比如锐钛矿二氧化钛的禁带宽度为 3.2eV，而氧化亚铜的禁带宽度只有 2.6eV。在太阳光中，光子能量也存在大小差异，只有那些能量超过材料禁带宽度的入射光子才能被半导体吸收，并产生电子-空穴对，形成光生电流。一方面，材料的禁带宽度越小，生成光生载流子所需光子能量的阈值越低，太阳光中所能利用的光子数量越大，产生的光电流和短路电流也会随之增大。但另一方面，光生载流子数量增大后，其扩散形成的内置电场强度也将增大，由此导致载流子反向漂移产生的反向电流增大，而反向电流的增大会降低太阳能电池的开路电压。可以发现，禁带宽度的减小一方面会增加短路电流，另一方面又会造成开路电压降低，所以必然存在一个适宜的禁带宽度，使太阳能电池的短路电流和开路电压达到最佳平衡。

少数载流子的寿命影响。太阳能电池的电流是通过光生载流子的扩散产生，多数载流子会因为库仑作用而消失，只有非平衡的少数载流子才能扩散至电极表面被收集，进而产生电流。如果少数载流子的寿命较短，可扩散距离小于基区厚度，便会在扩散过程中发生复合而消失。通过增加少数载流子的寿命，有利于提高太阳能电池的开路电压、短路电流及填充因子，从而提升太阳能电池的效率。

温度的影响。大量的研究结果证实，温度与太阳能电池的功率呈负相关性[7]。这是因为随着温度的升高，电池的短路电流会出现些许的升高，但同时开路电压和填充因子则会出现较大的下降，其下降幅度远远大于短路电流的升高幅度。除此之外，根据光电转换效率的计算公式，也可得出太阳能电池光电转换效率会随着温度的升高而降低。不同材料电池的光电转换效率受温度影响的结果不同，此影响一般用温度系数来表示。温度系数的绝对值越小，电池在高温下工作的性能越好。

5.5 硅太阳能电池

5.5.1 硅太阳能电池简介

作为目前已经实现商用且市场占有率最高的太阳能电池，硅基太阳能电池的制造工艺已经相当成熟。就目前的发展趋势来看，在现在及未来的一段时期内，硅基太阳能电池仍会在光伏领域占据统治地位。硅基太阳能电池按所用硅材料的结晶度来划分，可分为单晶硅、多晶硅及微晶/非晶硅电池三种。尽管各种新型高转换效率材料层出不穷，但就实际应用而言，晶体硅仍具有明显的效率和成本优势。

硅，元素符号 Si，是地壳中含量仅次于氧的第二大元素，占地壳总质量的 26.4%。硅元素主要以二氧化硅的形式存在，经提纯处理之后，根据其纯度可依次得到太阳能电池级硅（6N）和芯片级硅（9N）。硅的提纯主要包括以下步骤。

粗硅制取。以二氧化硅为原料，焦炭为还原剂，在高温下（>1500℃）进行碳热还原反应，反应方程式如式（5-1）所示。

$$SiO_2 + 2C = Si + 2CO\uparrow \tag{5-1}$$

粗硅提纯。将上一步得到的粗硅与气态 HCl 或氯气进行氯化处理，得到三氯氢硅或四氯化硅，如化学方程式（5-2）和式（5-3）所示。但所得产物中往往含有三氯化硼、三氯化磷等杂质。依据不同氯化物的沸点差异对产物进行多重精馏，即可得到较高纯度的硅化合物。

$$Si + 3HCl(g) = SiHCl_3 + H_2 \tag{5-2}$$

$$Si + 2Cl_2 = SiCl_4 \tag{5-3}$$

硅氯化物还原。使用氢气作为还原剂，高纯硅为载体，将上述精馏后的三氯氢硅或四氯化硅蒸气与氢气混合后，高速喷入高温反应炉中。经氢气还原后生成的硅单质会沉积在高纯硅上，如化学方程式（5-4）和式（5-5）所示。

$$SiHCl_3 + H_2 = Si + 3HCl \tag{5-4}$$

$$SiCl_4 + 2H_2 = Si + 4HCl \tag{5-5}$$

经过上述精炼提纯后的晶体硅为多晶硅。其内部存在晶界、杂质原子及位错等晶体缺陷。由此产生的能带弯曲，会使载流子在移动过程中被散射，或者被缺陷俘获。这会极大地降低半导体中的载流子浓度及迁移速率。太阳能电池对所用硅材料的纯度要求较低，而制造芯片所需的硅材料纯度极高，需要在经过上述提纯之后，使用定向凝固及区域提纯技术对其进行进一步处理。

5.5.2 单晶硅太阳能电池

单晶硅太阳能电池所使用的材料为一整块大尺寸单晶，由于其内部不存在晶界，因而具有载流子迁移速率高、寄生电阻小、光电转换效率高等优点。但是大尺寸单晶的制备工艺复杂，提纯能耗高，这使得单晶硅太阳能电池的制造成本居高不下。为了降低成本，多晶硅太阳能电池进入人们的视线。相比于大尺寸单晶，多晶硅的制备成本降低了 20%，且制备工艺简单，可连续化生产，显著降低了太阳能电池的生产成本，但多晶硅晶体内部晶界的存在，使其光电转换效率有所降低。

单晶硅太阳能电池是目前发展历史最久、技术最成熟、使用最广泛的太阳能电池，其电池结构及制备工艺已经定型。空间站及卫星探测器的太阳能电池板、地面光伏电站等均以单晶硅太阳能电池为主。最初的单晶硅太阳能电池以 6N 单晶硅棒为原料，生产成本较高，难以实现大规模推广。目前单晶硅太阳能电池对晶体硅材料的要求已经有所降低，部分采用芯片级单晶硅的头尾料以及废次单晶硅材料，或者将芯片级单晶硅残次品经过复拉制成太阳能电池专用的单晶硅棒。

5.5.2.1 单晶硅材料的制备方法

目前制备单晶硅棒的方法较多，但在工业上进行大规模生产的方法仅有区熔法和直拉法两种。这两种方法均是以精炼后的多晶硅为原料，通过重结晶物理提纯路线制备高纯单晶硅棒。

（1）区熔法

又称区域熔炼法（floating zone method，FZ），由此方法生产的单晶硅称为 FZ 硅。区熔法是基于熔体在凝固过程中的杂质偏析进行提纯的物理方法，分为水平区熔和悬浮区熔两种。由于在高温下硅性质活泼，易受坩埚材质的污染，所以单晶硅的提纯是通过悬浮区熔进行的。悬浮区熔的典型过程是将一块具有特定晶向的硅单晶体作为籽晶，利用高频线圈或聚焦红外线加热多晶硅棒的一端，使之熔融。然后将籽晶插入该熔区之中，此过程称为引晶。在施加高频电磁场的托浮作用及熔融硅表面张力等共同作用下，熔区可以稳定地悬浮在多晶硅棒中间。随着加热线圈的定向移动，熔区会沿着轴向从多晶硅棒的一端缓慢移动至另一端。在此过程中，由于杂质会使纯净物的熔点降低而凝固点升高。所以硅原子会按照籽晶的晶向预先凝固，而杂质则富集于液相熔体中，并随着熔区的移动而最终富集于单晶硅棒的另一端。将上述过程反复多次进行，便可以获得纯度较高的单晶硅棒。区熔法生产的单晶硅的过程如图 5-14 所示。在实际生产过程中，会使用缩颈工艺来排除因热冲击产生的位错，得到无位错的单晶硅。但区熔法受重力影响，所生产单晶棒的直径有所限制，同时以高纯度多晶硅为原料，生产工艺较为复杂，生产成本较高。

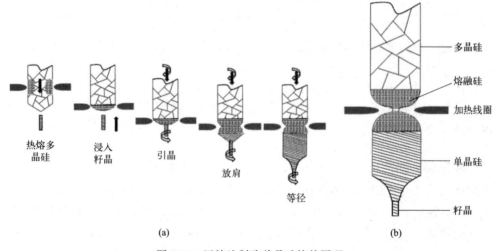

图 5-14　区熔法制造单晶硅棒的原理

（2）直拉法

又称切克劳斯基法，它是由波兰科学家切克劳斯基（Czochralski）建立起来的一种晶体生长方法，简称 CZ 法。由直拉法制备的单晶硅称为 CZ 硅。该方法是将多晶硅或半导体行业的单晶硅废料置于石英坩埚中熔融之后，将具有特定晶面取向的籽晶一端浸入其中，待其充分熔接后，将籽晶以一定的速度向上提拉。同时对坩埚与籽晶施加相反方向的旋转，以抵消热对流等不良因素的影响。在籽晶的诱导作用下，通过控制提拉速度、气氛及容器内压力等参数，并调控缩颈、放肩、等径等工艺参数，熔融硅中的硅原子会在籽晶表面按照既定晶向成核长大。将形成的晶体缓慢旋转提拉出固液界面，熔体中的硅原子就会继续在已形成的晶体上，按照相同的排列方式继续结晶。不断重复上述过程，待坩埚中的大部分熔融硅都结晶成单晶硅棒后，经收尾工艺即可得到大尺寸单晶硅棒。直拉法生产的单晶硅的过程如图5-15 所示。相比于区熔法，直拉法制备工艺简单，所得 CZ 硅含氧量较高，机械强度比 FZ硅大，在制作电子器件的过程中不易变形。目前太阳能电池所需单晶硅基本以 CZ 硅为主。但是直拉法生产单晶硅过程中，硅熔体会直接与石英坩埚接触，使石英坩埚中的杂质进入硅熔体之中，造成晶体纯度较低。除此之外，直拉法得到的单晶硅棒中杂质分布不均匀，且无法进行连续生产。为了解决上述问题，目前已开发出在熔体施加磁场的 MCZ 方法和连续CZ 生长技术。

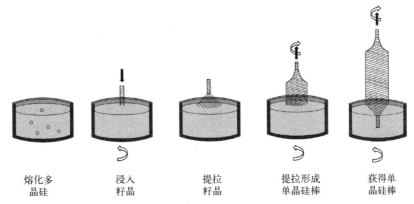

| 熔化多晶硅 | 浸入籽晶 | 提拉籽晶 | 提拉形成单晶硅棒 | 获得单晶硅棒 |

图 5-15　直拉法制造单晶硅棒的原理

5.5.2.2　单晶硅太阳能电池的制备

在获得单晶硅棒之后，对其进行切割、硅片清洗、表面制绒、扩散制结、边缘刻蚀清洗、丝网印刷电极、沉积减反射层、共烧形成金属接触、电极片测试等步骤，即可得到单晶硅太阳能电池片，其制备工艺流程如图 5-16 所示。同时在各个工序之间，还会进行抽样检测，主要包括检测表面制绒效果、硅片方阻、减反射膜的厚度及折射率等项目。

（1）硅棒切割

一般直拉法制备的单晶硅棒，其内部杂质在轴向分布不均匀，造成不同部位电阻率存在差异。此时需要根据电阻率的不同，将单晶硅棒切断。然后再将其切割成厚度约为 $170\mu m$的方形或圆形单晶硅片。切割工具包括内圆切割机、激光切割机及多线切割机等。此时的硅片一般为 P 型硅，电阻率为 $0.5\sim3\Omega\cdot cm$。

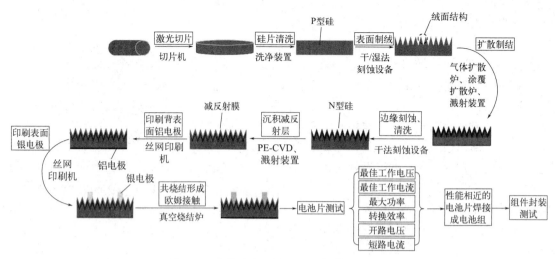

图 5-16　单晶硅太阳能电池的制备工艺流程

（2）硅片清洗

在切割过程中，硅片表面会出现因切割产生的机械应力损伤层，同时硅片表面存在油脂、金属离子等杂质，为此需要对硅片进行清洗。硅片的清洗一般包括两个步骤，首先是化学清洗，使用各种有机溶剂去除油脂，再用浓硫酸和过氧化氢洗去残余油脂。其次是化学腐蚀，一般使用硝酸-氢氟酸配制而成的酸性腐蚀液或使用氢氧化钠碱性腐蚀液去除硅片表面的机械应力损伤层。在工业生产中，从成本控制、环境保护和操作方便等因素考虑，一般使用氢氧化钠腐蚀液。同时腐蚀深度要超过硅片机械损伤层的厚度，为 $20\sim30\mu m$。为防止各种残留洗液之间发生反应，在每个清洗工序之后，都需要用去离子水将硅片冲洗干净。

（3）表面制绒

在上一节我们提到，太阳光的利用率对电池的性能具有重要影响。经过切割及清洗后的单晶硅片表面较为平整，会反射掉大量的太阳光。为了提升入射光的利用率，需要把平整的表面变成绒面，此过程称为表面制绒。平面和绒面硅片对太阳光的吸收过程如图 5-17 （a）和 5-17 （b）所示。基于单晶硅晶面的各向异性，不同晶面在同一腐蚀液中的腐蚀速率存在差异，利用氢氧化钾和异丙醇配制而成的腐蚀液，在（100）晶面的衬底上形成暴露（111）晶面的金字塔型绒面，其微观结构如图 5-17 （c）所示。通过对比其光吸收过程可以发现，相比于平面硅片，绒面结构可以使不同入射角的光线多次进入硅片中，增加吸收光线的路径长度，这就相当于增加了硅材料的吸收系数和扩散长度，从而达到提高电池的光生电流密度的目的。

（4）扩散制结

PN 结是太阳能电池的核心，扩散制结是指受主杂质在高温下扩散进入硅片内部，在一定区域内占据优势（P 型）。同时使施主杂质扩散进入与之相邻的区域占据优势（N 型），如此便可在一块单晶硅内实现 P 型和 N 型半导体接触，形成 PN 结。扩散制结一般包括两个工序，首先使掺杂源在硅片表面沉积，形成一层高浓度的掺杂薄层。其次在高温下，掺杂层高浓度的掺杂原子会由高浓度区域向低浓度区域发生更深的扩散。最终在硅片内部形成具有

新能源材料

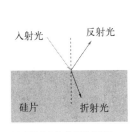
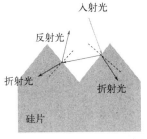

| (a) 平面硅片光吸收过程 | (b) 金字塔型绒面硅片光吸收过程 | (c) 金字塔型绒面硅片微观形貌 |

图 5-17　平面和绒面结构硅片的光吸收过程及金字塔型绒面结构微观形貌图

一定厚度的优势区域。制备 PN 结除了通过化学扩散之外，还可以通过离子注入进行。离子注入属于物理过程，掺杂量及掺杂深度只与束流密度、注入时间以及入射离子的能量有关，而与杂质原子和硅原子之间的化学反应无关。

（5）边缘刻蚀清洗

在扩散制结步骤中，掺杂磷元素时一般会发生如下反应。磷源分解后生成五氧化二磷沉积在硅片表面，高温下与硅单质发生反应，生成含有磷元素的二氧化硅层（称为磷硅玻璃），包覆在硅片表面［化学方程式（5-6）、式（5-7）］。磷硅玻璃的折射率小于氮化硅反射层，这会降低入射光的利用率。同时磷硅玻璃中含有高浓度的磷杂质，会增加少子表面复合，降低太阳能电池的光电转换效率，所以必须将其去除。除此之外，在扩散过程中，在硅片四周都形成了扩散层，此扩散层会形成短路环，也需要将其去除。目前去除磷硅玻璃及周边扩散层，主要通过化学腐蚀法、磨片法、蒸铝烧结法及等离子体腐蚀法等进行。

$$4PCl_3 + 5O_2 \xrightarrow{\triangle} 6Cl_2 + 2P_2O_5 \tag{5-6}$$

$$2P_2O_5 + 5Si \xrightarrow{900℃} 5SiO_2 + 4P \tag{5-7}$$

（6）沉积减反射层

在去除磷硅玻璃和周边扩散层之后，为了去掉硅片表面的悬空键，降低表面能，从而减少载流子在表面复合造成的损失，提升电池的光电转换效率，需要对硅片表面进行钝化处理，即沉积减反射层。工业上一般使用等离子体增强化学气相沉积（PECVD）工艺来沉积减反射层，减反射层材料有 TiO_2、Ta_2O_5、Nb_2O_5 及 SiC 等，这些材料均具有光折射率及透过率高的优点。除此之外，基于薄膜干涉的原理，沉积减反射层可以在绒面结构的基础上，进一步降低太阳光在硅片表面的反射，提高电池的转换效率。

（7）印刷背面及表面电极

单晶硅片在经过上述步骤之后，已经具备太阳能电池片的基本结构，此时需要在电池表面制作正负电极，以便将光电流导出。在电池片中，与 P 型区接触的电极是电池输出电流的正极，与 N 型区接触的电极是电池输出电流的负极。一般把位于电池接受光照一面的电极称为表面电极或上电极，而位于背光一面的电极则称为背面电极。制备电极的方法包括早期的真空蒸镀、化学电镀以及丝网印刷技术。目前丝网印刷技术是商业晶体硅太阳能电池制造的主流。丝网印刷工序是太阳能电池片制造过程中的核心。丝网印刷利用丝网图文部分网孔透浆料，非图文部分网孔不透浆料的原理，将浆料从图文部分的网孔挤压到基片上，得到需要的电极分布。综合考虑耐高温烧结、导电性、附着力、贵金属成本和可获取等因素，通常选择银作为太阳能电池的电极材料。

（8）共烧结形成欧姆接触

经过丝网印刷形成电极的硅片，尚无法直接使用，需要经过快速烧结，除去浆料中的有机树脂黏结剂，使电极与硅片之间形成欧姆接触。对于银电极来说，由于沉积的减反射膜已经在硅片表面形成电性绝缘，所以会在银浆中预先掺有含铅的硼酸玻璃粉，在高温烧结时，硼酸玻璃粉会与氮化硅减反射膜发生反应，刻蚀并穿透氮化硅，随后银渗入其下方，与硅形成电性接触。对于铝电极来说，在烧结温度超过铝硅合金共融温度（577℃）时，在铝电极和硅片的交界面，硅原子和铝原子相互扩散，形成铝硅合金，从而实现欧姆接触。

（9）电池片测试封装

由于大规模生产过程中生产工艺的随机性，所得电池的性能不尽相同，需要对所得电池片进行检测，测试的参数包括最佳工作电压、最佳工作电流、最大功率、光电转换效率、开路电压及短路电流。然后将性能一致或相近的电池片组合在一起形成电池组。实际使用的太阳能电池一般是由数块电池片经过串联后焊接在一起，以形成矩阵化组件。组件经层压、修边、装框、测试等工序后，即可得到商业化太阳能电池。

5.5.3 多晶硅太阳能电池

多晶硅太阳能电池是指使用多晶硅片作为核心器材的晶硅电池，多晶硅太阳能电池具有转换效率高和使用寿命长的优点，且制备工艺相对简单，生产成本远远低于单晶硅电池。但是多晶硅太阳能电池在使用寿命、光电转换效率等方面均低于单晶硅电池。

5.5.3.1 多晶硅材料的制备方法

太阳能电池用多晶硅的制备方法较多，典型的比如西门子法、改良西门子法、硅烷热解法、冶金法以及其他新开发的工艺，如真空冶金法、铝硅熔体低温凝固法、熔融盐电解法等。其中改良西门子法和硅烷热解法是目前商业生产高纯多晶硅的主要方法[8-9]。

（1）西门子法

该方法由德国西门子公司开发，以氢气还原三氯氢硅，将生成的多晶硅沉积在高温硅棒上，故称"西门子法"。西门子法生产的多晶硅纯度可达 9~11N，远超太阳能级硅所需的纯度。但西门子法生产能耗高、还原产出率低且污染严重。故而研究人员对其工艺进行了改良，在此基础上发展出改良西门子法。

（2）改良西门子法

改良西门子法是在西门子法的基础上，增加了尾气回收和四氯化硅氢化工艺，实现了硅还原过程的闭环生产，显著减少了副产物的排放，提升了生产效率，其工艺流程如图 5-18 所示。改良西门子法以工业级冶金硅为原料，使用氯化氢将其转化为三氯氢硅，之后对三氯氢硅进行提纯和多级精馏。最后用高纯氢气，在高温硅棒上对精馏后的三氯氢硅进行还原，进而制得高纯多晶硅棒。在三氯氢硅还原为多晶硅的过程中，会产生大量的剧毒副产物四氯化硅。改良西门子法通过添加尾气回收设备对其进行回收分离，将收集的四氯化硅进行氢化转换成三氯氢硅。与从尾气中分离出来的三氯氢硅一起送入精馏系统再次提纯精馏，实现循环利用。改良西门子法是生产多晶硅最主要的工艺方法，产量占全世界高纯多晶硅的85％以上。

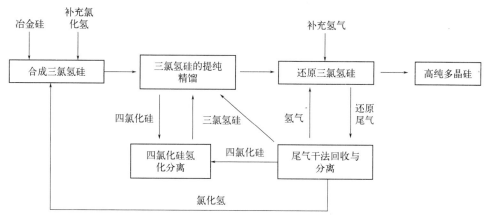

图 5-18　改良西门子法的工艺流程

（3）硅烷热解法

通过热解硅烷制备高纯度多晶硅。硅烷热解法的生产工艺包括硅烷的制备、硅烷的提纯及硅烷的热解三个主要步骤。其中根据硅烷制备方法的不同，又可将其分为硅化镁法、歧化法、新硅烷法。下面以新硅烷法为例，简要介绍其生产工艺（图 5-19）。新硅烷热解法以 $NaAlH_4$ 与 SiF_4 为原料制备硅烷（SiH_4），之后对其进行提纯，通入高纯氢气将提纯后的硅烷热解，在硅粉上形成高纯多晶硅。

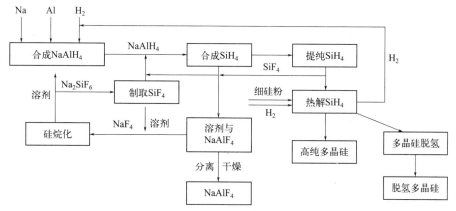

图 5-19　新硅烷热解法制备多晶硅工艺流程

（4）冶金法

冶金法是日本川崎制铁公司开发的太阳能级硅的制备方法。该方法以冶金级硅为原料，首先在电子束炉中，通过真空蒸馏及定向凝固技术除去磷及其他金属杂质。其次在等离子体熔炼炉中，使用氧化气氛除去硼和碳，再结合定向凝固技术进一步去除硅熔体中的金属杂质。经过上述两步处理之后，所得硅材料的纯度即可达到太阳能级硅的要求，工艺流程如

图 5-20 所示。其后，美国道康宁等公司对冶金法的工艺进行了改进，并取得了一定的突破。改进后的冶金法生产多晶硅的生产投资降低 70%，单位电耗和耗水量分别降低至改良西门子法的 1/3 和 1/10。

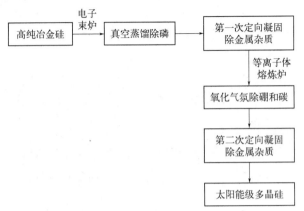

图 5-20　冶金法生产多晶硅的工艺流程

（5）流化床法

使用流化床反应器进行多晶硅生产的工艺方法，又称沸腾床法，是由美国联合碳化物公司开发的多晶硅制备技术。以冶金硅、$SiCl_4$、H_2、HCl 为原料，利用沸腾床合成三氯氢硅，然后通过歧化加氢将所得三氯氢硅转换为 SiH_4，再将 SiH_4 提纯后送入装有细硅粉的流化床反应器中，进行热解得到太阳能级多晶硅颗粒，工艺流程如图 5-21 所示。流化床法生产效率高、成本低、耗电量小。但该方法生产安全性差，安全风险高，产品质量不够稳定。

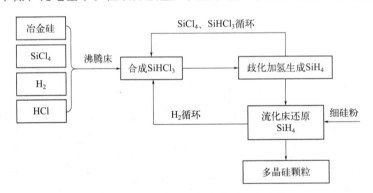

图 5-21　流化床法生产多晶硅工艺流程

5.5.3.2　多晶硅太阳能电池的制备工艺

多晶硅太阳能电池的制备工艺与单晶硅电池类似。因此需要预先将所得太阳能级多晶硅材料制成硅锭，目前工业上制造多晶硅锭主要采用铸造技术。通过铸造技术得到的多晶硅称为铸造多晶硅（cast multicrystalline silicon，mc-Si）。与单晶硅的制备方法相比，铸造技术无高成本的拉制过程，具有成本低、能耗小、原材料利用效率高等优点。但是铸造多晶硅中含有大量的晶界、位错、缺陷及杂质，降低了电池的光电转换效率。根据制备过程中所使用坩埚数量的不同，可以将铸造法分为浇铸法和直熔法两种。

（1）浇铸法

将多晶硅材料在坩埚内熔化，然后浇铸在另一个预热的坩埚内进行冷却，利用定向凝固技术，控制冷却速度制备出大晶粒的铸造多晶硅。由于该方法中原料的熔化和结晶在两个不同的坩埚中进行，生产过程可实现半连续化，进而提高生产效率，降低能源消耗。但是该方法使用不同的坩埚进行熔化和结晶，容易引入杂质，导致二次污染。

（2）直熔法

直熔法全称直接熔融定向凝固法。是将多晶硅原料直接在坩埚中熔化之后，在坩埚底部进行冷却，使用定向凝固技术制得多晶硅铸锭。该方法又可进一步细分为布里奇曼法、热交换法、电磁铸锭法。其中热交换法是目前国内铸锭生产厂家主要使用的一种方法。

铸造多晶硅的生产流程主要包括：装料、熔融、晶体生长、完成铸锭、开方、多线切割等工序。获得多晶硅片后，可按照图 5-16 的工序制作多晶硅太阳能电池。

5.5.4　非晶硅太阳能电池

虽然多晶硅材料的制备成本相比于单晶硅已有了大幅度降低，但是其发电成本仍远高于传统的火力发电。对此问题，研究人员又开发出一种成本更低的非晶硅太阳能电池。该电池的制作温度约为 200℃，远远低于晶体硅太阳能电池所需的高温（＞1000℃），能耗较低。同时该电池中非晶硅材料以薄膜的形式存在，材料使用量极少，制备工艺简单，可连续大面积自动化生产，因而受到了人们的普遍重视。从 1976 年 Carlson 等人开发出第一块非晶硅太阳能电池以来，其光电转换效率从最初的 2.4% 逐步提高到现在的 13%，展示出巨大的应用潜力。

（1）非晶硅材料

在晶体硅中硅原子以四面体的形式紧密排列，形成长程有序的晶体结构。而非晶硅材料（α-Si）中硅原子不完全遵从四面体排布规律，形成一种短程有序的连续无规则网络结构，该网络结构中存在大量悬挂键和空洞等缺陷。这些缺陷的存在会捕获光生载流子，所以非晶硅材料无法直接用于太阳能电池片的制作。非晶硅中的悬挂键可以被氢原子补偿形成 Si—H键，由此便可显著降低非晶硅中悬挂键浓度，使其具有良好的电化学性能（图 5-22）。目前太阳能电池中使用的非晶硅材料一般指氢化非晶硅（α-Si：H）。

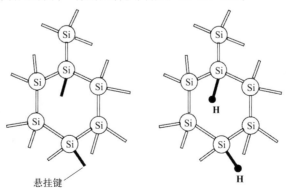

图 5-22　非晶硅中的悬挂键及 H 补偿

制备非晶硅材料需要极高的冷却速度，常见的液态快速淬火法无法满足此要求。目前制备非晶硅薄膜主要以高纯度硅烷作为原料，在较低温度下通过真空蒸发、射频辉光放电、磁控溅射及化学气相沉积等方法进行。其中真空蒸发法工艺条件简单、沉积速率较快，易于实现大规模自动化生产，但所制非晶硅质量较差；射频辉光放电法所需温度低（约200℃），易于实现大面积和大批量连续生产，技术发展较为成熟；磁控溅射技术可实现薄膜厚度的精确控制，薄膜致密性及附着性较好，但所得非晶硅薄膜质量较差；化学气相沉积所得的薄膜光敏性高、隙态密度低，且没有尺寸限制，但成膜速率较低。目前工业生产中普遍采用的方法是等离子体增强化学沉积法，生产自动化程度较高。

非晶硅材料用于太阳能电池时具有如下优点。

① 可以实现连续的物性控制。连续改变非晶硅中的掺杂元素及其含量，可以对非晶硅的电导率、禁带宽度等特性进行连续调节。这就可以根据实际需求，对其制备工艺进行调控，从而获得所需的新型材料。

② 非晶硅氢化之后形成共价无规则网络，不存在长程有序性，电子跃迁过程不受准动量守恒定则的限制，可以更有效地吸收光子。非晶硅对太阳光的响应峰值与太阳光谱峰值接近，这也是选择非晶硅作为太阳能电池材料的重要原因。

③ 非晶硅材料的本征光吸收系数通常在 $10^4 \mathrm{cm}^{-1}$ 以上，在可见光波段内的吸收系数比单晶硅高一个数量级，将非晶硅材料做成厚度很小的薄层即可有效吸收太阳光能，制备太阳能电池所需材料的用量大幅度节省，从而大幅度降低太阳能电池的成本。

（2）非晶硅太阳能电池的工作原理

非晶硅太阳能电池同样是以光伏效应为原理进行工作的。其基本结构形式有肖特基势垒型、异质结型和 pin 型三种。肖特基势垒型非晶硅太阳能电池是早期研究的重点，但填充因子较小，稳定性差。异质结型非晶硅太阳能电池的光电转换效率较低，一般只能达到 1%，且开路电压也比较小。而 pin 型则是目前非晶硅太阳能电池的主流结构形式，其结构如图 5-23 所示。在前面的论述中我们知道，PN 结是太阳能电池的核心。但是非晶硅中原子的无规则排列使光生载流子无法进行长程扩散，PN 结中 P 区和 N 区产生的光生载流子无法被有效收集利用。为解决此问题，需要在 p 层和 n 层之间加入本征层（i 层）构成 pin 结。pin 结的空间电荷区分别在 i 层两边的界面处，即存在两个空间电荷区。此时两个空间电荷区分别含有正电荷和负电荷，由此就会在整个 i 层产生内建电场。

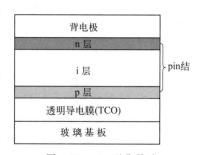

图 5-23 pin 型非晶硅太阳能电池的结构

pin 型非晶硅太阳能电池的工作原理可以简单描述如下：入射光依次穿过玻璃基板、TCO 膜及 p 层之后，在 i 层产生光生电子-空穴对。在内建电场的作用下，i 层产生的电子进入 n 区，空穴进入 p 区，从而形成光生电流和光生电动势。光生电动势的方向与内建电场的方向相反，当两者达到平衡时，光生电动势达到最大值，此值即为非晶硅太阳能电池的开路电压。接通外电路后，即形成最大光电流，称为短路电流。

（3）非晶硅太阳能电池的制备工艺

非晶硅太阳能电池的制备工艺相比晶硅太阳能电池有所简化，其流程如图 5-24 所示。

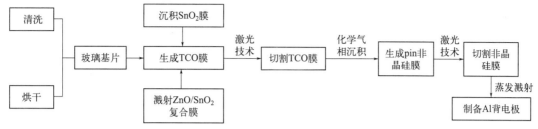

图 5-24 非晶硅太阳能电池的制备工艺流程

以玻璃作为基板时，首先对玻璃基片进行清洗并烘干，然后沉积 TCO 膜。镀膜完成后，用激光将基片切割至所需尺寸。然后在 TCO 膜上依次沉积 p 层、i 层和 n 层，制备出pin 结。再用激光切割后通过蒸发溅射在 pin 结上制备 Al 背电极。

在沉积 pin 结的过程中，只需要在原料气中分别混入硼烷和磷烷，即可得到 p 型和 n 型非晶硅。从非晶硅太阳能电池的工作原理中可知，入射光需要依次经过玻璃基板、TCO 膜和 p 层，才能进入 i 层产生光生载流子。为了保证入射光尽可能多地进入 i 层，并被最大限度地吸收利用，对于各层的厚度要求一般为 TCO 膜厚约 80nm，p 层厚度约为 10nm，i 层厚度约为 500nm，n 层厚度约为 30nm。

非晶硅材料的带隙较宽，致使非晶硅太阳能电池的初始光电转换效率较低。除此之外，非晶硅太阳能电池的稳定性差，其光电转换效率会随着光照时间的延长产生光致衰减效应[10]。此问题可以通过构筑叠层太阳能电池进行解决。叠层太阳能电池即是在沉积单个 pin 结的基础上，叠加一个或者多个 pin 结，形成多结非晶硅太阳能电池。同时在制备非晶硅的硅烷中混入锗烷或甲烷，可以得到具有不同禁带宽度的 α-SiGe：H 和 α-SiC：H 材料，将其作为吸收层可以实现对太阳光谱中不同波段太阳能的吸收利用。目前常规叠层电池结构包括α-Si：H/α-SiGe：H、α-Si：H/α-Si：H/α-SiGe：H、α-Si：H/α-SiGe：H/α-SiGe：H、α-SiC：H/α-Si：H/α-SiGe：H 等。

5.6 钙钛矿太阳能电池

非晶硅薄膜太阳能电池问世之后，以其造价低廉、可大面积自动化生产等优点，一度占据全球光伏市场的三分之一。但是非晶硅薄膜太阳能电池光电转换效率偏低，且存在光致衰减效应，在制备多结叠层电池的同时，研究人员将目光转到了其他半导体材料上，开发出诸多新型薄膜太阳能电池。按照其关键材料的类别可以分为Ⅲ-Ⅴ族化合物半导体太阳能电池、有机半导体太阳能电池、染料敏化太阳能电池、钙钛矿太阳能电池、量子点太阳能电池。下面就钙钛矿太阳能电池的材料、工作原理、电池结构及最新进展做简要介绍。

5.6.1 钙钛矿太阳能电池简介

钙钛矿是指以俄罗斯地质学家 L. A. Perovskite 命名的矿物质，最初指自然界中的钛酸钙矿石，目前已成为一大类具有钙钛矿结构材料的统称。钙钛矿材料的通式是 ABX_3，A 和B 指不同半径的金属元素，X 是指 O^{2-}、F^-、Cl^-、OH^- 等阴离子。应用于钙钛矿太阳能电池的钙钛矿材料通常是指具有钙钛矿结构的有机金属卤化物材料，例如最常见的碘化铅甲胺（$CH_3NH_3PbI_3$），其禁带宽度约为 1.5eV，具有出众的光吸收系数，是一种很适合用于光电转换的材料。

钙钛矿太阳能电池的发展基于染料敏化太阳能电池中敏化剂的开发。2009 年日本科学家 T. Miyasaka 等人[11] 首次将 $APbX_3$（$X=Br^-$、I^-）作为敏化剂，用于染料敏化太阳能电池中，得到 3.8% 的光电转换效率。2012 年 Grätzel 及其合作者[12] 使用固态电解质，制备了全固态钙钛矿太阳能电池，光电转换效率达到 9.7%，但此时的电池仍属于染料敏化太阳能电池的范畴。之后研究人员发现钙钛矿材料不仅可以作为光吸收层，还可以作为电子和空穴传输层。2013 年，H. J. Snaith 等[13] 使用气相沉积制备出钙钛矿薄膜，并将其组装成平面异质结型钙钛矿太阳能电池，其器件的光电转换效率高达 15.4%。至此钙钛矿太阳能电池摆脱了传统的敏化结构，成为一种新型太阳能电池。

基于肖克利-奎伊瑟极限（Shockley-Queisser limit）理论，钙钛矿太阳能电池（带隙 1.53eV）的光电转换效率极限为 31.34%[14]。十多年来，研究人员对钙钛矿薄膜材料以及相应电池器件制备技术的深入理解和精确控制，促使钙钛矿太阳能电池光电转换效率取得极大的突破。据美国国家可再生能源实验室数据，截至 2022 年，钙钛矿太阳能电池的效率为 26.0%，已达到其极限效率的 82%。展望未来，降低钙钛矿层中载流子的非辐射复合损失、开发具有合适能级的高效电荷提取层以及减少界面处的缺陷等措施，是提升钙钛矿太阳能电池性能的可行路线。

5.6.2 钙钛矿材料

（1）钙钛矿材料的分类

近年来，由于独特的物理化学性质，钙钛矿材料受到各国研究人员的广泛关注。但其并非新颖材料，从 1839 年发现 $CaTiO_3$ 至今，钙钛矿材料已形成包含不同组分、不同结构的材料体系。

按照化学组成的不同，可以将钙钛矿材料分为全无机钙钛矿材料、有机-无机杂化钙钛矿材料、无铅钙钛矿材料。

根据其晶体结构的不同，可分为立方钙钛矿、正交钙钛矿和单斜钙钛矿材料。

按照所制备材料的形态，又可将其分为三维钙钛矿、二维钙钛矿、一维钙钛矿及零维钙钛矿材料，其中零维钙钛矿即钙钛矿量子点材料。量子点是一种空间三个维度都在 1～100nm 的半导体晶体材料，一般由少量原子构成，形状为球形或者类球形。由于量子点极小的尺寸，其中的电子运动会受到限制，这使其能带结构与分子和原子相似，呈现出分裂的能级结构，从而表现出显著的量子尺寸效应、表面效应、多激子效应、介电限域效应等特性。量子尺寸效应使量子点在其吸收光谱中出现一个或多个明显的激子吸收峰。吸收峰位置会随着量子点尺寸的减小而不断蓝移。因此，可以通过改变量子点的尺寸对其光吸收波长进行调节，这有助于提升量子点在较宽的范围内对太阳光进行吸收，所以钙钛矿量子点材料在太阳能电池中表现出独特的优势。

在光电子学领域，钙钛矿一般代表具有 ABX_3 分子式的金属卤化物钙钛矿（图 5-25），其中 A 为单价阳离子，通常为甲胺基 $CH_3NH_2^+$（MA^+）、甲脒基 CH_3NH^+（FA^+）和 Cs^+；B 为二价金属阳离子，如 Pb^{2+}、Sn^{2+}；X 为卤素离子，如 I^-、Br^- 和 Cl^-。在 ABX_3 中，A 和 B 阳离子分别占据立方晶胞的顶角和体心位置，X 阴离子则位于面心位置。

以含铅碘化物为例，按照阳离子 A 种类的不同，可以将其分为甲胺铅碘（MAPbI₃）、甲脒铅碘（FAPbI₃）、铯铅碘（CsPbI₃）三种典型的钙钛矿材料。

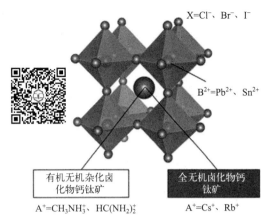

图 5-25　金属卤化物钙钛矿晶体结构[15]

① MAPbI₃ 钙钛矿材料。MAPbI₃ 属于直接带隙半导体，禁带宽度约为 1.55eV，具有光吸收特性强、激子结合能低、载流子有效质量小和电荷扩散长度长等特点[16]，是一种常见的光吸收层材料。如使用 $MAPb(I_{1-x}Br_x)_3$（其中 $x=0.1\sim0.15$）作为吸光层，聚［双（4-苯基）-（2,4,6-三甲基苯基）胺］（PTAA，一种 p 型有机半导体材料）作为空穴传输材料制备的钙钛矿太阳能电池，光电转换效率为 16.2%[17]。但较宽的带隙使 MAPbI₃ 基钙钛矿太阳能电池的光电转换效率相对较小。除此之外，MAPbI₃ 钙钛矿材料中 MA^+ 受热逸出，诱导器件劣化，使其结构稳定性差。同时 MAPbI₃ 在大气环境下易受水分子侵蚀而发生分解。中国科学院合肥物质科学研究院胡林华教授[18] 等通过在钙钛矿前驱体溶液中引入功能性化合物聚乙烯吡咯烷酮（PVP），有效减缓 MAPbI₃ 晶粒成长，成功诱导大尺寸 MAPbI₃ 晶粒的形成，并显著提升了晶粒质量，将光电转换效率从 18% 提升至超过 20%。作者认为在高湿度条件下，PVP 中 C＝O 的存在，水分子会优先与 C＝O 形成氢键，从而降低 MAPbI₃ 薄膜被水直接侵蚀的概率，增强了电池在高湿度环境下的稳定性；同时由于 C＝O 和甲胺基中的 NH_2 之间形成氢键，极大地降低了甲胺基的易失性，使得 MAPbI₃ 经水处理后转移至一般环境，展现出很强的自愈能力。研究证实在经 3 次水处理和自愈的循环后，所得 MAPbI₃ 的效率仍保持为初始效率的 60%。

② FAPbI₃ 钙钛矿材料。FAPbI₃ 存在 α 相和 σ 相两种不同的晶体结构，其中黑相甲脒铅碘（α-FAPbI₃）与 MAPbI₃ 相比具有较窄的禁带宽度（1.43eV）、更弱的电子-空穴耦合、更长的载流子寿命和更小的载流子有效质量等特性，这使其更适宜用于单结太阳能电池光吸收材料[19]。但是 FAPbI₃ 中 FA^+ 较大的离子尺寸使其晶格发生畸变，导致具有光活性的 α-FAPbI₃ 在室温下属于亚稳相，易发生相变转换为宽带隙黄色非钙钛矿相 σ-FAPbI₃，造成材料质量下降，制约了甲脒铅碘的进一步应用。故而需要采取有效策略来稳定 α-FAPbI₃。西北工业大学黄维院士课题组[20] 以离子液体甲胺甲酸酯为原料，制备了垂直取向的碘化铅薄膜，薄膜中的纳米级通道降低了碘化甲脒的渗透屏障，可在较大的湿度和温度范围内实现 α-FAPbI₃ 薄膜的快速转变和合成。将其制成太阳能电池转换效率高达 24.1%。更进一步地，未封装电池分别在 85℃ 的高温及持续光照下，连续运转 500h 后仍能够保持其初始效率的 80% 和 90%。

③ CsPbI₃ 钙钛矿材料。CsPbI₃ 属于全无机钙钛矿材料，与甲胺铅碘和甲脒铅碘相比，不含易挥发的有机组分，可耐受 400℃ 高温而不发生分解，具有优异的热稳定性。目前已知存在四种 CsPbI₃ 晶相，包括室温非钙钛矿相（δ 相）和三种具有立方（α 相）、四方（β 相）以及斜方（γ 相）结构的高温钙钛矿相[21]。钙钛矿相 CsPbI₃ 的带隙宽度为 1.6～1.8eV，这使其成为构筑叠层晶硅太阳能电池的理想材料。但钙钛矿相 CsPbI₃ 存在缺陷密度相对较

高、非辐射电荷复合严重等问题，这会造成电池开路电压损失大，转换效率偏低。同时具有光活性的 $CsPbI_3$ 在环境条件下热稳定性差，会自发地转化为非光活性的 δ 相。有研究表明，在高温下经表面处理后的 β-$CsPbI_3$ 材料，其电池的光电转换效率超过 18%。Lin 等人[22]通过将 δ-$CsPbI_3$ 置于 $0.1\sim0.6GPa$ 的压力下，对其进行加热和快速冷却，得到了可在室温下保持稳定的 γ-$CsPbI_3$ 钙钛矿材料。作者利用第一性原理密度泛函理论（DFT）计算证实，压力诱导 $CsPbI_3$ 晶胞中 $[PbI_6]^{4-}$ 八面体之间发生相外和相内的倾斜，此倾斜可有效调节 δ-$CsPbI_3$ 和 γ-$CsPbI_3$ 之间的能量差，提升了 γ-$CsPbI_3$ 的室温稳定性。

（2）钙钛矿材料的特点

钙钛矿材料作为太阳能电池领域最有发展前景的材料之一，其表现出如下优点。

① 带隙宽度连续可调。钙钛矿晶体结构种类繁多，在其晶体结构中，A、B、X 位置均可迭代替换。通过组分调节，可以实现对钙钛矿材料带隙的连续调整。如在 $MAPbI_3$、$FAPbI_3$、$CsPbI_3$ 三种材料中，A 位阳离子的半径依次减小，而相应的禁带宽度逐渐增加。理论计算证实，由于尺寸效应和 FA^+ 阳离子与无机基质之间增强的氢键相互作用，改变了 Pb—I 键的共价/离子特征，进而导致从 MA^+ 的四边形结构到 FA^+ 准立方结构的演变。这种结构变化促进了 $MAPbI_3$ 和 $FAPbI_3$ 钙钛矿表现出明显不同的电子和光学性质。

② 光电转换特性好。基于泛函密度计算结果[23]，在含铅碘化物钙钛矿材料中，其导带底主要由 Pb-p 反键轨道控制，而价带顶则主要由 Pbs 和 Ip 反键轨道控制（图 5-26）。以 $MAPbI_3$ 为例，p-p 直接带隙跃迁的方式使其具有极高的光吸收系数（$10^4\sim10^5cm^{-1}$）。极

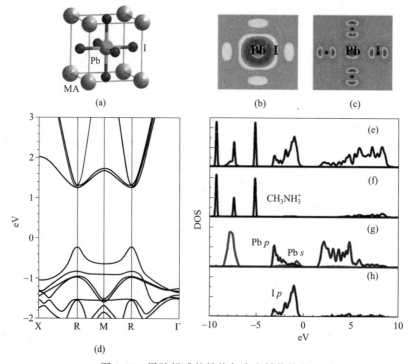

图 5-26　甲胺铅碘的结构与光电转换性能
(a) 甲胺铅碘的结构；(b)、(c) 甲胺铅碘导带底和价带顶的部分电荷密度；
(d) 甲胺铅碘的能带结构；(e) 甲胺铅碘的总差分电荷密度；(f) ～ (h) MA^+、Pb、I 的部分电荷密度
（图中零点代表导带底，Pb 的部分态密度放大了五倍，清楚地表明了 s 的轨道贡献）[23]

高的光吸收系数使 MAPbI$_3$ 材料可以在厚度极小的薄膜（$<1\mu m$）状态下充分吸收太阳光的能量。除此之外，从图中可以看到，导带底和价带顶的能带区分明显，这使其具有较小的有效电子质量（m_e^*）和空穴质量（m_h^*），从而赋予钙钛矿材料高效的载流子输运能力。上述特点使钙钛矿材料具有极好的光电特性[24]。

③ 原料丰富易于合成，生产工艺简单。首先，钙钛矿材料所需原料存量大，不含贵金属或稀有元素，原料来源丰富；其次，钙钛矿材料对缺陷和杂质不敏感，相对于硅太阳能电池对晶体硅材料 6N 的纯度要求，钙钛矿材料纯度只需达到 95％即可满足制作太阳能电池光吸收层的要求，对生产环境、生产工艺等要求低，可以显著降低生产成本；最后，使用简单的溶液涂布或蒸镀法即可得到钙钛矿太阳能电池，无需高温环境及复杂的提纯过程，生产工艺简单。

虽然钙钛矿材料具有上述优点，但同样也存在诸多不足，阻碍了其进入工业化生产的步伐。

① 钙钛矿材料最显著的缺点在于其结构稳定性差。钙钛矿属于离子晶体材料，与硅材料相比较为脆弱，其中的有机阳离子易于流失，晶体在高湿度环境下会发生分解。虽然目前在实验室中已经通过各种策略有效提升了钙钛矿材料的稳定性，但相关研究仍处于实验室研发阶段。

② 材料含有铅元素，存在潜在的环境危害。研究结果表明，Pb 元素的存在是实现钙钛矿材料高转换效率的必要条件。目前有研究用 Sn 替换 Pb，但这会导致材料带隙显著减小，光电转换效率明显降低。

③ 大面积制备钙钛矿薄膜存在问题。目前已报道的各种钙钛矿太阳能电池的效率均基于实验室研究结果，其薄膜面积基本为 $1cm^2$。由于大面积制备钙钛矿薄膜的技术仍不成熟，无法对薄膜厚度、平整度、致密性等进行精确控制，导致在实际生产中，钙钛矿电池的转换效率随面积的增大而急剧衰减。

5.6.3 钙钛矿太阳能电池的工作原理

钙钛矿太阳能电池的工作原理如图 5-27 所示，下面结合电池各个部件的能级对其原理进行说明。首先，在太阳光的照射下，钙钛矿材料吸收光子能量，其价带中的电子跃迁至导带，并在价带中产生空穴，从而形成一个电子-空穴对。电子带负电而空穴带正电，它们之间受库仑力相互吸引，空间上束缚在一起形成激子。钙钛矿材料中激子的束缚能很小，在室温下仅靠热运动即可分离形成自由载流子。分离后的自由电子注入电子传输材料 TiO$_2$，而自由空穴则注入空穴传输材料 $2,2',7,7'$-四[N,N-二(4-甲氧基苯基)氨基]-9,9'-螺二芴（Spiro-OMeTAD），最后分别经透明导电 ITO 和 Au 电极收集，传输至外电路产生光电流。

钙钛矿材料较低的激子束缚能使光生激子在分离过程中的能量损失极小，从而在一定程度上提高了电池的能量转换效率。除此之外，钙钛矿材料优异的光吸收特性，可以对太阳光在较宽光谱范围内

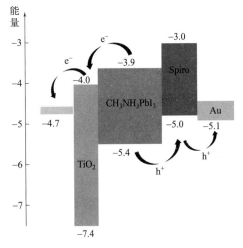

图 5-27　钙钛矿太阳能电池的工作原理

进行高效吸收。这使得钙钛矿薄膜可以做得非常薄，从而节省材料，降低成本。同时，钙钛矿吸收层具有双极载流子传输特性，且钙钛矿载流子迁移速率快，这会抑制光生载流子在传输过程中复合的概率。载流子较长的扩散距离使其极易到达钙钛矿与传输层的界面被抽取转移，从而产生较高的光电流。

5.6.4 钙钛矿太阳能电池的结构

钙钛矿太阳能电池是使用钙钛矿材料作为活性层的太阳能电池，其结构主要可以分为平面异质结构和介孔支架结构两种，如图 5-28 所示。平面异质结构的钙钛矿太阳能电池一般具有较高的填充因子和开路电压，但薄膜形貌不可控，器件性能重复性较差。而介孔支架结构的钙钛矿太阳能电池由于钙钛矿材料的生长受介孔层限制，因而形貌重复率较高。由于空穴传输材料也会填充到多孔层中，导致此结构电池的开路电压相对较低。

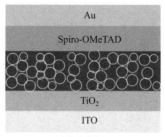

平面异质型　　　　　　　　　　　　介孔支架型

图 5-28 平面异质型和介孔支架型钙钛矿太阳能电池的结构

介孔支架结构钙钛矿太阳能电池发展最早、光电转换效率最高。以常见的 $CH_3NH_3PbI_3$ 介孔型钙钛矿太阳能电池为例。其一般使用 Au 做金属电极，Spiro-OMeTAD 为空穴传输层，MAPbI$_3$ 为活性层，介孔 TiO$_2$ 充当钙钛矿材料附着的骨架作为电子传输层，而透明 ITO 基板则作为其他材料的载体，也起着光线透过及收集光电子的作用。

在钙钛矿太阳能电池中，电子传输层通常使用可与钙钛矿材料能级型匹配的，具有较大电子亲和能的 n 型氧化物半导体，如 TiO$_2$、ZnO、SnO$_2$ 等。

空穴传输层的选择则需要满足如下条件。

① 可与钙钛矿层形成紧密接触，提高器件的填充因子。

② 具有较高的电导率。

③ 最高占据分子轨道（HOMO）需要高于钙钛矿材料的价带能级，使空穴从钙钛矿层注入空穴传输层满足热力学条件。目前最常用的 Spiro-OMeTAD 价格极其昂贵，已开发的空穴传输材料包括 CuI、CuSCN、PTAA 等。Grätzel 等[24] 将 PTAA 引入钙钛矿太阳能电池中作为空穴传输材料，实现了 16.2% 光电转化效率。

按照载流子的传输方向的不同，钙钛矿太阳能电池又可分为 n-i-p 正式结构、p-i-n 反式结构以及无电荷传输层（charge transport layer-free）CTL-free 结构（图 5-29）[25]。入射光线通过透明电极先进入电子传输层的结构属于正式结构，基于电子传输层的形貌又可将正式结构进一步细分为具有介孔电子传输层介观结构、具有致密薄膜电子传输层的平面结构和具有一维电子传输层的三维结构。入射光线先进入空穴传输层的则属于反式结构，其也可进一步细分为平面结构和介观结构两种。但制造高性能一维空穴传输材料的难度较大，对于反式三维结构的研究极少。目前正式和反式结构钙钛矿太阳能电池的光电转换效率均已超过

25%。除此之外，CTL-free 结构由于不使用价格昂贵且制造工艺复杂的电荷传输层，可以更好地平衡制造成本和发电效率，成为目前钙钛矿太阳能电池的研究的热点之一。

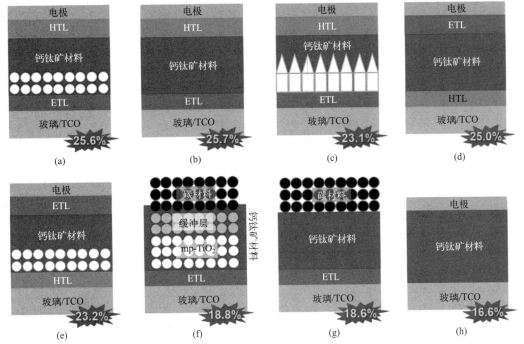

图 5-29　不同钙钛矿太阳能电池结构及其光电转换效率
(a) 介观 n-i-p 结构；(b) 平面 n-i-p 结构；(c) 三维 n-i-p 结构；
(d) 平面 p-i-n 结构；(e) 介观 p-i-n 结构；(f) 无空穴传输层介观结构；
(g) 无空穴传输层平面结构；(h) 无电荷传输层结构[25]

5.6.5　钙钛矿基叠层太阳能电池

基于热力学第二定律和肖克利-奎伊瑟极限，在理想状态下，单节 PN 结太阳能电池所能达到的理论能量转换效率存在极限。这是因为单一材料具有特定的带隙，致使其不能吸收能量大于禁带宽度的入射光子，入射光子能量小于禁带宽度则无法完成电子跃迁。为了解决这一问题，叠层结构太阳能电池应运而生。

叠层太阳能电池（tandem solar cells，TSC）具有堆叠或串联连接的两个或多个具有不同带隙的子单元。在叠层结构中，顶部单元具有最宽的带隙，每个后续单元的带隙比前一个单元窄。因此，高能光子被顶部子单元吸收，低能光子被传输至后续具有较低带隙的单元吸收。这个过程能够最大限度地将光子能量转化为电能，从而显著提高对太阳光谱的利用率。从联结形式上，叠层太阳能电池可分为两种常见形式。其一是简单联结电池。通过机械堆叠将两个或多个独立的太阳能电池片联结在一起。这种形式结构简单，常用于初步研究。其二是单片集成电池。在单个衬底上依次制备出不同材质的 PN 结结构，一体构筑单片两极（two-terminal，2T）或四极（four-terminal，4T）器件。此结构包含最少的功能层和辅助元件，例如透明导电涂层、衬底等，因此具有最低的成本及光学和串联电阻损失。但单片集成电池的制造工艺相对复杂，需要考虑各材料之间的电流匹配、界面层开发设计、制造工艺兼容性等问题。

据理论计算[26]，在太阳光照度为 AM1 时，具有两个和三个单元的叠层太阳能电池，其转换效率分别可达到 42% 和 49%。当堆叠的子单元数量足够多时，堆叠太阳能电池的理想转换效率可达到 68%。但不同类型的太阳能电池片具有不同的热膨胀系数和热导率，堆叠子单元过多会导致叠层电池的制造工艺过于复杂而难以大规模生产。如Ⅲ-Ⅴ族化合物半导体与晶体硅之间存在热膨胀系数差异及晶格畸变，导致两者构筑的堆叠太阳能电池存在界面不匹配[27]。

从 5.6.2 小节中已知，钙钛矿材料具有连续可调的禁带宽度，这使其成为构筑叠层太阳能电池的最佳材料。目前利用钙钛矿材料作为光吸收层构筑的叠层太阳能电池，按其组成材料的不同，主要可以分为钙钛矿-晶体硅型、钙钛矿-铜铟镓硒型和钙钛矿-钙钛矿型三种。

（1）钙钛矿-晶体硅型叠层太阳能电池

钙钛矿-晶体硅型叠层太阳能电池是以钙钛矿材料作为顶部宽带隙材料，晶体硅作为底部窄带隙材料串联在一起的叠层电池。Zhou 等人[28] 使用低温溶液处理法，通过调整电子传输层的光电性质以及优化钙钛矿吸收层的带隙和光密度，构建了高效率的钙钛矿/Si 单片叠层电池。在优化条件下，该叠层电池的功率转换效率（PCE）为 22.22%。在 200s 的光照下，以 1.42V 的电压稳定输出时，其光电转换效率达到 20.6%。此外，该叠层电池在测试 500h 后仍可保持其原始效率的 85% 以上。在 2023 年，Zheng 等人[29] 使用前结硅异质结（front-junction silicon heterojunction，SHJ）作为底层电池，超薄钢锡氧化物（ITO）为中间层，钙钛矿为吸收层制作出钙钛矿-晶体硅型堆叠太阳能电池，实现了 27.2% 的功率转换效率和 82.4% 的填充因子。该填充因子是目前所报道钙钛矿-硅堆叠电池中的最高值。通过相关表征测试作者认为，纳米 ITO 层可以在晶体硅与钙钛矿子单元之间提供最小的寄生电阻和适宜的缺陷态以抑制载流子复合。更进一步地，作者进行了放大实验，分别制作了面积为 11.8 cm² 和 65.1cm² 的实物电池，其效率分别高达 24.2% 和 21.1%。该电池在 AM1 的条件下连续光照 600h 后几乎没有效率损失。

（2）钙钛矿-铜烟镓硒型叠层太阳能电池

铜铟镓硒（CIGS）是一种直接带隙半导体材料，可见光吸收系数为 $10^5 cm^{-1}$。通过调节 Ga 元素的含量，可以使 CIGS 的禁带宽度在 $1.04 \sim 1.67eV$ 的范围内变化。同时具有光电转换效率高、稳定性好、不存在光致衰退效应、弱光性好等优点，被认为是新一代薄膜太阳能电池的首选材料。由于 CIGS 与 CdS 的电子亲和势相差很小，两者的界面上存在连续的能带，这有利于光生载流子的输运。同时 CIGS 和 CdS 可以形成很好的晶格匹配，其异质结的晶格失配率不到 2%，这样可以减少两者界面上的态密度，从而降低界面态导致的载流子复合损失。这种晶格匹配特点同样可以在 CIGS/CdS 异质结中实现。除此之外，CIGS 作为吸收层时，厚度可以做到 $2\mu m$。当有载流子注入时，会产生辐射复合过程，辐射产生的光子可以被再次吸收，表现出光子再循环效应。

以 CIGS 材料作为底层单元，钙钛矿材料为顶层单元构筑叠层电池可以同时利用两者的优势，提升电池的光电转换效率。Todorov 等人[30] 在降低铜烟镓硒材料带隙的基础上，基于气相卤素交换反应对钙钛矿材料的带隙进行精准调控，构筑了结构为"透明导电电极/苯基-C61-丁酸甲酯/钙钛矿/聚（3,4-亚乙基二氧基噻吩）/ITO/CdS/CIGS/Mo/Si_3N_4/玻璃基板"的钙钛矿-铜烟镓硒叠层电池。该电池的初始效率为 10.9%，进一步优化顶层堆叠形式降低寄生电阻后，将效率提升至 15.9%，并预计通过整体优化的方式可以将效率进一步提升至 25%。Paetzold 等人[31] 则通过系统地优化抗反射层以及顶层钙钛矿材料，制备出转换效率高达 27.3% 的 4T 钙钛矿-铜烟镓硒叠层太阳能电池。作者认为，通过引入抗反射涂层 MgF_2 及使用低寄生电阻的铟掺杂氧化锌（IZO）和氢化氧化铟（IO：H）可以明显降低光损耗，这对提升电池转换效率至关重要。

（3）钙钛矿-钙钛矿型叠层太阳能电池

和晶体硅-钙钛矿叠层太阳能电池相比，全钙钛矿叠层电池以钙钛矿材料作为顶层和底层单元，可以使用相同的制备工艺，因而具有较低的材料及制造成本等额外优势。Heo 等人[32] 使用 $MAPbBr_3$ 和 $MAPbI_3$ 作为宽带隙（2.30eV）和窄带隙（1.55eV）吸收层，制作出的全钙钛矿叠层电池效率为 10.8%，开路电压高达 2.2V。南京大学谭海仁教授课题组[33] 在 2019 年使用金属锡通过共反应将 Sn^{4+} 还原为 Sn^{2+}，成功减少了 Pb-Sn 窄带隙钙钛矿材料中的 Sn 空位，有效降低了钙钛矿薄膜的缺陷态密度，提升了载流子的扩散长度。在小尺寸（0.049cm^2）和大尺寸（1.05cm^2）电池中分别实现了 24.8% 和 22.1% 的转换效率。全光谱照射下在最大功率点运行 463 个 h 之后，该叠层电池仍可保持初始性能的 90%。2022 年，其团队[34] 使用 4-三氟甲基苯胺阳离子（CF3-PA）作为窄带隙钙钛矿的钝化分子来钝化窄带隙钙钛矿晶粒的表面缺陷。利用超快光谱表征和理论计算证实钙钛矿多晶薄膜的晶粒表面被钝化后，载流子扩散长度从 $1.8\mu m$ 增加至 $5.4\mu m$。通过采用更厚的窄带隙吸光层，成功将全钙钛矿叠层电池的短路电流密度提升到 16.5mA/cm^2 以上，其稳态光电转换效率高达 26.4%，是目前叠层电池的世界纪录，代表着光伏领域全球最前沿的创新水平。

思考题

1. 简述太阳能电池的分类及其特点。
2. 晶体硅太阳能电池的工作原理是什么？
3. 简述制备单晶硅和多晶硅的工艺流程。
4. 太阳能电池的基本结构是什么？
5. 论述太阳能电池的性能影响因素。
6. 简述钙钛矿太阳能电池的特点。

参考文献

[1] 吴其胜，张霞，戴振华. 新能源材料[M]. 2 版. 上海：华东理工大学出版社，2017：136.
[2] 《新能源材料科学与技术》编委会. 新能源材料科学与技术[M]. 北京：科学出版社，2016：16-18.
[3] Li X，Zhu H，Wang K，et al. Graphene-on-silicon Schottky junction solar cells[J]. Advanced materials，2010，22(25)：2743-2748.
[4] Yoshikawa K，Kawasaki H，Yoshida W，et al. Silicon heterojunction solar cell with interdigitated back contacts for a photoconversion efficiency over 26%[J]. Nature energy，2017，2(5)：1-8.

[5] Geisz J F，France R M，Schulte K L，et al. Six-junction Ⅲ-Ⅴ solar cells with 47.1% conversion efficiency under 143 Suns concentration[J]. Nature energy，2020，5(4)：326-335.

[6] 郝华丽，刘文富. 太阳能电池效率的影响因素分析[J]. 现代电子技术，2015，38(12)：156-158.

[7] 郝洪荣. 温度对光伏组件光电转换效率的影响[J]. 冶金管理，2020(1)：2.

[8] 李永青. 硅烷法制备多晶硅工艺的探讨[J]. 河南化工，2010，27(10)：28-30.

[9] 王新刚. 太阳能级多晶硅生产技术研究现状及展望[J]. 化工技术与开发，2012，41(9)：27-33.

[10] Sreejith S，Ajayan J，Sreedhar K，et al. Comprehensive Review on Thin Film Amorphous Silicon Solar Cells[J]. Silicon，2022，14：8277-8293.

[11] Kojima A，Teshima K，Shirai Y，et al. Organometal Halide Perovskites as Visible-Light Sensitizers for Photovoltaic Cells[J]. Journal of the American Chemical Society，2009，131(17)：6050-6051.

[12] Kim H S，Lee C R，Im J H，et al. Lead iodide perovskite sensitized all-solid-state submicron thin film mesoscopic solar cell with efficiency exceeding 9%[J]. Scientific reports，2012，2(1)：591.

[13] Liu M，Johnston M B，Snaith H J. Efficient planar heterojunction perovskite solar cells by vapour deposition[J]. Nature，2013，501(7467)：395-398.

[14] Zhang L，Mei L，Wang K，et al. Advances in the application of perovskite materials[J]. Nano-Micro Letters，2023，15(1)：177.

[15] Zhou Y，Zhao Y. Chemical stability and instability of inorganic halide perovskites[J]. Energy & environmental science，2019，12(5)：1495-1511.

[16] Liu D，Li Q，Hu J，et al. Predicted photovoltaic performance of lead-based hybrid perovskites under the influence of a mixed-cation approach：theoretical insights[J]. Journal of Materials Chemistry C，2019，7(2)：371-379.

[17] Jeon N，Noh J，Kim Y，et al. Solvent engineering for high-performance inorganic-organic hybrid perovskite solar cells[J]. Nature Materials，2014，13(9)：897-903.

[18] Niu Y J，He D C，Zhang Z G，et al. Improved crystallinity and self-healing effects in perovskite solar cells via functional incorporation of polyvinylpyrrolidone[J]. Journal of Energy Chemistry，2022，62：12-18.

[19] Jeong J，Kim M，Seo J，et al. Pseudo-halide anion engineering for α-FAPbI$_3$ perovskite solar cells[J]. Nature，2021，592(7854)：381-385.

[20] Hui W，Chao L，Lu H，et al. Stabilizing black-phase formamidinium perovskite formation at room temperature and high humidity[J]. Science，2021，371(6536)：1359-1364.

[21] Wang Y，Dar M I，Ono L K，et al. Thermodynamically stabilized β-CsPbI$_3$-based perovskite solar cells with efficiencies >18%[J]. Science，2019，365：591-595.

[22] Ke F，Wang C，Jia C，et al. Preserving a robust CsPbI$_3$ perovskite phase via pressure-directed octahedral tilt[J]. Nature communications，2021，12(1)：461.

[23] Yin W J，Shi T，Yan Y. Unusual defect physics in CH$_3$NH$_3$PbI$_3$ perovskite solar cell absorber[J]. Applied Physics Letters，2014，104(6)：063903.

[24] Calió L，Kazim S，Grätzel M，et al. Hole-transport materials for perovskite solar cells[J]. Angewandte Chemie International Edition，2016，55(47)：14522-14545.

[25] Zhang L，Mei L，Wang K，et al. Advances in the application of perovskite materials[J]. Nano-Micro Letters，2023，15(1)：177.

[26] Zhang Z，Li Z，Meng L，et al. Perovskite-Based tandem solar cells：get the most out of the sun[J]. Advanced Functional Materials，2020，30(38)：2001904.

[27] Cariou R，Benick J，Beutel P，et al. Monolithic two-terminal Ⅲ－Ⅴ//Si triple-junction solar cells with 30.2% efficiency under 1-sun AM1.5G[J]. IEEE Journal of Photovoltaics，2016，7(1)：367-373.

[28] Qiu Z，Xu Z，Li N，et al. Monolithic perovskite/Si tandem solar cells exceeding 22% efficiency via optimizing top cell absorber[J]. Nano Energy，2018，53：798-807.

[29] Zheng J，Duan W，Guo Y，et al. Efficient monolithic perovskite－Si tandem solar cells enabled by an ultra-thin indium tin oxide interlayer[J]. Energy & Environmental Science，2023，16(3)：1223-1233.

[30] Todorov T，Gershon T，Gunawan O，et al. Monolithic perovskite-CIGS tandem solar cells via in situ band gap engineering[J]. Advanced Energy Materials，2015，5(23)：1500799.

[31] Feeney T，Hossain I M，Gharibzadeh S，et al. Four-Terminal Perovskite/Copper Indium Gallium Selenide Tandem Solar Cells：Unveiling the Path to＞27% in Power Conversion Efficiency[J]. Solar RRL，2022，6(12)：2200662.

[32] Heo J H，Im S H. $CH_3NH_3PbBr_3$-$CH_3NH_3PbI_3$ perovskite － perovskite tandem solar cells with exceeding 2.2V open circuit voltage[J]. Advanced Materials，2016，28(25)：5121-5125.

[33] Lin R，Xiao K，Qin Z，et al. Monolithic all-perovskite tandem solar cells with 24.8% efficiency exploiting comproportionation to suppress Sn(ii) oxidation in precursor ink[J]. Nature Energy，2019，4(10)：864-873.

[34] Lin R，Xu J，Wei M，et al. All-perovskite tandem solar cells with improved grain surface passivation [J]. Nature，2022，603(7899)：73-78.

第 6 章

超级电容器

6.1 概述

6.1.1 超级电容器的发展历史

目前，二次电池和超级电容器（又称超级电容）作为主要的电化学储能装置，在能源存储领域扮演着重要角色。尽管二次电池在储能技术方面已有多年的发展，但其存在功率密度较低、有机电解质易燃、充电时间长等诸多缺点，制约了其进一步的发展和应用。传统电容器虽然具备较高的功率密度，但其低比电容和能量密度限制了其满足移动式能量储存需求的能力。超级电容器作为一种全新的储能装置，结合了传统电容器和二次电池的优点，在储能领域具有巨大的应用潜力。其独特的储能机制带来诸多优势，如高功率密度、瞬间释放大电流、快速充放电、高库仑效率以及长循环寿命。

近年来，针对超级电容器的研究引起了学术界和工业界的广泛兴趣。此外，各国政府对于新能源的研发和生产也越发重视，出台了多项支持新能源发展的政策，进一步推动了超级电容器在各领域的快速发展。超级电容器作为一种介于传统电容器和电池之间的新型绿色储能器件，其结构类似于电池，主要包括集流体、电解液、隔膜、电极材料以及封装材料。封装材料通常采用硬包装的铝壳或软包装的铝塑膜，隔膜的作用在于隔离正、负电极，防止电极短路。电解液在正、负极之间起着输送和传导电流的作用，影响着超级电容器的充放电特性、能量密度、安全性等。电极材料则由活性物质、导电剂和黏结剂按一定比例混合而成，其中活性物质在整个电容器中扮演至关重要的角色，其性能直接影响整个器件的储能能力。因此，大部分研究集中在提升活性物质性能方面。

电容器的历史可以追溯到 1746 年，当时荷兰莱顿大学教授 Pieter Van Musschenbroek 发明了第一个电容器，称为莱顿瓶（Leyden jar），它使用玻璃瓶包裹带有金属箔的内外壁作为两极，能够存储少量电荷。莱顿瓶的发明标志着电容器储能的开端。随后，各种电容器不断涌现，如 1874 年德国 Bauer 使用天然云母作为绝缘介质，构建了云母电容器；1876 年英国 Fitzgerald 使用浸渍蜡或油的纸张制作了纸介电容器；1900 年意大利 Lombardi 基于前人研究，发明了陶瓷介质电容器。在此过程中，德国物理学家 Helmholtz 于 1879 年首次研究了电容器的电荷存储机制，揭示了电化学界面的双电层电容性质，奠定了电容器研究的理论基础。

20 世纪中叶，石油化工的快速发展推动了聚酯纤维材料的问世，这种材料可以制造出几微米厚度的薄膜，例如聚酯薄膜和聚丙烯薄膜，为有机薄膜电容器的发展铺平了道路。为了减小电容器的体积，除了减小介质层厚度外，还可以通过在薄膜上涂覆金属化电极来降低电极厚度，从而产生金属化膜电容器。

在 20 世纪 70 年代，军事武器的竞争日益激烈，激光武器概念的出现刺激了对强大电能的需求。而传统的二次蓄电池因功率密度较低难以满足高功率输出的需求，因此超级电容器应运而生。

到了 20 世纪 90 年代，原材料成本下降、关键技术被突破，推动了大容量、高功率型超级电容器逐渐走向商业化应用。随后，基于不同电极材料、电解液和储能机制的锂离子电容器、钠离子电容器、钾离子电容器相继问世。

我国在 20 世纪 80 年代初开始着手超级电容器的研究工作。目前，国内生产厂家主要生产双电层电容器，这些生产厂家集中在辽宁、湖南、江苏、天津等地。国内厂商的研究重点通常集中在大功率应用产品的开发上。根据不完全统计数据，国产超级电容器在中国市场的份额已经达到了约 70%。国内一些高等院校，如西安交通大学、西北工业大学、中南大学、四川大学、大连理工大学等，也积极参与了超级电容器电极材料、电解液、封装工艺等方面的研究和开发工作。

6.1.2 超级电容器的特点

超级电容器概括为以下 6 大优点。

① 电容量高　表 6-1 是目前常见的储能器件的性能比较。由表 6-1 可知，超级电容器是一种同时具有二次电池和传统电容器的诸多优点的储能器件。超级电容器具有电容量高的特点，相比于同体积的传统电容器容量，超级电容器的容量最高可达到上千法拉。超级电容器充放电过程的储能机理可分为两种：一种情况是双电层物理过程，即充放电过程只有离子或电荷的转移，没有发生化学或电化学反应而引发电极相变；另外一种情况是电化学反应过程，这种反应过程具有良好的可逆性，不容易出现活性物质的晶型转变、脱落等影响使用寿命的现象。无论发生的是上述哪种过程，超级电容器的电容量衰减很少，循环使用次数可达数十万次，是可充电电池循环使用寿命的 5～20 倍。

② 充电时间短　超级电容器具有采用大电流进行充电的能力，能够在几秒到几分钟的时间内快速充满，而蓄电池即使是大电流快速充电也需要几十分钟的时间，并且经常快速充电会影响蓄电池使用寿命。

③ 高功率密度和高能量密度　超级电容器在提供 1000～2000W/kg 功率密度的同时，还可以输出 1～10Wh/kg 的能量密度。因此，超级电容器适合应用在短时高功率输出的场合。超级电容器与蓄电池系统混合使用能形成一种既具有高功率密度又具有高能量密度的储能系统，目前也成为一种热门研究方向。

④ 工作温度范围宽　与一般电池工作温度（-20～60℃）相比，超级电容器可以在工作温度范围为 -40～70℃时正常工作，超级电容器随着温度的下降发生的容量衰减小，具有优异的低温工作能力，且漏电电流极小，能量储存寿命长，超级电容器充电后，在储存电能的过程中不会发生电化学反应，只存在微弱的漏电电流，同时超级电容器具有很长的自身寿命和循环寿命，即使几年不用仍可保留原有的性能指标。

⑤ 安全性高　超级电容器使用过程中基本免维护，而且所使用的电极材料安全无毒，对环境污染小，是新型的绿色环保储能装置。

⑥ 耐高压、容量大　超级电容器组件进行串联或并联后可以组装成耐高压、容量大的超级电容器，满足不同领域电子器件的需求。

表 6-1　三种常见储能器件的性能对比

性能	传统电容器	超级电容器	二次电池
放电时间	$10^{-6} \sim 10^{-3} \, s$	$1 \sim 30s$	$0.3 \sim 3h$
充电时间	$10^{-6} \sim 10^{-3} \, s$	$1 \sim 30s$	$1 \sim 5h$
能量密度	$<0.1 Wh/kg$	$1 \sim 10 Wh/kg$	$20 \sim 180 Wh/kg$
功率密度	$>10^4 W/kg$	$1000 \sim 2000 W/kg$	$50 \sim 300 W/kg$
循环寿命	$>10^6$ 次	$>10^5$ 次	$500 \sim 2000$ 次

　　尽管超级电容器有着多方面的优点，也有一些缺点阻碍着超级电容器的进一步发展和应用。首先，超级电容器单体的工作电压低，水系电解液超级电容器单体的工作电压一般为 $0 \sim 1.0V$。实际应用中，超级电容器的高输出电压是通过多个单体电容器串联实现的，并且要求串联电容器单体具有很好的一致性。其次，虽然非水系电解液超级电容器的工作电压可以达到 $3.5V$，但是在实际的使用过程中电压最高只有 $3.0V$，且非水系电解质的纯度要求较高，需要在真空、水含量极低的组装环境下进行生产制备。最后，在组装过程中，如果部件位置出现轻微变动，则较容易引起电解质的泄漏问题，会严重影响超级电容器的结构和性能。在实际使用方面，超级电容器一般都是在直流的条件下使用，不适合应用在交流的条件下，从成本方面来考虑，超级电容器的使用成本要远远高于普通的静电电容器。

　　为了便于对超级电容器的性能进行描述，有以下几种常见指标。

　　① 额定容量　是指在规定的恒定电流下（比如容量为 1000 法拉以上的超级电容器规定的充电电流为 100A，容量为 200 法拉以下的充电电流为 3 A），充电到额定电压之后保持 $2 \sim 3min$，在规定的恒定电流放电条件下放电到端电压为零所需的时间与电流的乘积再除以额定电压值，单位为法拉（F）。

　　② 额定电压　是超级电容器在正常工作条件下可以承受的最大电压值。超级电容器的额定电压范围较宽，不同型号的超级电容器具有不同的额定电压，从几伏特到几千伏特不等。超级电容器的额定电压决定了它在电路中的使用范围和安全性能。当使用电压超过超级电容器的额定电压时会导致器件损坏甚至发生短路、爆炸等危险情况。

　　③ 最大存储能量　是指在额定电压下，放电到 0 所释放的能量，单位为焦耳（J）或者瓦时（Wh）。

　　④ 能量密度　又称为比能量，对于超级电容器而言是指单位质量或者单位体积的电容器所能给出的能量，其单位为（Wh/kg）或者（Wh/L）。

　　⑤ 功率密度　又称为比功率，是指单位质量或者单位体积的超级电容器在一定的负荷下所能产生的电/热效应各半时的放电功率，功率密度是衡量超级电容器性能的重要参数之一，它决定了设备在短时间内存储或释放能量的能力。单位为（kW/kg）或者（kW/L）。

　　⑥ 等效串联电阻　该电阻的值与超级电容器的电解液、电极材料、制作工艺等因素有密切关联。通常情况下，交流等效串联电阻比直流等效串联电阻小，并且随着温度的升高电阻值减小，其单位为欧姆（Ω）。

　　⑦ 漏电流　对于超级电容器而言，当外电路无负载时，即电容器保持静态的储能状态时，由于内部等效并联电阻导的静态能量损耗，通常为在外加额定电压72h之后所测得的电流，单位为安培（A）。

　　⑧ 使用寿命　国标规定，超级电容器的使用寿命是指实际容量低于额定容量的 20% 或者是等效串联电阻增大到额定值的 1.5 倍时的时间长度。

⑨ 循环寿命　是指可以进行多少次充放电循环而不损坏。超级电容器经历一次充电和放电，称为一次循环。与电池相比，超级电容器的循环寿命很长，可以达到十万次以上。

以上这些性能指标帮助我们了解超级电容器在不同应用场景中的适用性和性能表现。

6.1.3　超级电容器的分类

根据储能原理的不同，超级电容器可分为三类：双电层超级电容器、赝电容器和混合型超级电容器。

（1）双电层超级电容器

双电层超级电容器是一种利用电极和电解液之间的界面形成双电层结构来储存能量的器件。相较于传统电容器，双电层超级电容器采用了创新的材料，如活性炭电极和碳气凝胶电极，这些电极材料具有极高的比表面积。当电容器的电极与电解液相互接触时，分子间作用力、库仑力或原子间力等相互作用力导致电解液和电极界面形成稳定、带有相反电性的双电荷层，这被称为界面双电层。

双电层超级电容器的特点包括高能量密度、高功率密度、长循环寿命以及快速充放电。这使得它们在需要瞬间释放大电流、充电速度快且循环寿命长的应用中备受青睐。

（2）赝电容器

赝电容器，也被称为法拉第准电容器，是处于传统电容器和二次电池之间的一种中间状态。它是通过电极表面或电极内部的电活性物质进行欠电位沉积，高度可逆的化学吸附、脱附或氧化还原反应来储存电能的器件。赝电容不仅在电极表面产生，还可以在整个电极内部形成，因此可以获得比双电层电容器更高的电容量和能量密度。在相同电极面积下，赝电容的电容量可以达到双电层电容的 $10\sim100$ 倍。赝电容型超级电容器通常采用金属氧化物电极材料和聚合物电极材料，根据储能原理可以分为吸附赝电容和氧化还原赝电容。

（3）混合型超级电容器

混合型超级电容器由不同类型的电极材料组成，包括同时具有双电层电容和赝电容特征的电极、电池电极与超级电容器电极的组合，以及超级电容器的阴极和静电电容器的阳极组合等。混合型超级电容器的两个部分通常分别采用具有高能量密度的活性物质和高功率密度的电容型材料制成，因此兼具了电容器和电池的优点。

这些分类将超级电容器按照其储能原理和构成进行了划分，为不同应用场景和研究提供了更多的选择。它们的独特性能和特点使超级电容器在多领域的应用中具备了广泛的潜力，有望在未来的能源储存和转换领域发挥重要作用。

6.1.4　超级电容器的应用前景

对于超级电容器，其比容量为传统电容器的 $20\sim200$ 倍，比功率一般大于 1000W/kg。循环寿命和可以存储的能量要比传统电容高，同时充电速度快。由于其使用寿命非常长，所以一般被应用于终端产品的整个服役周期。超级电容器由于其具有高功率密度、充电速度快和可靠性高等优点，得到了广泛研究和应用。超级电容器的应用已经逐渐成熟，从小容量的应急储能到大规模的电力储能，单独储能到蓄电池或燃料电池的混合储能系统，超级电容器都表现出非常独特的优越性。超级电容器主要应用在轨道交通、可再生能源、电力系统等领域。

① 轨道交通领域　超级电容器在轨道交通领域扮演着重要的角色。现代有轨电车采用超级电容器作为主要动力来源，不再需要接触电网，具备在车辆停站时快速完成充电的能力，从而提高了交通系统的效率和环保性。另外，在地铁系统中，制动能量回收装置采用超级电容器来储存制动时产生的能量，这不仅能够减少能源浪费，还对城市轨道交通的节能减排产生积极影响。

② 可再生能源领域　超级电容器在可再生能源领域也具备广泛的应用前景。太阳能和风能等可再生能源具有波动性和随机性，超级电容器能够作为微电网中的能量缓冲器，平滑这些能源的波动，提供备用能量，从而改善电力品质，增强系统的可靠性，这对于实现可再生能源的高效利用至关重要。

③ 电力系统领域　超级电容器在电力系统中的应用也备受瞩目。它们可以用于治理电力系统中的谐波污染，提高电源质量，确保用电的安全和可靠性。超级电容器的快速响应能力使其成为电力系统中的优秀电能贮存装置，有望在未来更广泛地应用于电力调度和电网稳定性提升方面。

④ 汽车动力电池领域　近年来，超级电容器在汽车动力电池领域的应用也引起广泛关注。相较于传统的动力电池，超级电容器具有更实惠的价格、免维护的特性以及长达 10万～50 万次的充放电循环寿命。它们被广泛应用于混合动力和电动汽车中，特别适用于回收制动能量并提供瞬时高功率输出。这些特性使得超级电容器有望成为未来汽车动力电池的主流。

随着近年来超级电容器在电动汽车上的应用，其市场也变得越来越广阔。目前的汽车动力电池市场主要由以下四种电池系统组成：铅酸电池，多用于电动自行车；金属氧化物镍电池，价格昂贵，续航短，在电动汽车领域缺乏应用前景；磷酸铁锂电池，价格较贵，已经在电动汽车上使用，一次充电可行驶 100～120km，需要起动汽油机的混合动力来延长里程，低温下的容量衰减严重；超级电容动力电池，价格便宜，免维护，拥有 10 万～50 万次的充放电循环寿命，有望成为将来动力电池的主流。由高纯钛酸钡制造的超级电容器与金属氧化物镍电池/磷酸铁锂动力电池相比，具有能量密度高、电能利用率高、安全、成本低廉等优势。美国能源部早在 20 世纪 90 年代就在《商业日报》上发表声明，强烈建议发展电容器技术，并使这项技术应用于电动汽车上。当时，加利福尼亚州已经颁布了零排放汽车的近期规划，而这些使用电容器的电动汽车则被普遍认为是正好符合该标准的汽车。电容器就是实现电动汽车实用化最具潜力、最有效的一项技术。美国能源部的声明使得 Maxwell Technologies 等公司开始进入电化学电容器这一技术领域。时间飞逝，技术的进步为电化学电容器在混合动力车中回收可再生制动能量的应用铺平了道路。现在，这些混合动力车已经逐步应用在城市公交车系统中。

6.2　超级电容器的工作原理

6.2.1　双电层电容存储机理

1879 年，Helmholtz 首次提出双电层的概念和模型，所以双电层又被称为 Helmholtz 层。他认为，在一定电压下，由于静电引力的作用，会使电极界面吸附一层与电极带有相反电荷且电荷数量相等的电荷层，由于只考虑了静电引力的作用，模型过于简单，无法解释多数实际问题。随后，Gouy 和 Chapman 对 Helmholtz 模型进行了修正，提出了 Gouy-Chapman 模型，引入了扩散层的概念，使之更接近于真实情况，但是该模型算出的电容值比实际电容值偏大，无法解释高度充电的情况。之后，Stern 对上述两个模型进行改善，提出了一种广为人知的 Stern 模型，引入了致密层（Stern 层），包括内层的 Helmholtz 层（IHP）和外层的 Helmholtz 层（OHP）。

后来，经过科研工作者的探索，总结双电层电容器的储能原理，如图 6-1 所示，在负荷状态下，电容器内电极材料表面的电荷呈现为无序状态排列。当进行充电时，正负电荷分别在电极和电解液界面有序排列，进行电荷的存储，由于电场力的作用使得电解液中的阴、阳离子分别向正、负两极移动，在电极/电解液界面处形成双电层，产生电势差；当进行放电时，电极上的电子通过负载流动形成电流，电极表面的正负离子也回到电解液中，电极附近的离子重新回到溶液中处于分散状态，而电子通过外电路流入负载实现放电过程。所以，双电

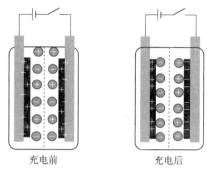

充电前　　　　　充电后

图 6-1　双电层电容器的工作原理

层电容器通过电极/电解液界面的静电引力实现能量的储存和释放，整个过程不涉及氧化还原反应，是一个纯物理吸/脱附过程，在此过程中电极材料没有发生相变，具有较高的导电性和循环可逆性能。双电层电容计算公式如下：

$$C = \varepsilon_\gamma \varepsilon_0 A / d \tag{6-1}$$

式中，C 为比电容；d 为双电层的有效厚度；A 为电极的比表面积；ε_γ 为电解液介电常数；ε_0 为真空介电常数。从式（6-1）中可以看出双电层电容与比表面积成正比，与厚度成反比，因此，双电层电极材料的孔径、结构、比表面积是影响电容的关键因素。

在强电解质中，双电层电容器的工作原理确实与电极材料的比表面积密切相关。这是因为在双电层电容器中，电荷储存是通过在电极表面形成电荷分离的双电层来实现的。这个双电层通常由正电荷和负电荷分离的区域组成，它们位于电极表面附近的电解质-电极界面上。电极材料的比表面积决定了可用于电荷分离和储存的表面积。因此，较大的比表面积意味着可以储存更多的电荷，从而提高了电容器的电容值。通常情况下，为了确保形成稳定的双电层，工程师们选择使用导电性较好的多孔碳材料作为电极材料。这些多孔碳材料具有高的比表面积，因为它们的表面包含许多微小的孔隙和缺陷，这些孔隙提供了大量的表面积用于电荷分离和储存。此外，多孔碳材料的电导率高，这意味着电荷在电极材料内部的传输速度非常快，确保了高功率密度和高可逆性。

6.2.2　赝电容器的工作原理

在超级电容器的发展进程中，法拉第准电容通常称为准电容，是另一种备受关注的重要电容器。准电容的概念是由电化学专家 J. B. Goodenough 和 K. M. Abraham 于 1997 年首次提出的。它与双电层电容器同时发展，提供了另一种储能机制，可以进一步增加超级电容器的能量储存能力。

准电容的工作原理与双电层电容器有一些关键区别。在准电容中，储存电荷的过程不仅

包括电极表面上的双电层电容，还包括电极活性物质与电解液中的离子之间的化学吸附/脱附或氧化还原反应。这些反应使电极活性物质能够储存电荷，因此准电容通常具有更高的储能密度。准电容可以分为以下三种类型，每种类型都基于不同的电化学原理。

电化学吸附型准电容：这种类型的准电容涉及电化学吸附，其中离子（如氢离子或金属离子）在电极材料表面发生单原子层水平的电化学吸附。这些吸附和脱附过程允许电极材料存储电荷，从而形成准电容效应。

金属氧化物型准电容：当金属氧化物用作电极材料时，其充电和放电机理涉及电解液中的离子从溶液中扩散到电极材料/溶液界面，然后通过氧化还原反应嵌入电活性材料的体相中。如果电活性材料具有大量的微观孔隙和高比表面积，那么多个电化学反应可以同时发生，使大量电荷储存于电极材料内部。在放电时，存储在电极内部的电荷通过逆反应被重新释放出来，然后通过外部电路进行供电。

导电聚合物型准电容：这种类型的准电容使用导电聚合物作为电极活性材料。电活性聚合物可以通过快速可逆的 n 型或 p 型掺杂和去掺杂反应来存储或释放电荷。这种类型的准电容具有独特的优势，因为导电聚合物可以实现更灵活的设计，并且在某些应用中表现出卓越的性能。

需要注意的是，准电容器的电容值还包括在电极材料表面与电解质之间形成的双电层电容。这意味着准电容器具有高的比容量和能量密度，为各种应用场景提供了更多的可能性。

总的来说，准电容是超级电容器领域的一项关键技术，通过不同类型的电化学反应，实现了高效的电荷储存，从而使超级电容器在能量密度方面迈出了重要的一步。准电容在可再生能源、电动汽车、电力系统和其它领域中的应用潜力巨大，将继续受到广泛的关注。

6.3 超级电容器的电极材料

超级电容器根据储能机理可以分为三类，即双电层电容器、法拉第赝电容器和混合型超级电容器。双电层电容器的储能过程属于物理储能，主要是通过电极和电解质界面间的双电层来存储电荷；而法拉第赝电容器则主要利用电化学活性材料发生的氧化还原反应产生电容；混合型超级电容器兼具了电容器和电池的优点。此外，超级电容器还可以根据正负极电极材料种类来划分，可以分为对称型超级电容器和非对称型超级电容器，正负极材料的储能机理相同或相似的称为对称型超级电容器，正负极材料不同的称为非对称超级电容器。非对称超级电容器是将双电层电容器和法拉第赝电容器两者的电极材料结合起来组成的一种超级电容器。在非对称超级电容器中，一极通过双电层来存储能量，另外一极则通过产生法拉第赝电容来存储和转化能量。

6.3.1 碳基材料

碳材料是最早被用作超级电容器电极材料的材料之一，早在 1957 年，Beck 就申请了用于制造双电层电容器的活性炭电极材料的专利。至今，碳材料仍然占据着重要地位，这主要归因于它们的多重优点，包括高比表面积、丰富的孔道结构、优越的导电性、高度的化学稳定性以及相对较低的成本。基于以上优点，碳材料在超级电容器中的应用主要依赖碳电极与电解质之间形成的双电层来存储电荷能量。关键的影响因素是电极材料的比表面积，较大的比表面积通常对应更高的双电层电容。此外，碳材料的孔径分布也会影响电解质在电极上的浸润程度。一般认为，碳材料孔径在 $2\sim50nm$ 的介孔有利于电极材料的浸润和双电层的形成。然而，研究表明，电极材料的电容与比表面积并不呈线性关系。即使将比表面积增加到很高，电容的提升也存在一定限制。一些生物质前体和适当的活化方法可以将活性炭材料的比表面积提高到超过 $3000m^2/g$，但通常可利用的比表面积介于 $1000\sim2000m^2/g$。

在当今环境问题日益突出的背景下，化石能源逐渐退出历史舞台，因此具备来源广泛、可再生性、绿色环保等优势的生物质能源备受关注。生物质材料可来自动物、植物、微生物等各种生物源。目前，棉花、稻草、竹子和动物骨骼等生物质材料已在吸附研究、碳工业化、电化学研究、催化剂载体研究等领域发挥着重要作用。其中，在超级电容器和电池领域，生物质材料的应用已成为探索新型储能材料的重要方向。

在目前技术阶段，最有前景的工业化正极材料仍然是碳基材料，因为它们具有成本低、来源丰富、导电性好、无毒性、易于构建多孔结构等诸多优点。电解液可以选用中性（Na_2SO_4、$LiCl$）、酸性（H_2SO_4）、碱性（KOH）电解液。双电层电容器中最常用的电极材料包括活性炭、碳纤维、碳纳米管（CNTs）和石墨烯（graphene）等。由双电层电容计算公式可知，碳基材料的比表面积与材料孔径大小和分布密切相关，多孔碳基材料与电解液的接触表面积并不能代表其有效表面积，这导致它的比电容通常较低。因此，常把碳基材料与赝电容材料联系在一起以提高电容器性能。也有相关文献报道，通过引入杂原子或官能团可以控制其电子和电化学性质，这些引入的元素可以调节碳基材料的自由电荷载流子密度以提高其导电性，甚至引入具有特定官能团的赝电容元素来提高电容性能。

6.3.1.1 活性炭

活性炭材料一般以含有碳源的前驱体（葡萄糖、木材、果壳、兽骨等）为原料，经过高温炭化后活化制得。炭化过程实质是碳的富集过程，是将预处理后的原料在惰性气氛中加热，去除其中的挥发性成分。超级电容器用活性炭电极材料的性质取决于前驱体和特定的活化工艺，所制备活性炭的孔隙、比表面积、表面活性官能团等因素都会影响材料的电化学性能，其中高比表面积和发达的孔隙结构是产生具有高比容量和快速电荷传递双电层结构的关键。

制备活性炭的原料来源非常丰富，石油、煤、木材、坚果壳、树脂等都可用来制备活性炭。活性炭的比表面积、孔径分布等物理性质与制备过程密切相关。活化过程是活性炭制备过程中的关键步骤，通过活化剂与前驱体碳化物进行的活化反应，以制得合适孔径的活性炭。活性炭材料的活化方法种类较多，主要可分为三大类：利用水蒸气或空气等气体活化的物理活化法；利用氢氧化钾或硝酸锌等化学药品活化的化学活化法；利用化学药品活化法与物理活化法结合起来进行活化的化学-物理联合活化法。

（1）物理活化法

物理活化法是商业化制备活性炭过程中最为常用的方法，首先将生物质前驱体在高温下进行无氧炭化生成碳化物，再利用水蒸气、二氧化碳等气体在高温下对碳化物进行活化，生成活性炭。在制备过程中具有氧化性的高温活化气体与无序碳原子及杂原子首先发生反应，使封闭的孔打开，然后活化气体与孔隙表面上的碳原子继续发生氧化反应，使孔隙不断扩大。一些不稳定的碳原子与氧化性气体发生氧化反应，进而产生新的孔隙结构。物理活化法利用气体活化，环境污染小、工艺简单、制备成本低，在实际生产中受到重视，且应用广泛。但其缺点是气体活化效率较低，使得活化时间较长且原料浪费严重。此外，气体活化效果较差，制备得到的活性炭材料比表面积小、孔容积小，导致其对电解质离子吸附效果较差，电化学性能较低。

（2）化学活化法

化学活化法是利用化学试剂如氢氧化钾、氯化锌等金属盐，与前体碳进行一定比例的混合，然后在无氧高温条件下活化得到活性炭材料。再利用无机酸和去离子水对活化后的活性炭进行洗涤、干燥，得到最终活性炭产品。化学活化法主要是利用金属原子与碳原子在高温条件下会发生化学反应，进而对碳材料表面进行刻蚀，形成大量孔隙结构。最常用的化学活化法为KOH活化法，被认为是活化效果最好的活化方法。其主要化学反应如下[1]：

$$2KOH \longrightarrow K_2O + H_2O \tag{6-2}$$
$$H_2O + C \longrightarrow CO + H_2 \tag{6-3}$$
$$CO + H_2O \longrightarrow CO_2 + H_2 \tag{6-4}$$
$$CO_2 + K_2O \longrightarrow K_2CO_3 \tag{6-5}$$
$$K_2CO_3 \longrightarrow K_2O + CO_2 \tag{6-6}$$
$$CO_2 + C \longrightarrow 2CO \tag{6-7}$$
$$K_2O + C \longrightarrow 2K + CO \tag{6-8}$$
$$K_2CO_3 + 2C \longrightarrow 2K + 3CO \tag{6-9}$$

KOH通过三个主要阶段对碳进行活化：第一阶段，通过碳的气化形成H_2O和CO_2，从而形成孔隙；第二阶段，在超过700℃的温度下生成K_2CO_3和K_2O，这一阶段可通过氧化还原反应刺激碳骨架的蚀刻，从而形成孔隙框架；第三阶段，在大约800℃的温度下形成金属K，金属K扩散到碳材料内部是产生孔隙框架的一个重要方面。利用化学活化法制备的活性炭材料具有较大的比表面积和孔体积，因此对电解质离子吸附效果好。例如，利用桉树木屑、芍药花瓣、海藻作为富碳前驱体，与KOH混合制得高比表面积的活性炭材料，测得比表面积分别为$2274m^2/g$、$2349m^2/g$、$3095m^2/g$。以椰壳为原料在800℃下活化，制得活性炭的比表面积为$3360m^2/g$，总孔体积为$1.798cm^3/g$。活化剂与碳材料发生化学反应后会残留在碳材料内部，使得杂质离子较多，杂质离子会对电极材料负面影响。化学活化法对生物质前驱体与活化剂的比例、活化温度要求严格，所制备的活性炭的成本较高。在以后的研究中，若能够克服或改善这些缺陷，化学活化法将成为非常理想的活化方式。

（3）化学-物理联合活化法

化学-物理联合活化法是将物理活化法与化学活化法相结合的一种活化方式。这种方法能够根据需要对活性炭的结构进行有针对性的设计，以制备具有丰富孔隙结构的活性炭。然而，需要注意的是，这种生产工艺相对复杂，同时化学活化法存在一些缺陷，比如可能导致杂质的掺入以及较高的生产成本等问题，并不适用于所有活性炭材料的制备。因此，化学-物理联合活化法通常更适用于制备具有特殊需求的活性炭材料。

6.3.1.2 碳纳米管（carbon nano tube，CNT）

碳纳米管于20世纪90年代初被首次发现，是一种具有纳米尺寸、管状结构的碳材料。这些管状结构可以是单层的，也可以是多层的，它们是由石墨烯片层通过卷曲而形成的，因此具有无缝隙的一维中空管状结构，如图 6-2 所示。碳纳米管具有许多引人注目的特性，成为备受关注的研究对象。首先，它们具备出色的导电性，这意味着电荷可以在其内部快速移动，为电容器提供了卓越的电导率。其次，碳纳米管具有大的比表面积，这意味着它们的表面上有大量可供电荷存储的位置。最后，碳纳米管还表现出高度的化学稳定性，能够抵抗化学反应的侵蚀。除了上述特点，碳纳米管的结构还具备

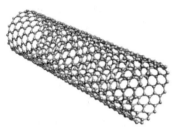

图 6-2　碳纳米管结构

一些其它优势。它们具有中空管道，适合电解质离子的迁移，能够促进电荷储存和释放。此外，碳纳米管之间可以相互缠绕，形成纳米尺度的网状结构，这种结构可以增加电容器的电荷存储容量。基于这些特性，碳纳米管被广泛认为是制造高功率超级电容器的理想电极材料。然而，需要注意的是，碳纳米管的制备和应用也面临一些挑战，需要进一步的研究和技术突破来充分发挥其潜力。

1997 年，C. Niu 等人首次报道了采用碳纳米管为超级电容器的研究工作。他们将烃类催化热解法获得的多壁碳纳米管制成薄膜电极，在质量分数为 38% 的 H_2SO_4 电解液中以及在 $0.001\sim100kHz$ 的频率下，其比电容达到 $49\sim113F/g$。功率密度超过了 8kW/kg。但是，自由生长的碳纳米管取向杂乱，形态各异。甚至与非晶态碳夹杂伴生，难以纯化，极大地影响了其实际应用[2]。

研究表明提高 CNT 的分散性，能够充分发挥 CNT 比表面积大的优势，从而提高电极材料的电容性质。E. Frackowiak 等[3] 和 O. Kimizuka 等[4] 制备的高密度 SWCNT 固体，通过范德华力形成大量的中空结构，这些结构有助于电解液的离子扩散到每一根纳米管表面，从而提高电极的双电层电容特性。

H. Pan 等[5] 尝试在不同孔径的氧化铝模板中生长 CNT 后，通过乙烯化学气相沉积法在已生长 CNT 的氧化铝模板上再次生长出 CNT，形成"管中管 CNT 结构"。Pan 等使用孔径 50nm 和 300nm 的两种氧化铝模板生长进行试验，分别对制备的孔径 50nm 模板中单次生长后的 CNT（AM50）、孔径 50nm 模板中两次生长后的 CNT（ATM50）、孔径 300nm 模板中单次生长后的 CNT（AM300）、孔径 300nm 模板中两次生长后 CNT（ATM300）和商品化 MWCNT（CM20）做比较。通过试验可以得出结论：使用 ATM50 方法制备的产物比其它方式制备的产物有更小的平均孔径，因此能获得更高的比电容，如表 6-2 所示。

表 6-2　碳纳米材料的比表面积、平均孔径和比容量

碳材料	比表面积/(m^2/g)	平均孔径/nm	比容量/(F/g)
CM20	136	8.8	17
AM50	649	3.9	91
AM300	264	7.4	23
ATM50	500	6.2	203
ATM300	390	9.1	53

L. Yang 等[6] 研究组报道了通过电泳沉积法（EPD）制备的 MXene/CNTs 薄膜用于超级电容器电极材料，成功将无黏结剂 Ti_3C_2 MXene/碳纳米管（Ti_3C_2/CNTs）薄膜沉积在石墨纸上，用于超级电容器的电极。所制备的 Ti_3C_2/CNTs 电极的比电容分别是原始 Ti_3C_2 和 CNTs 电极的 1.5 倍和 2.6 倍。令人印象深刻的是，Ti_3C_2/CNTs 电极表现出良好的循环

稳定性，超过 10000 次循环后电容没有衰减。在 MXene 中掺入碳纳米管可以构建一个稳定的结构，能够防止 MXene 重新堆积，从而提高电化学性能。这些结果表明，可以通过简单而有效的 EPD 方法制备稳定的 $Ti_3C_2/CNTs$ 薄膜，这种改性的方法适用于其它混合 MXene 碳纳米管的材料体系，所制备样品的 SEM 照片如图 6-3 所示。

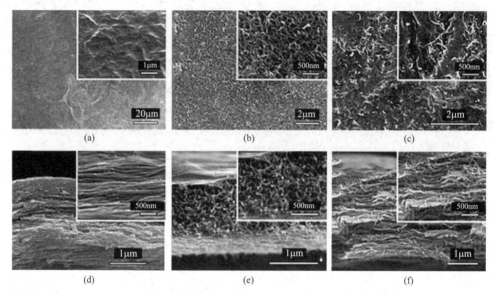

图 6-3　$Ti_3C_2/CNTs$ 在石墨纸上的薄膜 SEM 图

　　碳纳米管同样可以应用于可穿戴电子产品。理想情况下，大面积高性能电极材料会持续高速生产，这些材料随后会被制成不同形状和尺寸的柔性超级电容器。Q. Wang 等[7] 研究组报道了利用简单的水热反应在 $10\mu m$ 碳纳米管薄膜上合成二氧化锰纳米片。该 CNT-MnO_2 纳米片复合膜具有良好的法拉第赝电容性能，可用于平面超级电容器和可伸缩线状超级电容器的重构。CNT-MnO_2 电极的窄条也可以与碳纤维上合成 $FeSe_2$ 纳米螺帽制备的负极卷扭在一起，构成一种新型同轴非对称超级电容器。该体系结构在功率密度为 571.3W/kg 的情况下，具有高达 27.14W·h/kg 的能量密度；在 8000 次恒流充放电循环后，具有良好的容量保持能力、良好的灵活性和较长的使用寿命。CNT-MnO_2 样品的 SEM 图和 TEM 图如图 6-4 所示。

6.3.1.3　石墨烯（graphene）

　　碳材料一直是纳米材料领域的一个重要分支，因其卓越的物理化学性能和广泛的来源而备受关注。长期以来，物理学家们普遍认为在非绝对零度的条件下，完美的二维结构是不可能稳定存在的。然而，2004 年，两位杰出的科学家，Andre Geim 和 Konstantin Novoselov 在 *Science* 杂志上首次报道了一种新型碳材料，被称为石墨烯。这一发现彻底颠覆了传统理论。由于对石墨烯材料领域的杰出贡献，Geim 和 Novoselov 于 2010 年共同获得了诺贝尔物理学奖，这一荣誉使石墨烯材料受到了更广泛的关注。此后，全球范围内的科学家们都投入了大量的时间和精力，对石墨烯及其复合材料进行深入研究，并取得了令人振奋的成果。石墨烯材料展现出了非凡的魅力，其独特的性质在多个领域都具有广阔的应用前景。这一发现开启了对石墨烯及其应用潜力的全新探索。

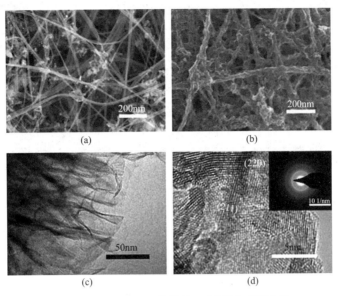

图 6-4 CNT-MnO$_2$ 样品的 SEM 图和 TEM 图

南开大学陈永胜等人对石墨烯作为超级电容器的电极材料进行了研究，其结构如图 6-5 所示[8]。在水性电解质溶液中，获得了最大比电容为 205F/g，功率密度为 10kW/kg，能量密度为 28.5W·h/kg 的测量结果。与此同时，该超级电容器在经过 1200 次循环测试后表现出良好的长周期寿命，保持了约 90% 的比电容。这些卓越的结果显示了基于这种新型二维石墨烯材料的高性能、环保和低成本电能存储设备具有令人振奋的商业潜力。

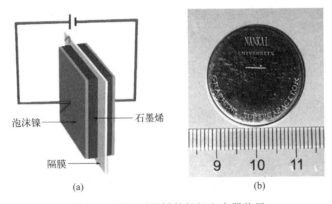

图 6-5 基于石墨烯的超级电容器装置

6.3.2 金属氧化物

金属氧化物具有氧化价态多、理论比电容高、氧化还原循环可逆等优点，使得其适合于发展高比电容、高能量密度的超级电容器电极，但其电导率低，氧化还原活性位不充分以及充放电过程不稳定，导致比电容低，循环能力差。法拉第准电容的大小与过渡金属氧化物的种类和电极材料的表面积息息相关。比较常见的金属氧化物电极材料为 MnO$_2$、RuO$_2$、NiO 等。

然而，单一组分的金属氧化物似乎不能完全满足超级电容器电极的综合性能要求，目前越来越多的研究集中在金属氧化物的化学组成的多样性上。双金属氧化物通常具有更高的导电性，并能提供更丰富的氧化还原反应活性位点，逐渐成为研究热点。D. Cheng 等[9] 报道的三维分级结构 $NiCo_2O_4$@$NiMoO_4$ 核壳纳米线/纳米片阵列，三维互连网络结构的形成对复合材料体系中电解质的快速渗透和电子的快速输运具有重要作用，可提供 $5.8F/cm^2$ 的面积比容量。

用于超级电容器电极的金属氧化物一般应满足以下三个要求：首先，其氧化物具有一定的电子导电性；其次，应该有两种或两种以上的氧化价态，并且几种不同价的氧化物可以共存，当发生相互转化时，氧化物的结构不会被破坏；最后，当发生氧化还原反应时，电子能够自由进出氧化物的晶格。RuO_2 是最早用于超级电容器电极材料的金属氧化物，能进行高度可逆的氧化还原反应，具有电位窗口宽、理论容量高、电导率相对较高等优点，受到了研究人员的持续关注。对于提升 RuO_2 超级电容器性能的研究主要有两个途径：一是增加比表面积，二是与合适的过渡金属或基体材料复合。在提升 RuO_2 作为超级电容器电极材料性能的同时降低贵金属 Ru 的用量，但钌的高成本使基于 RuO_2 的器件无法广泛应用。

过渡金属氧化物 MnO_2 有着和 RuO_2 材料相似的电容特性，并且具有资源丰富、价格低廉、环境友好、氧化价态多、循环寿命长、电势窗口宽等优点，且其理论比电容高达 $1370F/g$，因此受到研究者们的广泛关注，成为超级电容器电极材料的研究热点之一。

S. Qiu 等[10] 研究人员开发了一种低成本、简单且可扩展的方法来制备用于超级电容器的 MnO_2/石墨烯复合电极：通过在石墨烯氧化物的表面上原位生长花瓣状 MnO_2，然后在空气气氛下于 220℃ 退火来制造 MnO_2/石墨烯复合材料。石墨烯片不仅用于快速电子传输的高导电路径，而且在充电/放电过程中可保持整个电极的结构稳定性。密集地涂覆在二维石墨烯片上的花瓣状 MnO_2 可实现较大的比表面积，开放离子扩散通道，缩短离子扩散路径，从而提供了复合电极的高电化学利用率。上面提到的这些协同相互作用使 MnO_2 的比电容大、高速率、循环性能良好。加工后的 MnO_2/石墨烯分层复合电极在 $5mV/s$ 和 $100mV/s$ 扫速下分别提供 $292.9F/g$ 和 $156.1F/g$ 的比电容，与 MnO_2 电极相比，显示出更高的比电容和更好的倍率性能。经过 1000 次循环后，复合电极具有优异的循环性能，电容保持率高达 91.5%。如此出色的电化学性能归因于稳定的复合结构以及花瓣状 MnO_2 阵列和导电石墨烯片的协同作用。花瓣状 MnO_2/石墨烯复合材料的合成路线图如图 6-6 所示。

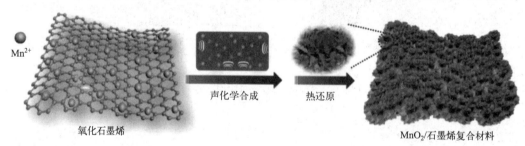

图 6-6　制备花瓣状 MnO_2/石墨烯复合材料的合成路线

层状双金属氢氧化物（LDHs），因其独特的二维层状结构、可调节化学/金属成分和生长形态，在新一代超级电容器中显示出巨大的潜力。在 LDHs 宿主材料中具有可调节的金属阳离子组合（如 Ni^{2+}、Co^{2+}、Mn^{2+}），可提供多种氧化还原形式，大大提高电容性能。同时，可以通过插入各种无机和有机阴离子来调整层间距。基于这些优点，较大的层间距有利于离子从活性材料快速扩散到表面，从而显著提高充放电倍率。然而，大多数报道的镍或钴基 LDHs 电极材料，在碱性电解质中表现出较差的循环稳定性，这使得它们不适合用于能源存储。为了解决这个具有挑战性的问题，研究人员提出了几种策略，例如，用其他三价金属离子在 NiCo-LDHs 晶格中部分取代镍或钴离子，形成三元 LDHs。X. Gao 等[11] 系统研究了 Al^{3+} 对 NiCo-LDHs 电化学性能的影响。Al^{3+} 的含量对 $NiCo_2Al_x$-LDHs 的形貌、结构有重要影响，随着 Al^{3+} 含量的增加，其形貌从一维纳米线演变到二维纳米片。相比纯 NiCo-LDHs，适量 Al^{3+} 掺杂的 $NiCo_2Al_{0.5}$-LDHs 电容量提高了 2.3 倍。组装的非对称器件能量密度可达 44Wh/kg，经过 15000 次充放电循环后，稳定性可达 91.2%。此外，将 LDHs 与碳材料进行复合也可改善其循环稳定性，合理控制 LDHs 与碳材料相结合的形貌，能有效地防止 LDHs 自身团聚，从而获得整体较高的表面积，有效防止 LDHs 材料的坍塌。

对于过渡金属氧化物超级电容器电极材料，其电容性能的提高一般可以通过以下几个方面来实现。

① 用双金属氧化物替代对应的单金属氧化物。双金属氧化物是指两种金属和氧从晶格层面上复合在一起，常常表现出与单纯混合两种金属氧化物不同的结构和性能。与单金属氧化物相比，双金属氧化物由于存在更多的价态，所以有助于发生氧化还原反应，从而表现出更好的储能性能。

② 与碳材料复合可显著提升金属氧化物的比电容和导电性。

③ 用过渡金属硫化物替代对应的氧化物。过渡金属硫化物除了具有与金属氧化物相同的优点之外，还表现出比对应氧化物更高的导电性，这有助于电荷快速转移，完成快速充放电。

④ 控制过渡金属氧化物的形貌。调控过渡金属氧化物的形貌可以提高其比表面积，改善电极材料与电解质的接触，从而有助于储能性能的提高。

6.3.3 导电聚合物

导电聚合物是一种具有氧化还原行为的赝电容材料，n/p 型聚合物结构有望改善储能行为。导电聚合物是澳大利亚科学家 Weiss 在 1963 年发现的一种新的聚合物，由于其成本低、导电性好、易合成、环境友好、快速氧化还原反应储存电荷等优点，成为继过渡金属氧化物之后极具潜力的赝电容电极材料。现阶段，文献报道的导电聚合物主要有聚苯胺（PANI）、聚吡咯（PPy）、聚噻吩（PT）及其衍生物。PANI 重量轻、导电性好、机械灵活、成本低、绿色环保，且理论容量高，是一种很有前途的赝电容材料。然而，PANI 在充放电过程中体积会膨胀和收缩，导致稳定性较差。为了克服这一问题，PANI 层被涂覆在碳材料上，形成了二元或三元材料，具有良好循环稳定性和电容性能。PPy 和 PT 可直接通过掺杂进行合成，稳定性较好。其中，PPy 具有较高的导电性，能通过快速的氧化还原反应来储存电荷。在吡咯单体溶液中加入甲基橙，通过原位聚合反应制得木质素包覆 PPy 的球状和纳米管形态的复合材料，然后在氮气中热解，转化为富含氮原子的碳材料，其比表面积比纯碳材料提高了 10 倍。

不同导电聚合物电化学性能的比较见表 6-3。导电聚合物在充放电过程中电解液离子会进行 p 或 n 型掺杂反应，以此来储存电荷产生电容。但是导电聚合物在发生氧化还原反应时，电解液离子的嵌入和脱出容易导致材料骨架的膨胀和收缩，因此在电化学测试过程中它们的电容、倍率性能、循环寿命都会降低，严重影响导电聚合物的应用。除了在合成方法、条件、形貌、结构等方面进行改善，还可以将导电聚合物与过渡金属氧化物、碳基材料复合，发挥单一电极材料的优点，扬长避短，改善电化学性能。

表 6-3　聚吡咯、聚苯胺、聚噻吩的电化学性能比较

名称	单个分子量/ （g/mol）	电导率/ （S/cm）	掺杂度	理论比容量/ （F/g）	实测比容量/ （F/g）	电压/V
PPy	67	10～50	0.33	620	530	0.8
PANI	93	0.1～5.0	0.5	750	240	0.7
PT	84	300～400	0.33	485	—	0.8

单一导电聚合物的不稳定性和有限的电容贡献，目前不能满足超级电容器的应用，因此需要采用多元材料复合的方法共建复合材料来改善导电聚合物的储能性能。T. Li 等[12] 采用两步原位氧化聚合法，在 PANI 纳米纤维表面包覆一层薄的 PPy。由于 PANI/PPy 独特的核壳纳米结构和 PANI 与 PPy 之间的协同效应，可以显著提高复合材料的电容性能。但是，由于导电聚合物在离子迁移过程中容易发生膨胀效应，导致不理想的循环性能，在 500 次充放电循环后，PANi/PPy 仅有具有 42％初始容量的保有率。

混合导电聚合物结构是有效减缓电容衰减和提高循环寿命的一种策略，聚（3,4-乙基二氧噻）（PEDOT）是一种本征聚合物，导电性比金属低，但由于它的柔韧性、易加工和可低温干燥等特性，仍有较大用途。Liu 等设计了一种 rGO/PEDOT/PANI 混合材料，该材料具有分层多孔结构，各组分充分利用其优势，导电骨架相互连接形成大量活性位点。在电流密度为 15A/g 时，放电容量可达 389F/g，且经过 10000 次循环后具有 99％电容保持率。利用该材料对不导电的棉纱进行改性可直接得到柔性电极，以聚合物凝胶电解质作为导电电解液，组装的线性超级电容器具有良好的柔性和结构稳定性，在任意角度变形后均能正常工作。

6.4　超级电容器电解质

电解质是超级电容器的重要组成部分，作为内部的电解质，伴随超级电容器的充电过程，在正负极活性物质表面形成双电层，从而达到储存能量的目的。在放电过程中，由于正负极之间存在势差，双电层储存的电荷通过外电路释放形成电流。超级电容器主要由电极材料、集流体、隔膜和电解液组成。作为超级电容器的重要组成部分，由溶剂和电解质盐构成的电解质是极为重要的研究领域，不同类型的电解质往往对超级电容器的性能产生较大影响。到目前为止，主要有三种类型的电解质被应用于超级电容器，即水系电解质、有机电解质、离子液体电解质。超级电容器对电解质的性能要求主要有以下几个方面。

① 电导率要高，以尽可能减小超级电容器内阻，特别是大电流放电时更是如此。

② 电解质的电化学稳定性和化学稳定性要高，根据储存在电容器中的能量计算公式 $E=1/2(CV^2)$（C 为电容，V 为电容器的工作电压）可知，提高电压可以显著提高电容器中的能量。

③ 使用温度范围要宽，以满足超级电容器的工作环境。

④ 电解质中离子尺寸要与电极材料孔径匹配（针对电化学双层电容器）。

⑤ 电解质要对环境友好。

6.4.1 水系电解质

水系电解质是最早应用于超级电容器的电解质，水系电解质的优点是电导率高，电容器内部电阻低，电解质分子直径较小，容易与微孔充分浸渍。目前水系电解质主要用于一些涉及电化学反应的赝电容及双电层电容器，但缺点是容易挥发，电化学窗口窄。水系电解质的研究主要是对酸性、中性、碱性水溶液的研究，其中最常用的是 H_2SO_4、KCl 和 KOH 水溶液。

超级电容器电解质最常用的是水系电解质，一方面是因为水系电解质具有较高的电导率，有利于降低超级电容器的等效串联电阻，另一方面是因为水系电解质分子直径较小，容易在电极材料的微孔中扩散移动。常见的水系电解质主要包括三大类：第一大类是采用 H_2SO_4 等酸作为电解质的酸性电解液，第二大类是采用 KOH、NaOH、LiOH 等强碱作为电解质的碱性电解液，第三大类是采用 KCl、NaCl、Na_2SO_4、Li_2SO_4 等盐作为电解质的中性电解液。

碱性电解质目前以 KOH 为代表，当其浓度为 6mol/L 时，碳基材料电极的性能最好，当浓度为 1mol/L 时，金属氧化物电极性能最优。中性电解质一般以锂盐、钠盐和钾盐为代表，具有腐蚀较小的优点。酸性电解质应用最广的是 H_2SO_4，广泛应用于超级电容器中。

然而，水的理论分解电压只有 1.23V，凝固点为 0℃，这两个特性或多或少限制了水系电解液在某些特殊领域中的应用，同时，强酸或者强碱有较强的腐蚀性，不方便操作，也不利于封装。虽然水系电解液电导率高和成本低的优点使得它在未来的研究中仍有应用前景，但是其分解电压较低，低温时性能较差，并且当电解质为强酸或强碱时具有较强的腐蚀性，而且污染环境，所以研究高导电率、耐高压的有机电解质尤为重要。

6.4.2 有机电解质

与水系电解质相比，有机溶剂代替水的有机电解质有着以下优点：分解电压高、腐蚀性较弱、工作温度范围较宽等。有机电解质凭借其高工作电压特性，能够在提高比容量和比能量方面发挥关键作用，使其在电解液领域有着最为广泛的应用空间。一般来说，有机电解液由两部分组成，即电解质和有机溶剂。理想的有机电解质应具有良好的导电性、溶解性，而且电解质的阴离子和阳离子都必须非常稳定，所以选材有一定的局限性。常见的电解质有锂盐和季铵盐，而有机溶剂种类繁多，例如：碳酸乙烯酯（EC）、N,N-二甲基甲酰胺（DMF）、1,4-丁内酯（GBL）、乙腈（CAN）和环丁砜（SL）等，这些物质的化学性质相对稳定而且不容易挥发。近些年来，研究与开发电导率和工作电压都高的有机电解液成为了人们广泛关注的内容。

另外一种十分重要的有机电解质是 $LiPF_6$/碳酸酯电解液。这种电解质通常用于锂离子电池。它一般由锂盐、高纯有机溶剂和添加剂组成。有机溶剂与电解质的性能密切相关，它是电解质最重要的组成部分，常用的有机溶剂有碳酸乙烯酯（EC）、碳酸二甲酯（DMC）、碳酸丙烯酯（PC）、碳酸二乙酯（DEC）、碳酸甲乙酯（EMC）等，一般用几种混合溶剂配制 $LiPF_6$/碳酸酯有机电解质。

目前，市场上销售的有机电解质中，由 $LiPF_6$ 锂盐与有机溶剂组成的电解液能够满足电池和电容器的要求，也较为安全。市售的有机电解质主要是 $LiPF_6$/碳酸酯电解液，它能够满足电池的电位要求，可以达到较高的电位，对于研究高电位的超级电容器也有很重要的借鉴意义。一般来说，适用于低温电解液（－20℃）的体系有：a. 1mol/L LiPF$_6$，EC＋DMC＋EMC；b. 1mol/L LiPF$_6$，EC＋DEC＋DMC；c. 1mol/L LiPF$_6$，EC＋EMC。适用于高压电解液的常规体系主要有：a. LiPF$_6$，EC＋EMC；b. LiPF$_6$，EC＋DMC；c. LiPF$_6$，EC＋DEC＋DMC。

6.4.3　离子液体

离子液体（ionic liquid），简称 IL，是由有机阳离子和无机阴离子组成，在 100℃ 以下呈液体状态的盐类。大多数离子液体在室温或接近室温的条件下呈液体状。蒸气压低（破裂风险）、易燃性低、毒性低、健康风险低。高化学稳定性的离子液体允许在高达 5V 的电势差下工作。

IL 电解质具有很高的热稳定性，这为高温环境下的反应创造了机会。在高温下，限制 IL 性能的低电导率被增加的离子流动性（动能）所克服，从而拥有更高的电导率、更大的元件功率和更快的响应时间。然而，高温降低了离子稳定性的电势差，这对功率和能量密度产生了负面影响。克服离子液体电导率较低的另一种方法是平衡离子液体的高电位窗口与有机电解质（如碳酸丙烯和丙酮三聚体），以增加电导率和功率。利用这样的组合可以防止安全问题，减少毒性，使器件具有高能量密度，保持足够的功率性能。

6.4.4　固态聚合物电解质

固体电解质由于不具有流动性、在制备和使用超级电容器过程中无电解液渗漏风险、工作电位窗口较宽等优点，得到了广泛关注，并且有利于制备轻型高能量密度的超级电容器。但是其电导率不高，内阻较大，这对制备性能优良的超级电容器造成较大的影响。

固体电解质或凝胶电解质具有良好的可靠性，且无电解液泄漏，能量密度高，工作电压较高，这使得超级电容器向小型化、超薄型化发展成为可能。但由于室温下大多数聚合物电解质的电导率较低，电极/电解质之间接触情况很差，电解质盐在聚合物中溶解度相对较低，尤其当电容器充电时，低的溶解度会导致极化电极附近出现电解质的结晶，因此限制了固体电解质在超级电容器中的应用。

6.5　超级电容器的未来前景

面对不断增长的市场需求，超级电容器行业仍处于起步阶段。随着科技的进步，超级电容器的性能不断提升，成本逐步下降，这些因素共同推动了超级电容器的商业化。在应用方面，最大限度地利用超级电容器吸收风能是未来的研究焦点。同时，将超级电容器与其他储能系统，如太阳能电池或蓄电池，相结合，实现优势互补，也是未来的趋势。目前超级电容器产品仍存在一些不足之处。寻找新技术方案以克服现有产品的功能缺陷，提升产品性能，降低价格，拓宽在新领域的应用，以及加强与动力电池的合作，将是超级电容器未来的发展方向。特别是在新能源汽车领域，超级电容器的应用将决定其战略价值，因此吸引了众多国家投入大量人力和物力进行研发。我国政府对新能源产业的政策支持力度不断增大，以促进超级电容器产业链的发展。与此同时，超级电容器企业也积极响应，共同描绘着这一战略性产品美好的未来。

思考题

1. 简述超级电容器与电池能量储存的区别。
2. 超级电容器各电极材料的优缺点有哪些？
3. 超级电容器的特性与优点有哪些？
4. 超级电容器与传统电容器的区别有哪些？
5. 影响超级电容器性能的因素有哪些？
6. 结合便携式柔性电子产品的发展趋势，谈谈你对超级电容器未来在便携式柔性电子产品中的应用前景。

参考文献

[1] Mistar E M，Alfatah T，Supardan M D．Synthesis and characterization of activated carbon from Bambusa vulgaris striata using two-step KOH activation[J]．Journal of Materials Research and Technology，2020，9(3)：6278-7286.

[2] Niu C，Sichel E K，Hoch R，et al．High power electrochemical capacitors based on carbon nanotube electrodes[J]．Applied Physics Letters，1997，70(11)：1480-1482.

[3] Frackowiak E．Carbon materials for supercapacitor application[J]．Physical Chemistry Chemical Physics，2007，9(15)：1774-1785.

[4] Kimizuka O，Tanaike O，Yamashita J，et al．Electrochemical doping of pure single-walled carbon nanotubes used as supercapacitor electrodes[J]．Carbon，2008，46(14)：1999-2001.

[5] Pan H，Poh C K，Feng Y P，et al．Supercapacitor Electrodes from Tubes-in-Tube Carbon Nanostructures[J]．Chemistry of Materials，2007，19(25)：6120-6125.

[6] Yang L，Zheng W，Zhang P，et al．MXene/CNTs films prepared by electrophoretic deposition for supercapacitor electrodes[J]．Journal of Electroanalytical Chemistry，2018，830-831：1-6.

[7] Wang Q，Ma Y，Liang X，et al．Flexible supercapacitors based on carbon nanotube-MnO_2 nanocomposite film electrode[J]．Chemical Engineering Journal，2019，371：145-153.

[8] Wang Y，Shi Z，Huang Y，et al．Supercapacitor Devices Based on Graphene Materials[J]．The Journal of Physical Chemistry C，2009，113(30)：13103-13107.

[9] Cheng D，Yang Y，Xie J，et al．Hierarchical $NiCo_2O_4$ @ $NiMoO_4$ core－shell hybrid nanowire/nanosheet arrays for high-performance pseudocapacitors[J]．Journal of Materials Chemistry A，2015，3(27)：14348-14357.

[10] Qiu S，Li R，Huang Z，et al．Scalable sonochemical synthesis of petal-like MnO_2/graphene hierarchical composites for high-performance supercapacitors[J]．Composites Part B：Engineering，2019，161：37-43.

[11] Gao X，Liu X，Wu D，et al．Significant role of Al in ternary layered double hydroxides for enhancing electrochemical performance of flexible asymmetric supercapacitor[J]．Advanced Functional Materials，2019，29(36)：1903879.

[12] Li T，Zhou Y，Dou Z，et al．Composite nanofibers by coating polypyrrole on the surface of polyaniline nanofibers formed in presence of phenylenediamine as electrode materials in neutral electrolyte[J]．Electrochim Acta，2017，243：228-238.

第 7 章

热电材料

　　热电材料是一种可以在静态下实现电能和热能相互转换的新型能源材料。热电材料制成的器件具有体积小、构造简单、重量轻、使用寿命长、造价低、无运动部件、无噪声、不需要维护等优点，在诸多领域有着十分广阔的应用前景，比如精准温控、废热发电、太空电子器件的稳定供电等。热电材料由于无液态和气态介质，不存在环境污染的问题。在微区冷却、超导材料低温保持、激光器制冷、光通信激光二极管、红外传感器的调温系统等新兴领域也有着广泛的应用前景。本章介绍了热电材料的三个重要效应、热电材料性能优化方法以及常见的热电材料，简单介绍了热电材料的应用。

7.1 热电效应

　　19 世纪，塞贝克效应（1821 年）、佩尔捷效应（1834 年）、汤姆逊效应（1855 年）相继被发现。这三种效应共同构成了热电能量转换的完整体系。沉寂了将近百年时间，直到 20 世纪 50 年代，随着半导体理论的提出，热电材料才取得了重要发展。近年来，特别是进入 21 世纪，热电材料再次进入了快速发展阶段。热电材料的应用前景广泛，但是受到材料的低性能、成品器件的转化效率的限制。长期以来，热电优值一直很难突破 1.0。但是近十年，随着一些新思路的不断提出，新的材料制备工艺、新的优化机制、纳米化的普及及应用，传统热电材料如 Bi_2Te_3、$PbTe$、$SiGe$ 等的性能有了很大提高，热电优值可以突破 2.0。除了这些传统的热电材料，多种具有良好性能的热电体系也不断涌现，例如方钴矿材料、half-Heusler 合金、硅化物、Zintl 化合物、SnSe、BiCuSeO 等，大大丰富了热电材料的种类。随着技术的不断发展和热电材料的更新换代，现在已经有热电器件的能量转换效率超过了 15%，这一效率和传统热机相比仍有很大差距。理论计算表明，只有热电材料的热电优值达到 3.0 左右，器件的转换效率才能与传统的热机技术相比拟。热电材料通过固体内部载流子的运动可以实现热能与电能相互转换。其主要依靠塞贝克效应、佩尔捷效应和汤姆逊效应来实现热电转换，塞贝克效应可以实现温差发电，佩尔捷效应可以实现热电制冷。

7.1.1 塞贝克效应

　　1821 年，德国科学家托马斯·约翰·塞贝克（Thomas Johann Seebeck）在研究不同金属的热磁效应时，发现当加热金属环回路一端时，附近的指南针会偏转。这种将材料上的温度差转换成电势差的现象为塞贝克效应。如图 7-1 所示，如果在两种不同的导体 A 和 B 两端加以温差 ΔT（$T_1 > T_2$），将会在冷端与热端之间产生电势差 ΔV，这种单位温度梯度所产生的电势差称为塞贝克系数，其

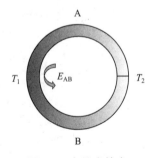

图 7-1　塞贝克效应

表达式可以写为：

$$S_{ab} = \lim_{\Delta T \to 0} \frac{\Delta V}{\Delta T} = \frac{dV}{dT} \tag{7-1}$$

S_{ab} 的常用单位 V/K，其大小取决于两端的材料和节点温度差（$T_1 - T_2$）。通常情况下，如果材料中载流子以电子为主，则塞贝克系数为负，如果材料中以空穴为主则为正。塞贝克效应的成因可以通过温度梯度下导体内电荷的再分布来解释。塞贝克系数本质上不取决于温差梯度的大小和方向，而是由材料本身的能带结构、载流子浓度等本征性质决定的。以 N 型半导体材料为例，当材料处于均匀的温度场时，其内部载流子的分布是均匀的，材料宏观表现为电中性。而当其两端温差为 ΔT 时，热端的电子比冷端的电子获得了更高的能量（$E + \Delta E$），热端电子跃迁，形成更多自由电子，由于电子浓度的差异导致其从热端向冷端扩散（扩散电流）并在冷端堆积，造成冷热两端电荷浓度的不均匀分布，产生电势差。扩散后形成的电势差会产生一个反向的漂移电流，当扩散电流和漂移电流达到动态平衡时，就形成了稳定的温差电动势。P 型半导体空穴温差下的扩散与电子相似，但空穴形成的是反向的电动势。电动势的大小取决于电子的平均势能，费米能级就对应于电子产生的平均势能，材料两端的费米能级差就等于两端的电位差。半导体两端费米能级 E_F 的差就是塞贝克效应引起的温差电动势 V。由于塞贝克效应，当材料处于有温差的环境时，就可以不断地对外输出电压，实现温差发电。

温差发电器件（PN 结串联，塞贝克效应）的原理如图 7-2 所示，温差发电最著名的应用是放射性同位素热电机（RTG，如图 7-3 所示）。该装置以放射性同位素为热源，利用热电器件为探测器的各个部件提供电能，输出功率由之前的 0.5W/lb（1lb＝453.6g）增加到 2.5W/lb，在卫星、太空飞船等空间探测中发挥了关键作用。据报道，1977 年美国发射的旅行者飞船中安装了三块放射性同位素热电机，可持续工作到 2025 年，等所有电力耗尽要到 2036 年。

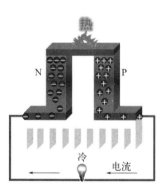

图 7-2　温差发电器件的原理

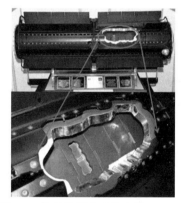

图 7-3　放射性同位素热电机（RTG）

7.1.2 佩尔捷效应

佩尔捷效应与塞贝克效应相反，是用电能直接搬运热能的现象。1834 年，简·查尔斯·阿塔纳斯·佩尔捷（Jean Charles Athanase Peltier）发现了这种现象。他将金属铋线和金属锑线连接成回路，当回路中加上电动势，产生电流时，两个导体的接头处会出现一端吸热一端放热的现象，如图 7-4 所示。这一发现与当时普遍认为的导体通电流只会产生焦耳热相违背。四年后，物理学家楞次（Lenz）发现了连接处的温度变化由电流方向决定，接头处放出或吸收的能量与电流的大小成正比，这个比例系数被称为佩尔捷系数。

假设在 AB 导体中通过的电流为 I，而接头处放出、吸收的能量为 Q，佩尔捷效应可以表示为：

$$Q = dQ/dt = (\pi_b - \pi_a) = \pi_{ab} I \tag{7-2}$$

式中，π_{ab} 为 A、B 两种导体的佩尔捷系数之差，W/A。

以热电材料常见的 P-N 半导体电偶臂为例，如图 7-5 所示，当电子在电场的作用下从能级高的半导体向能级低的半导体移动时，该电子会在接触界面的势垒处从高能级向低能级跃迁，释放能量，放出声子，提高晶格振动，宏观表现为对外放热；相反当电子从能级低的半导体向能级高的半导体移动时，会吸收能量，向高能级跃迁，宏观表现为吸热。如图 7-5 所示，当电流由 N 型半导体流入 P 型半导体时，电子和空穴背离着连接处运动，载流子在连接处生产生空穴-电子对，这个过程要吸收大量的热量，使接头处的温度下降成为冷端。人们利用这种吸热的佩尔捷效应来制冷。当电流相反时则过程相反，表现为放热。最近几年，热电制冷发展迅猛，国内外出现许多热电制冷的产品，例如：富信公司冰激凌机、红酒柜等，定点制冷的 CPU 处理器、热电冰箱、药品冷藏柜等。

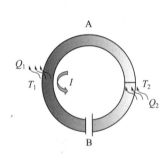

图 7-4　佩尔捷效应

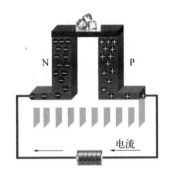

图 7-5　热电制冷原理

7.1.3　汤姆逊效应

佩尔捷效应与塞贝克效应都是涉及两种不同金属组成的回路，都是在导体的接点处发生能量转换。这两种效应并非界面效应，而是与导体的性能有关，涉及导体内部载流子的能量、浓度和速度等。直到 1855 年，英国科学家汤姆逊依据塞贝克效应和佩尔捷效应的关系，提出了汤姆逊效应。假设在一个存在温度差的理想导体上加载电流，这将破坏原来的温度梯度，而为了维持这种温度梯度，材料本身会对外界放热或者吸热，这种现象就是汤姆逊效应。假设那个电流为 I，导体上的温差为 ΔT，则吸（或放）热速率为：

$$dQ_t = \tau I dt (dT/dx) \tag{7-3}$$

式中，τ 为汤姆逊系数，V/K。当电流方向与温度方向一致时，τ 为正，反之为负。

上述三种效应是相互关联的。相互关系可以用 Kelvin 关系式表达，其中 τ_a、τ_b 分别为回路导体材料 A、B 的汤姆逊系数。

$$\pi_{ab} = S_{ab} T \tag{7-4}$$

$$\frac{\mathrm{d}S_{ab}}{\mathrm{d}T} = \frac{\tau_a - \tau_b}{T} \tag{7-5}$$

汤姆逊效应的本质与佩尔捷效应和塞贝克效应不同，其产生的势能差是由单一导体内部载流子的温度梯度引起的。基于以上三个热电效应，热电材料才能实现温差电转换。塞贝克效应用来发电，佩尔捷效应用来制冷。由于汤姆逊效应对能量转换产生的贡献很小，常常忽略不计。但需要强调的是这三种效应虽然表现在接头处，但它们都不是界面效应，而是贯穿在整个材料内部。虽然目前热电材料的能量转换效率还不能与传统的方式相比，但作为环境友好新型能源材料具有不可替代的优点。

7.2 热电材料的性能表征

热电效应的本质是材料中的载流子和声子的输运以及两者之间的相互作用。要研究热电材料的性能就要研究明白塞贝克系数 S、电导率 α、热导率 κ 的物理意义和相互关系，这是提高热电材料热电性能的基础。

7.2.1 塞贝克系数

塞贝克效应所产生的电势差 ΔV 与温差 ΔT 之间的比值就是塞贝克系数。如果材料居于稳态且只有温度和电场梯度产生作用，根据玻尔兹曼方程，塞贝克系数由公式（7-6）表示：

$$S = \mp \frac{k_{\mathrm{B}}}{e} \left[\frac{(\gamma + 5/2)F_{\gamma+3/2}}{(\gamma + 3/2)F_{\gamma+1/2}} - \eta_{\mathrm{F}} \right] \tag{7-6}$$

$$F_i(\eta_{\mathrm{F}}) = \int_0^\infty \frac{x^i \, \mathrm{d}x}{1 + \exp(x - \eta_{\mathrm{F}})} \tag{7-7}$$

$$\eta_{\mathrm{F}} = E_{\mathrm{F}}/(k_{\mathrm{B}}T) \tag{7-8}$$

式中，k_{B} 为玻尔兹曼常数；$F_i(\eta_{\mathrm{F}})$ 为费米积分函数；η_{F} 为简约费米能级；γ 为载流子的散射因子。费米积分只有数值解，对于热电材料费米能级一般为 $-2.0 \sim 5.0$。载流子的散射因子 γ 根据散射机制的不同而取值不同，声学支散射和合金散射，$\gamma = -1/2$；光学支散射，$\gamma = 1/2$；离化杂质，$\gamma = 3/2$；中性散射，$\gamma = 0$。

根据玻尔兹曼方程，非简并半导体材料的塞贝克系数可表示为：

$$S = \mp \frac{k_{\mathrm{B}}}{e} \left[\eta_{\mathrm{F}} - \left(\gamma + \frac{5}{2} \right) \right] \tag{7-9}$$

对于单带模型下的简并半导体，塞贝克系数的表达式可以简化为：

$$S = \mp \frac{\pi^2}{3} \frac{k_{\mathrm{B}}}{e} \frac{k_{\mathrm{B}}T(\gamma + 3/2)}{E_{\mathrm{F}}} \tag{7-10}$$

上式可通过 Mahan-Sofo 理论表达式可以进一步简化为：

$$S = \frac{8\pi^2 k_{\mathrm{B}}^2 T}{3eh^2} m^* \left(\frac{\pi}{3n} \right)^{2/3} \tag{7-11}$$

式中，k_B 为玻尔兹曼常数（1.38×10^{-23} J/K）；m^* 为载流子的有效质量；h 为普朗克常数（6.63×10^{-34} J·S）；n 为载流子浓度。

根据前文可知热电材料的塞贝克系数跟散射因子、费米能级、状态密度、载流子浓度等物理参数有关，当 $\gamma = -1/2$ 时，塞贝克系数 S 随简约费米能级 η_F 的变化关系如图 7-6 所示。单带模型适用于能带结构比较简单的材料体系，而对于多抛物带叠加的材料体系，则可以通过修正载流子有效质量的近似值来处理。当温度较高时，窄带隙的热电材料由于电子激发，会发生载流子电子和空穴同时参与导电的行为，材料的电导率增加，塞贝克系数会减小，这是由于电子和空穴的塞贝克系数符号相反，塞贝克系数的正负与多子保持一致，而且正负补偿会减小塞贝克系数，使功率因子减小。

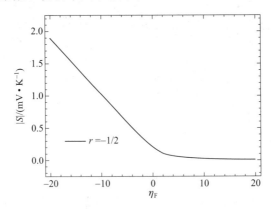

图 7-6　塞贝克系数随简约费米能级 η_F 的变化

7.2.2　电导率

材料的电导率 σ 是表征材料导电能力强弱的参数，单位为 S/m。可以表示为载流子浓度 n、载流子迁移率 μ 和电子电量 e 的乘积，如公式（7-12）所示：

$$\sigma = ne\mu \tag{7-12}$$

常温时，一般的半导体都属于非简并半导体。在掺杂浓度较低或温度较高时，载流子可以在许多能级中分布，不需要考虑泡利不相容原理的限制，载流子遵从经典的玻尔兹曼统计分布。其中载流子浓度 n 和迁移率 μ 由以下公式得出：

$$n = \frac{2(2\pi m^* k_B T)^{3/2}}{h^{3/2}} F_{\gamma+1/2}(\eta) \tag{7-13}$$

$$\mu = \frac{4e}{3\pi^{1/2}} \left(\gamma + \frac{3}{2}\right)(k_B T)^{\gamma} \frac{\tau^0}{m^*} \tag{7-14}$$

掺杂的半导体，费米能级可以接近也可能直接进入导带谷底（或价带峰顶），这时就必须考虑泡利不相容原理，载流子简并化。在简并条件下，材料的电导率用公式（7-15）来表示：

$$\sigma = \frac{8\pi}{3}\left(\frac{2}{h^2}\right)^{3/2} e^2 (m^*)^{1/2} \tau_0 E_F^{\gamma+3/2} \tag{7-15}$$

参考以上公式能够看出，材料的电导率主要与载流子浓度 n、迁移率 μ、散射因子 γ、有效质量 m^*、弛豫时间 τ_0 和费米能级等物理参数有关。载流子的有效质量由材料的能带结构决定。简约费米能级和载流子浓度可以由掺杂来调控。散射因子与载流子的散射机制有关，常见的散射机制包括晶格振动散射、电离杂质散射、声学波与光学波散射、缺陷散射及中性杂质散射等。

7.2.3 热导率

固体材料中热传导载体主要有声子、电子和光子等。热电材料在使用温度范围内一般只考虑声子和电子。光子是由电子辐射产生，一般发生在高温区。热电材料的热导率 κ 主要由载流子热导率（κ_c）、晶格热导率（κ_1）与双极扩散热导率（κ_b）构成：

$$\kappa = \kappa_1 + \kappa_c + \kappa_b \tag{7-16}$$

国际单位为 W/(m·K)，晶格热导率（κ_1）由晶格原子的振动和相互耦合引起，载流子热导率（κ_c）和双极扩散热导率（κ_b）是由载流子沿温度梯度的运动和空穴-电子对的贡献引起的，双极扩散对热导率的提高非常明显，极大地恶化热电性能。常见的热电材料一般都维持在单一载流子参与导电的温度范围内。在材料本征激发、少子浓度显著提升前，主要考虑载流子热导率（κ_c）、晶格热导率（κ_1），即

$$\kappa = \kappa_1 + \kappa_c \tag{7-17}$$

实际测试材料的热导率，用瞬态激光微扰法测量样品的热扩散系数和比热容，利用下式来计算样品的热导率：

$$\kappa = D\rho C_p \tag{7-18}$$

式中，D 为热扩散系数，$\mathrm{m^2/s}$；ρ 为样品密度，$\mathrm{kg/m^3}$；C_p 为样品比热容，$\mathrm{J/(kg \cdot K)}$。

7.2.3.1 载流子热导率

材料的载流子热导率可以通过以下公式计算得到：

$$\kappa_c = L_0 \sigma T \tag{7-19}$$

L_0 为洛伦兹常数，可以由下面几个公式得出：

$$L_0 = \left(\frac{k_B}{e}\right)^2 \left\{ \frac{(\gamma + 7/2)F_{\gamma+5/2}(\eta)}{(\gamma + 3/2)F_{\gamma+1/2}(\eta)} - \left[\frac{(\gamma + 5/2)F_{\gamma+3/2}(\eta)}{(\gamma + 3/2)F_{\gamma+1/2}(\eta)}\right]^2 \right\} \tag{7-20}$$

式中，γ 为散射因子。散射机制的不同对材料的载流子热导率（N 型半导体为电子，P 型半导体为空穴）有很大的影响。当 $\eta \gg 1$ 时，N 型半导体材料费米能级已经跃迁过导带进入导带深能级，类似金属能带的结构。在简并条件下，就可以求一个有限解，洛伦兹常数为：

$$L = \frac{\pi^2}{3}\left(\frac{k_B}{e}\right)^2 \tag{7-21}$$

式（7-21）中的洛伦兹常数值约为 $2.44 \times 10^{-8} \mathrm{W\Omega K^{-2}}$，与材料的散射机制无关。对于非简并材料，基于单带模型的计算，Hyun-Sik Kim 等[1] 提出了一个经验公式来修正了这

种偏差：

$$L = 1.5 + \exp\left(-\frac{|S|}{116}\right) \tag{7-22}$$

这种修正后的洛仑兹常数对于单带模型，精度在 5% 以内。对于更复杂的散射机制的 PbTe、PbSe、PbS、$Si_{0.8}Ge_{0.2}$，该方程精确度在 20% 以内（图 7-7）。当详细的能带结构和散射机制未知时，能够大大提高估算热导率的准确率。

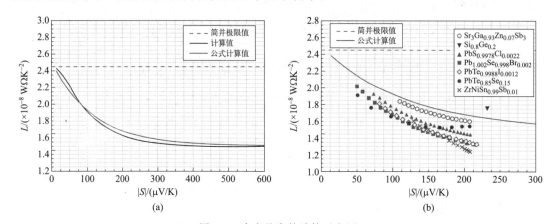

图 7-7 洛仑兹常数计算示意图

(a) 由 SPB-APS 模型计算的 Lorenz 常数和公式（7-22）计算值；
(b) 能带结构和散射假设不同于 SPB-APS 材料的 Lorenz 常数与公式（7-22）计算值[1]

7.2.3.2 晶格热导率

晶格热导率是相对比较独立的参数，降低材料的晶格热导率是常见的优化手段。为了更好地理解影响晶格热导率的相关参数，需要引入声子的概念，与载流子的运动类似，声子在传热过程中也受到各种散射机制的影响，对热传导的研究可以近似转变为对声子的散射的研究。在德拜模型下，采用弛豫时间近似求解声子的玻尔兹曼方程，近似地分析晶体内的晶界散射、缺陷散射和载流子散射对声子的影响。根据传输方程推导出了晶格热导率数学表达式，如下所示：

$$\kappa_1 = \frac{1}{3}C_v v_a l \tag{7-23}$$

$$v_a = \left[\frac{1}{3}\left(\frac{1}{v_1^3} + \frac{2}{v_s^3}\right)\right]^{-1/3} \tag{7-24}$$

式中，C_v 为声子的定容比热容；l 为声子的平均自由程；v_a 为平均声速；v_1 为纵波声速；v_s 为横波声速。声子的平均自由程的大小取决于晶体内部的散射机制。常见散射机制有晶界散射、声子-声子散射、点缺陷散射、声子共振散射，其都能影响声子的弛豫时间，除此外还有载流子散射、纳米声子散射中心等。在半导体材料中，热传导的过程是由各种散射机制共同作用的结果。但是在不同的温度区间内起主要作用的散射机制不同，低温区散射低频长波声子的散射机制主要是晶界散射，高温区散射高频段波声子的散射机制主要是点缺陷散射。热电材料研究中，经常引入多种散射机制共同作用，使其在全温度区间能够最大程度地散射声子，降低材料的晶格热导率。

当声子的平均自由程与声子的波长相当时，可以近似实现最低的晶格热导率。近几年提出的"声子玻璃-电子晶格"概念就是为了最大地散射声子降低晶格热导率而不影响电子传输。

7.2.4 热电优值和转化效率

热电材料的转化效率与材料的热电优值 ZT 密切相关。无量纲的热电优值 ZT 是由材料本身的性能决定的，其表达式为：

$$ZT = \frac{S^2 \sigma}{\kappa} T \tag{7-25}$$

式中，σ 为材料的电导率；S 为塞贝克系数；κ 为热导率；T 为热力学温度。优秀的热电材料应该有大的塞贝克系数、良好导电性以及低的热导率。实际中很难找到满足以上三个条件的理想材料。要对基体材料进行各种优化才能获得较好的热电性能。由之前的讨论可知，三个参数之间是相互制约耦合的（图 7-8），只有找到极值点才能获得最佳的热电性能。材料的电导率越好，则材料的塞贝克系数会减小，总热导率会增加，所以热电材料的性能优化是对这几个参数解耦的过程。

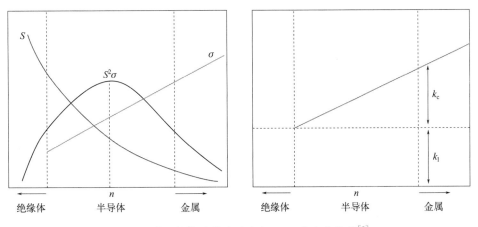

图 7-8　热电性能随载流子浓度（n）的变化趋势[2]

1957 年，Ioffe 给出了基于 CPM 模型（constant property model）的热电转换效率计算公式：

$$\eta_{CPM} = \frac{T_h - T_c}{T_h} \times \frac{\sqrt{1 + ZT_{ave}} - 1}{\sqrt{1 + ZT_{ave}} + T_c / T_h} \tag{7-26}$$

式中，T_h 为热端温度；T_c 为冷端温度；ZT_{ave} 为二者的平均值。由公式（7-26）可以看出，在卡诺循环效率范围内，器件的最大的转化效率只与器件冷热端的温差和热电材料的 ZT 有关。

图 7-9（a）给出了当热端温度为 700K 时，不同温差下的热电发电的转化效率随 ZT 变化的示意图。当温差 400K，材料 ZT_{ave} 达到 2.5 以上时，转化效率可以达到 25% 以上。

图 7-9（b）给出了当热端温度为 300K 时，不同温差下热电制冷效率随 ZT 变化的示意图。当制冷温差 20K，ZT_{ave} 达到 3.0 时，器件的制冷效率可以达到 6% 以上。

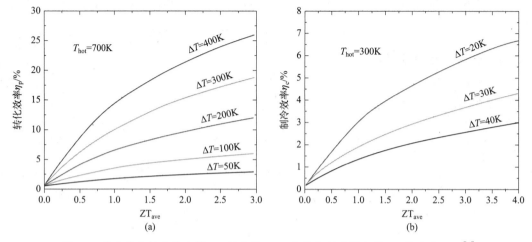

图 7-9　热电发电转化效率随 ZT 的变化（a）和热电制冷效率随 ZT 的变化（b）[3]

7.3 热电材料的优化方法

热电材料性能的调控是对各个参数解耦的过程，单一的材料很难同时满足热电性能所要求的诸多条件。本节对优化材料热电性能的基本策略做简要介绍。

（1）降低热导率

材料中的声子散射机制主要有晶界散射、晶体缺陷散射、声子-声子散射、载流子散射、合金散射等。晶体缺陷散射中点缺陷主要散射高频短波声子，所以点缺陷在高温时主要起散射声子的作用，这是掺杂和合金化可以降低晶格热导率的主要原因。载流子散射针对低频长波的声子，因为其本身的波长与低频声子相当。

要降低材料的热导率就要引入并加强这些散射机制，如为加强晶界散射引入晶粒细化机制。细化晶粒可以在基体中形成大量晶界，形成长波声子的散射中心，降低热导率。热电材料中主要的细化方法有球磨、变形诱变再结晶、湿化学法合成、甩带等。加强晶体缺陷对热导率的作用就采用引入掺杂和合金固溶，析出纳米第二相等手段。合金固溶是在材料的晶体点阵中引入等电子点缺陷。基体原子与杂质原子半径、原子质量和电负性差异会引入质量涨落和应力场涨落等，对声子形成强烈的点缺陷散射，从而降低晶格热导率，这也是热电材料性能优化中最常见的方式。

材料中的低频声子态密度虽然不高，但是具有很大的振动能量。在低频段引入独立的共振模式，这些声子会被强烈散射。这一散射机制在方钴矿等笼状化合物热电材料中得到了广泛的应用。笼状结构中被填充了外来原子，填充原子相对于晶格上的原子表现出较大的振幅，这种低频共振扰动了正常的声子模式，极大地降低了晶格热导率。不同的填充原子由于其质量、半径、电荷的不同具有不同的振动频率。

声子-声子散射分为 N 过程（normal process）和 U 过程（umklapp process）。N 过程不

产生热阻，散射后能量流动方向不变，声子重新分布。而 U 过程能够改变能量的流动方向，产生热阻，U 过程的发生概率随着温度升高而增加，晶格热导率与温度成反比关系。声子-声子散射 U 过程仅仅依赖于声子的数目，很难通过除了温度等其它手段调控。

在热电材料研究中，缺陷工程是热电领域的核心之一。通过引入缺陷对热电材料能带工程和声子传输进行调节，可以提高功率因数以及增加对声子的散射来降低晶格热导率。研究者通过对材料引入缺陷工程的调控，使得热电材料 ZT 值得到了显著的提升。点缺陷主要分为本征缺陷和杂质缺陷。本征缺陷例如空位、间隙等由原子在点阵中迁移产生空结点而造成。杂质缺陷如间隙杂原子、置换原子，分别由外部原子进入间隙位和替代内部原子造成。点缺陷主要对高频声子进行散射，主要会产生质量场波动与应力场波动，二者分别与原子间质量差和半径差有关，原子间质量差及半径差越大，点缺陷散射越强。在某些特定的热环境下，通过引入点缺陷有时也可以提高材料的功率因子，诱导能带收敛以及费米能量附近的共振能级。位错属于原子尺度缺陷，可以对中频声子进行有效散射，由于位错对晶格完整性破坏程度较小，所以对材料电性能影响较小。在热电材料中引入面缺陷可以增加界面散射，影响中低频声子传输，降低晶格热导率。常见热电材料中的面缺陷有晶界和相界。在热电材料中可以利用析出纳米沉淀相、形成纳米复合材料的方法提高晶界和相界在材料中的密度。一般晶粒尺寸在微米级大小的热电材料晶界较少，接近纳米尺度时，晶界的含量便会大量增加，会对声子及载流子产生散射作用。

熵工程最早应用于高熵合金，高熵具有四大效应：高熵效应、迟滞扩散效应、晶格畸变效应、鸡尾酒效应。在热电材料中，通过高熵合金化可以实现能带工程和多尺度层次微观结构之间的协同。高熵效应能让材料更容易形成高对称性晶体结构，形成高简并的带边以及与对称性相关的多能谷电子口袋，有利于载流子有效质量和塞贝克系数的提高，还可以扩大合金元素的溶解度，增加性能优化空间。迟滞扩散效应有利于材料原位形成纳米沉淀，有助于声子的多尺度散射。晶格畸变效应可以通过原子之间质量场涨落和应力场涨落干扰高频声子的传输而降低晶格热导率。

高熵合金中微观的电子结构与各主元原子间的近程作用仍未完全揭晓。鸡尾酒效应考虑高熵引入的特殊构型与组织状态可能产生各种协同作用，出现难以预料的物理性能与功能特性。热电材料引入鸡尾酒效应可能为热电性能解耦提供新的思路。

（2）提高功率因子

热电材料的主要电学性能参数是功率因子，在衡量材料的最佳热电优值时，一般在功率因子出现极值时，ZT 值最高。在许多热电材料体系中，提升塞贝克系数比提升电导率更重要，由式（7-11）可知，要想获得大的塞贝克系数需要有大的载流子有效质量和较小的载流子浓度。增加费米面附近的能谷可以提高总的态密度，是优化多能带简并和功率因子的有效途径。当载流子浓度增加时会导致电导率增加，同时塞贝克系数减小，在某一特定位置会出现功率因子的最大值，此时的载流子浓度即为最佳载流子浓度。一般来说，调节载流子浓度的方法是掺杂能提供载流子的元素。得到最佳的载流子浓度对优化有重要意义。纳米化、合金固溶、选择复杂晶体结构增加材料能带结构的复杂程度，增大费米面附近能带的斜率，可获得较大的塞贝克系数。对 N 型材料来说，导带简并度越大，得到的热电优值就越大。禁带宽度、迁移率、有效值量、能带形状都对材料性能有影响，要综合考虑。根据第一性原理和单带模型可以计算能带结构与功率因子的关系，但是不同的热电材料能带结构复杂，对功率因子的描述还不确切。常见的 PbTe、Mg_2Si 等化合物都是立方结构。晶体结构的高对称性会使其能带简并或者出现多能谷，通过掺杂或者固溶、多能谷简并，从而提高功率因子和热电性能。通过能带结构的调整，可以优化载流子迁移率、调整载流子有效质量，平衡两者关系，在一些材料中通过固溶还可以实现能带简并，可以在不影响电导率的前提下有效优化塞贝克系数，提高功率因子。

7.4 常见热电材料

7.4.1 Bi_2Te_3 基热电材料

Bi_2Te_3 在近室温条件下拥有优异的热电性能，是研究最为成熟以及唯一大规模商业应用的材料，特别是固态制冷/控温等领域。Bi_2Te_3 是六方层状结构，其晶体结构可以被看作是一个六面体的层状结构，按照 $Te^{(1)}$-Bi-$Te^{(2)}$-Bi-$Te^{(1)}$ 的形式相互交替循环排列而成，其结构如图 7-10 所示。

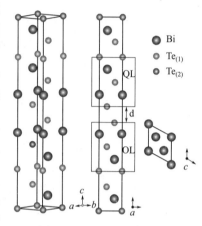

图 7-10　Bi_2Te_3 晶体结构

通常说的 Bi_2Te_3 基热电材料为 $(Bi,Sb)_2(Te,Se)_3$ 赝二元合金固溶体，Bi_2Te_3、Bi_2Se_3、Sb_2Te_3 具有相同的空间群，同属菱方相结构，空间群 $R\bar{3}m$，$Te_{(2)}$ 与 Bi 层之间是较强的离子-共价键，$Te_{(1)}$ 与 $Te_{(1)}$ 层间是较弱的范德华力，这使得 Bi_2Te_3 基热电材料容易在 Te 层解离。层状结构使其在 a 轴和 c 轴两个方向热电性能具有明显差异，但是 ab 面内方向具有更优异的热电性能。Bi_2Te_3 基热电材料是窄带隙的半导体，具有较高的本征缺陷，其电导率和塞贝克系数类似于金属，在高温时容易发生本征激发，使塞贝克系数极速下降，热电性能衰减。

Bi_2Te_3 的热导率比较高，所以除了对电性能进行调控外，还可以通过在材料中增加声子散射来降低热导率。例如采取一些制备方法在材料中产生纳米结构来降低材料的晶格热导率。Y. Q. Cao 等[4] 结合水热法和热压法制备了 Bi_2Te_3 和 Sb_2Te_3 的复合材料，其结构是由 Bi_2Te_3 和 Sb_2Te_3 纳米层组成的层状结构，纳米结构对声子的运输产生了干扰，有效降低了材料的晶格热导率，使得该材料的 ZT 值达到 1.47。B. Poudel 等[5] 通过机械合金化制备了 BiSbTe 纳米粉，然后通过热压的方法进行了烧结，最终 $Bi_{0.4}Sb_{1.6}Te_3$ 获得了 ZT=1.4 高热电优值。J. Li 等[6] 通过高能球磨和放电等离子烧结的方法制备了具有 SiC 纳米粉分散的 $Bi_{0.3}Sb_{1.7}Te_3$ 热电材料，分散进基体的纳米 SiC 不仅增加了材料的塞贝克系数和电导率，而且还增加了材料的力学性能，产生的界面增强了声子的散射，ZT 值达到 1.33。此外在晶格中引入线缺陷也可以用来干扰声子的传输。L. Hu 等[7] 通过热变形的方法在材料中引入了大量的晶格畸变以及位错，增强了声子多尺度散射。在本征 Bi_2Te_3 中还存在反位缺陷，调节反位缺陷也可以实现对声子的散射。L. Hu 等[8] 通过热变形、调控 Sb、Se 的含量以及调控反位缺陷得到了 ZT=1.3 的 $Bi_{0.3}Sb_{1.7}Te_3$。

7.4.2 PbTe 基热电材料

PbTe 是一种非常成熟的中温区热电材料，也是目前性能最好的材料之一，在 2006 年，曾被美国国家航空航天局（NASA）选择为热电材料为火星探测器供能。PbTe 基热电材料具有高价带简并性、强声子非谐性、高对称性晶体结构、微结构可调等特点，成为了热电领域的研究热点。PbTe 是 IVA-VIA 族化合物，具有面心立方 NaCl 型结构，晶体结构与 PbSe、PbS 相同，空间群为 $Fm\bar{3}m$，晶格常数 $a = b = c = 0.6446$nm，如图 7-11 所示。PbTe 是直接带隙半导体，导带和价带都在 L 点。

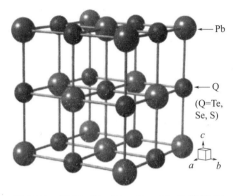

图 7-11　PbX（X＝Te、Se、S）晶体结构

PbTe 是一种离子键和共价键混合的双极性半导体，本征载流子相对较低，可以通过优化载流子浓度的方式来优化热电性能。Al、Ga、In 和 Tl 元素在掺杂的时候不仅可以提高载流子浓度，还可以提高材料的态密度[9]。J. P. Heremans 等[10] 通过 Tl 掺杂 PbTe，在优化载流子浓度的同时，增加了费米面附近的态密度，进而提高了塞贝克系数，将 ZT 值提高到 1.5。此外 PbTe 具有复杂的能带结构，因此通过调整能带结构可以有效调控材料性能。H. J. Wu 等[11] 制备了 K 掺杂的 $PbTe_{0.7}S_{0.3}$，通过掺杂和合金化促进了能带的分离，抑制了双极扩散，提高了高温下的塞贝克系数。通过 Sn 和 Se 掺杂，PbTe 可以将能带进行锐化，降低有效质量，提高载流子迁移率，平衡两者矛盾关系，提高功率因数[12]。在 PbTe 热电材料中引入第二相，增加界面散射，可以有效降低热导率。J. Zhang 等[13] 制备了 PbTe-4％InSb 复合热电材料，InSb 的掺入在 PbTe 中引入了 Pb 沉淀、纳米晶界以及多尺度相界，这种多尺度的散射让晶格热导率降至最低约 0.3W/(m·K)，纳米相与基体间的多相势垒适当地降低了载流子的传输，提高了整个温度范围内的功率因数，在 773K 时热电峰值达到 1.83。

7.4.3 笼状结构材料

方钴矿是一种中温区半导体热电材料，具有典型的笼状结构，其能带结构平坦而且带隙窄，具有电导率优异、载流子有效质量大、功率因数高的特点，呈现出"声子玻璃-电子晶体"的输运特性，因此受到了广泛关注。方钴矿的晶体结构为复杂体心立方结构，空间群 $Im\bar{3}$，通常以 AB_3 表示（A 多为过渡金属，如 Ir、Co、Fe、Ce 等，B 为磷族类元素，如 As、Sb、P 等）。以 $CoSb_3$ 为例，如图 7-12 所示，其中蓝色为 Co 原子，黄色为 Sb 原子（书后另见彩图）。每个单元包含 8 个 $CoSb_3$ 单元，32 个原子，8 个 Co 原子占据晶体的 8c 位置（1/2,1/2,1/2），24 个 Sb 原子占据晶体的 24g 位置（0,y,z）。每个晶胞含有 2 个 Sb 原子构成的二十面体笼状空隙。空隙可以填充外来原子，比如稀土金属、碱金属和碱土金属等，构成填充方钴矿材料。每种不同的填充原子可以散射不

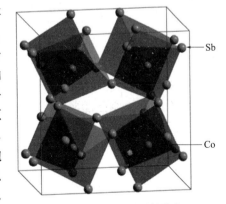

图 7-12　$CoSb_3$ 的晶体结构

同频段的声子，双掺或者多掺会加强局域的干扰效应，会在更宽的波长范围内散射声子。

未经过填充的 $CoSb_3$ 热电材料虽然电性能优异，但由于 Co 与 Sb 共价键之间的作用导致晶格热导率非常高，甚至达到了 $10W/(m \cdot K)$，因此通过有效的手段降低晶格热导率成为优化 $CoSb_3$ 基热电材料热电性能的重要方向[14]。通过元素周期表中的其他元素进行固溶合金化的方式可以有效降低 $CoSb_3$ 基热电材料的晶格热导率。当 Te 元素掺杂 $CoSb_3$ 时，Te 元素置换 Co 元素增强了材料中的点缺陷散射，显著降低晶格热导率；另外 Te 对 Co 的取代提供了大量电子供体，促使费米能级的升高，优化热电性能，在 800K 时 $CoSb_{2.85}Te_{0.15}$ 的热电优值达到 0.93[15]。X. Su 等[16] 通过 Ge 掺杂 $CoSb_{3-x}Te_x$，由于 Ge 的部分电荷补偿效应提高了 Te 的固溶极限，Ge 和 Te 共掺杂增强了点缺陷散射，材料中原位形成的纳米结构也有利于阻碍声子的传输，在 800K 时 $CoSb_{2.75}Ge_{0.05}Te_{0.2}$ 的热电优值达到了 1.1。另外通过引入纳米介观尺度层面，如引入填充原子、引入特殊结构、生成纳米复合材料也可以增加声子散射，优化材料性能。当掺杂 Zn 时，Zn 的升华会促使材料中的 ZnSb 分解，在材料中产生 $1\sim4\mu m$ 的多孔，这些孔隙增强了声传输时的散射，Ba 和 In 双填充的方钴矿材料的热电优值达到 1.36[17]。Z. Xiong 等[18] 通过原位生成的方法制备了含有纳米结构的复合材料 $Yb_{0.26}Co_4Sb_{12}/0.2GaSb$，其中亚稳态的 Ga 与过量 Sb 生成 $5\sim20nm$ 的纳米沉淀，作为声子的额外散射中心，有效降低了材料的晶格热导率，纳米结构与基体界面之间的过滤效应，优化了材料的功率因数，在 850K 时材料的 ZT 达到 1.45。X. Shi 等人[19] 三元填充了 Ba、La 和 Yb 原子，大幅度降低了材料的热导率，使 ZT 值在 850K 达到了 1.7。$CoSb_3$ 材料的优化除了填充外，还有纳米化和引入第二相，这也是增强晶界散射、降低热导率的有效途径。最近，W. Zhao 等[20] 制备了 $Ba_{0.3}In_{0.3}Co_4Sb_{12}$ 热电材料复合永磁纳米粒子 $BaFe_{12}O_{19}$。基体晶界处的永磁纳米粒子 $BaFe_{12}O_{19}$ 在低温时捕获电子，当测试温度高于居里温度时，永磁纳米粒子向顺磁体转变，电子被释放出来。这种优化机制很好地解决了基体材料 $Ba_{0.3}In_{0.3}Co_4Sb_{12}$ 在本征激发区性能衰减的问题，ZT 值在 850K 达到 1.8。

7.5 热电材料应用

热电转化技术最早应用在温控领域，不同的温区选用不同的热电偶来达到精准测温。但是金属构成的热电偶产生的塞贝克系数普遍较小。随着半导体材料的发展和科学技术的进步，热电材料逐渐应用在空间探测、无人区供能等特殊场合。

随着人类迈入新世纪，空间探索和航天技术得到了快速的发展，深空探测越来越有吸引力，在远离太阳系的深空，太阳能电池及化学电池很难再稳定地发挥作用。利用热电技术，采用放射性同位素为热源，硬币大小的放射性同位素能够提供长达二十几年的持续稳定供电，而且其结构紧凑，体积小，密度低，性能可靠，这是其他能源技术无法比拟的。现在放射性同位素热电机已经成功地应用在了伽利略、卡西尼、新视野号、尤利西斯等空间工程上。近几年，除了空间探测等高精尖领域，热电发电器件在废热回收方面也得到了广泛的重视。例如，BMW530i 型概念车应用了尾气余热温差发电装置，提高了燃油利用率；2017 年最新的 Indiegogo 众筹的 Matrix PowerWatch 智能手表，用体温就可以给手表永久供电；纳米克公司的热源 LED 台灯等。随着热电转换技术及器件的发展，会有更多的产品进入人们的日常生活。最近几年，热电制冷发展迅猛，国内外出现许多热电制冷的产品，例如：富信公司冰激凌机、红酒柜等，定点制冷的 CPU 处理器、热电冰箱、药品冷藏柜等。热电材料在工业和民用领域主要的应用场景：工业余热回收、垃圾焚烧热能发电、汽车尾气及发动机余热发电、太阳辐射热能发电、海洋及地热温差发电等。

热电材料除了温差发电还可以用来制冷，与传统的气体压缩制冷相比，其在小容积、微制冷及需精准温控领域有明显的优势，启动快，控制灵活，稳定性高，无传动部件等。近年来，广东富信科技股份有限公司生产了一系列热电空调制冷产品，比如空调扇、冷暖床垫、冷暖办公椅等。除了制冷空调，还有采用热电技术的制冷冰箱，除了方便携带，还可以保证血液制品、疫苗及药物的低温保存和运输。小型的冰箱、酒柜、配送箱、冷却袋已经广泛使用。汽车领域的温控座椅、车载冰箱、冷杯、电池热管理等应用也很多。医药领域的冷刀可以通过热电技术把温度降到－50℃，医学的生化分析仪、胰岛素冷却剂等也应用了热电材料。微型的热电器件在电子通信、激光二极管、通信接收器、光阴极等电子器件的冷却与精准控温，5G 技术等应用领域受到格外的重视。国内在热电材料制冷领域涌现了大批科技公司，比如见炬科技、华北制冷、富信科技等公司。热电制冷在未来具有广阔的应用前景。

思考题

1. 名词解释：热电材料、塞贝克效应、佩尔捷效应、汤姆逊效应、热电优值、热电转换效率。
2. 常见热电材料性能的调控方式有哪些？
3. 如何提高热电材料的热电优值和转化效率？
4. 热电材料常见的应用领域有哪些？试举例说明。
5. 如何看待热电材料在能源领域的应用，与其他能源转换方式相比，其具有哪些优点？

参考文献

［1］ Kim H S，Gibbs Z M，Tang Y，et al. Characterization of Lorenz number with Seebeck coefficient measurement[J]. APL Mater，2015，3(4)：041506.

［2］ Xi L，Yang J，Shi X，et al. Filled skutterudites：from single to multiple filling[J]. Scientia Sinica Physica，Mechanica & Astronomica，2011，41(6)：706.

［3］ Zhang X，Zhao L D. Thermoelectric materials：Energy conversion between heat and electricity[J]. Journal of Materiomics，2015，1(2)：92-105.

［4］ Cao Y Q，Zhao X B，Zhu T J，et al. Syntheses and thermoelectric properties of Bi_2Te_3/Sb_2Te_3 bulk nanocomposites with laminated nanostructure[J]. Applied Physics Letters，2008，92(14)：143106.

［5］ Poudel B，Hao Q，Yi M，et al. High-thermoelectric Performance of Nanostructured Bismuth Antimony Telluride Bulk Alloys[J]. Science，2008，320(5876)：634-638.

［6］ Li J，Tan Q，Li J F，et al. BiSbTe-based nanocomposites with high ZT：the effect of SiC nanodispersion on thermoelectric properties[J]. Advanced Functional Materials，2013，23(35)：4317-4323.

［7］ Hu L，Wu H，Zhu T，et al. Tuning Multiscale Microstructures to Enhance Thermoelectric Performance of n-Type Bismuth-Telluride-Based Solid Solutions [J]. Advanced Energy Materials，2015，5

(17)：1500411.

[8]　Hu L，Zhu T，Liu X，et al. Point Defect Engineering of High-Performance Bismuth-Telluride-Based Thermoelectric Materials [J]. Advanced Functional Materials，2014，24(33)：5211-5218.

[9]　Zhong Y，Tang J，Liu H，et al. Optimized strategies for advancing n-type PbTe thermoelectrics：A review[J]. ACS Applied Materials & Interfaces，2020，12(44)：49323-49334.

[10]　Heremans J P，Jovovic V，Toberer E S，et al. Enhancement of thermoelectric efficiency in PbTe by distortion of the electronic density of states[J]. Science，2008，321(5888)：554-557.

[11]　Wu H J，Zhao L D，Zheng F S，et al. Broad temperature plateau for thermoelectric figure of merit $ZT>2$ in phase-separated $PbTe_{0.7}S_{0.3}$[J]. Nature communications，2014，5(1)：1-9.

[12]　Xiao Y，Wang D，Qin B，et al. Approaching topological insulating states leads to high thermoelectric performance in n-type PbTe[J]. Journal of the American Chemical Society，2018，140 (40)：13097-13102.

[13]　Zhang J，Wu D，He D，et al. Extraordinary Thermoelectric Performance Realized in n-Type PbTe through Multiphase Nanostructure Engineering[J]. Advanced Materials，2017，29(39)：1703148.

[14]　王超，张蕊，姜晶，等. $CoSb_3$ 基方钴矿热电材料综述[J]. 电子科技大学学报，2020，49(06)：934-941.

[15]　Liu W S，Zhang B P，Li J F，et al. Enhanced thermoelectric properties in $CoSb_{3-x}Te_x$ alloys prepared by mechanical alloying and spark plasma sintering[J]. Journal of Applied Physics，2007，102 (10)：103717.

[16]　Su X，Li H，Wang G，et al. Structure and Transport Properties of Double-Doped $CoSb_{2.75}Ge_{0.25-x}Te_x$ ($x=0.125\sim0.20$) with in Situ Nanostructure[J]. Chemistry of Materials，2011，23(11)：2948-2955.

[17]　Yu J，Zhao W Y，Wei P，et al. Enhanced thermoelectric performance of (Ba，In) double-filled skutterudites via randomly arranged micropores[J]. Applied Physics Letters，2014，104(14)：142104.

[18]　Xiong Z，Chen X，Huang X，et al. High thermoelectric performance of $Yb_{0.26}Co_4Sb_{12}/yGaSb$ nanocomposites originating from scattering electrons of low energy[J]. Acta Materialia，2010，58(11)：3995-4002.

[19]　Shi X，Kong H，Li C P，et al. Low thermal conductivity and high thermoelectric figure of merit in n-type $Ba_xYb_yCo_4Sb_{12}$ double-filled skutterudites[J]. Applied Physics Letters，2008，92(18)：182101.

[20]　Zhao W，Liu Z，Wei P，et al. Magnetoelectric interaction and transport behaviours in magnetic nanocomposite thermoelectric materials[J]. Nat Nanotechnology，2016，12(1)：55-61.

第 8 章

能源电催化材料

　　电化学反应可分为两种类型：一类是电极可直接参与电极反应，并有所消耗（如阳极溶解）或生长（如阴极电沉积），它们大多属于金属电极；另一类是电极本身并不参与电化学反应，因而被称为"惰性电极"或"不溶性电极"，但它对电化学反应速率和反应机理有重要影响，这一过程被称为"电催化"。电催化是电化学研究中既有重要理论意义又与电解过程的生产实际密切相关的领域，如电催化水裂解制取氢气和氧气等，且这两个催化过程都可以在水溶液中进行，为异相水电催化反应的结果。

　　本章介绍水溶液中最常见的两个电催化反应（析氢反应和析氧反应）及基于上述反应所使用的电催化纳米材料。8.1 节介绍析氢反应的基本反应原理、贵金属纳米催化材料及其他新型纳米电极材料的发展现状。8.2 节详细介绍析氧反应的基本反应机理和研究进展，重点介绍目前析氧反应中常用的催化电极的发展、现状与未来，并简要介绍新型析氧纳米电极材料。

8.1　析氢电催化纳米材料

　　现今，世界各国都在因地制宜地发展核能、太阳能、地热能、风能、生物能、海洋能和氢能等新型替代能源，其中氢能备受关注[1]。

　　氢气具有热值高、来源广、利用形式多、反应产物无污染等优点，是未来理想且极其重要的清洁能源载体。2018 年中国氢能源及燃料电池产业高峰论坛发布的《中国氢能源及燃料电池产业发展研究报告》指出，中国是第一产氢国，有丰富的氢源基础。有望在 2050 年使得氢在我国终端能源体系占比达 10%，应用到建筑、交通、化工原料、工业生产等领域，成为我国能源战略重要的组成部分。相比于甲烷蒸汽重整和煤化工产生氢气，电化学方法制备氢气方法简单，产生的氢气纯度高，既可以作为有机合成的原料，也可以作为氢氧燃料电池的燃料直接应用于交通运输领域。

　　电解水全过程可以细分为阴极析氢反应（HER）和阳极析氧反应（OER）。析氢反应的半反应方程式为 $2H^+ + 2e^- \longrightarrow H_2$，该反应的标准电极电势为 $0V$（$vs.RHE$），但在实际应用过程中，由于极化现象的存在以及电解池电路本身存在诸多阻抗，例如溶液电阻、外电路电阻、界面电荷传输电阻等，导致过电势的存在，降低了电能转化效率。事实上，析氢反应的研究早在 19 世纪后期就随着电解水技术的出现受到研究人员的高度重视，并一直被作为电化学反应动力学研究的模型反应，时至今日，析氢反应仍是被研究最多的电化学反应之一。电化学中第一个定量的动力学方程，即 Tafel 方程，是 Tafel 于 1905 年对大量氢析出反应动力学数据进行分析归纳后得到的。Tafel 发现，在大多数金属电极表面，氢析出反应的过电位（η）与反应的电流密度（j）之间存在如下半对数关系：

$$\eta = a + b\lg j \qquad\qquad (8\text{-}1)$$

式中，a、b 为常数，前者与电极材料及溶液的组成有关，后者一般仅与电极材料有关。迄今，该经验公式仍是电化学动力学研究中使用最广泛的理论工具，同时为定量描述界面电化学反应动力学的 Butler-Volmer 理论[2] 的产生起到了铺垫作用。

8.1.1 析氢反应及其反应机理

由于涉及的电子数目和中间态较少，析氢反应机理的研究比析氧反应机理研究成熟得多。早期的氢电极反应研究为现代分子水平的电催化科学提供了思想基础。Tafel 一开始就提出了氢析出是通过电极表面的氢原子两两结合生成氢分子的观点（H＋H $\longrightarrow$ H$_2$）。1935 年，J. Horiuti 等[3] 提出金属电极上氢析出反应的活化能取决于电极与氢原子键合作用强弱的观点。

经过一个多世纪的研究，人们积累了关于电极材料上氢电极反应的大量数据和研究结果，对这些数据和结果的分析使得对反应机理和动力学形成了较为系统的认识。析氢反应过程式为：

$$2H^+ + 2e^- = H_2 \qquad\qquad (8\text{-}2)$$

通常情况下，在酸性介质中析氢反应可能涉及以下三个基元反应步骤（H$_{ads}$ 代表吸附在电极表面的氢原子；e$^-$ 代表电子；M 代表电极表面）。

电化学放电步骤：$\qquad M + H^* + e^- \longrightarrow M\text{-}H_{ads}$ $\qquad\qquad (8\text{-}3)$

复合脱附步骤：$\qquad 2M\text{-}H_{ads} \longrightarrow 2M + H_2$ $\qquad\qquad (8\text{-}4)$

电化学脱附步骤：$\qquad M\text{-}H_{ads} + H^* + e^- \longrightarrow M + H_2$ $\qquad\qquad (8\text{-}5)$

从上面的历程看出，析氢反应包括一个电化学放电步骤式（8-3）和至少一个脱附步骤式（8-4）或式（8-5）。因此，析氢反应存在两种最基本的反应历程：a. 电化学放电＋复合脱附；b. 电化学放电＋电化学脱附。上述三个步骤都有可能成为整个电极反应的速率控制步骤，因此析氢过程的反应机理可有以下四种基本方案。

电化学步骤(快)＋复合脱附(慢) $\qquad\qquad$ （Ⅰ）

电化学步骤(慢)＋复合脱附(快) $\qquad\qquad$ （Ⅱ）

电化学步骤(快)＋电化学脱附(慢) $\qquad\qquad$ （Ⅲ）

电化学步骤(慢)＋电化学脱附(快) $\qquad\qquad$ （Ⅳ）

这四种方案中，（Ⅱ）和（Ⅳ）被称为"迟缓放电机理"，也称为 Volmer 机理；（Ⅰ）被称为"复合脱附机理"，也称为 Tafel 机理；（Ⅲ）被称为"电化学脱附机理"，也称为 Heyrovsky 机理。至于以何种机理进行以及控制步骤，是哪个反应，则主要依赖于电极材料，特别是对氢原子的吸附强度[4]。

Tafel 曲线的斜率 b 能够反映析氢反应可能的机理，如表 8-1 所示。通过极化曲线测量，依据 Tafel 曲线的斜率来判断反应机理，并获得电极反应的其他动力学参数，如交换电流密度等。这是早期析氢反应研究的主要手段与研究成果。为方便参考，(20 ± 2)℃时，各种电极在酸碱溶液中实际测得的 a、b 值也一并给出（表 8-2）。

表 8-1　Tafel 曲线的斜率 b 与反应控制步骤的对应关系

反应式	b/mV	类型	代表性电极
$M+H^{+}+e^{-}\longrightarrow M\text{-}H_{ads}$	120	Volmer	Zn、Cd、Hg、Pb、Ti、
$2M\text{-}H_{ads}\longrightarrow 2M+H_2$	40	Tafel	Ag、Ni（碱性）Pt、
$M\text{-}H_{ads}+H^{+}+e^{-}\longrightarrow M+H_2$	30	Heyrosky	Pd、Rh

表 8-2　不同金属在酸、碱溶液中发生析氢反应的 a、b 值

金属	酸性溶液		碱性溶液	
	a/V	b/V	a/V	b/V
Ag	0.95	0.1	0.73	0.12
Al	1.00	0.10	0.64	0.14
Au	0.40	0.12	—	—
Cd	1.40	0.12	1.05	0.16
Co	0.62	0.14	0.60	0.14
Cu	0.87	0.12	0.96	0.12
Fe	0.70	0.12	0.76	0.11
Mo	0.66	0.08	0.67	0.14
Ni	0.63	0.11	0.65	0.10
Pt	0.10	0.03	0.31	0.10
Pd	0.24	0.03	0.53	0.13
Hg	1.41	0.114	1.54	0.11
Ti	0.82	0.14	0.83	0.14

表 8-1 中 Tafel 曲线的斜率 b 与反应控制步骤的对应关系在推导过程中有两个假设：a. 表面吸附氢原子的覆盖度很小；b. 电极具有均匀的表面。实验结果表明，对于 Hg、Pb、Cd 等吸附氢较弱的金属来说是合理的，而对于吸附较强或很强的金属可能完全不对。因此，利用此关系判断电极反应机理应谨慎。

无论析氢反应以哪种机理进行或控制步骤是哪一种，析氢反应都包含吸附态氢原子的生成和脱附。因此，析氢反应活性（或者是氢的氧化反应活性）和电极表面与氢原子的相互作用直接相关。自从 Horiuti 和 Polanyi 提出氢原子与金属之间的相互作用影响质子放电过程活化能的观点以来[3]，关于析氢反应活性与"金属-氢（M—H）"相互作用强度关系的研究一直备受关注。研究发现，析氢反应的交换电流密度与 M—H 相互作用强度之间存在一个所谓的火山形（volcano）关系，即它们之间的作用太强或太弱都不利于反应的进行。在 M—H 作用适中的金属表面，交换电流密度达到最大值。这种反应活性与反应中间体在表面吸附强度的火山形关系，事实上是催化和电催化反应中普遍存在的一种规律（Sabatier 原理），也是催化剂材料设计和筛选的依据。关于析氢反应，文献中有各种形式的火山形关系报道，早期的研究都是以 M—H 键的键能来描述氢在金属表面的吸附强度。图 8-1 为 Trasatti 总结的实验所得交换电流密度与 M—H 键能之间的火山形关系图[5]。图中显示，不同金属表面的析氢反应交换电流密度差异非常大，如活性最好的 Pt 表面的数值比在 Pb 等低活性金属表面高近 10 个数量级。由于 Pt—H 键能适中，接近火山顶点。但是它并没有到达火山顶点，由此说明，交换电流密度还有较大的提升空间。

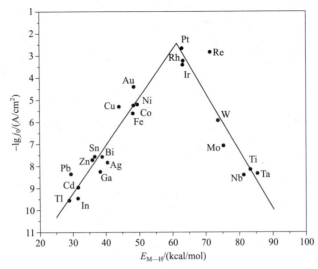

图 8-1　氢电极反应交换电流密度与 M—H 键能之间的关系
(1cal＝4.186J)

8.1.2　贵金属析氢反应电催化纳米材料

依据氢电极反应交换电流密度与 M—H 键能之间的火山关系图可知，若金属表面对氢的吸附能力过强会导致其脱附过程较难，使得析氢活性不高；反之，若金属表面对氢的吸附能力过弱会导致其表面吸附的氢原子过少，也会造成交换电流密度过低。而 Pt 元素与氢原子形成的 Pt—H 键的键能适中，对应的交换电流密度刚好处在火山关系图中接近峰顶的位置，说明 Pt 与氢原子的吸附作用和氢原子从 Pt 表面的脱附强度相当，故具有优异的析氢活性。不仅如此，包括 Pt、Pd 及其合金在内的铂族贵金属还具有良好的化学稳定性，这些因素使得它们成为早期电解水制氢的主要阴极材料。Pt 是最早被用于析氢的贵金属催化剂之一，也是活性最高的析氢电催化剂之一。而 Pd 被认为是电催化活性最接近 Pt 的金属，同时，相对于 Pt 而言，金属 Pd 的价格稍低，因此，研究人员希望在不降低析氢活性的情况下采用 Pd 替代 Pt 作为析氢催化剂。

目前贵金属析氢催化剂的研究主要集中在以下三个方面。

（1）表面结构效应

同一种贵金属催化剂材料，其表面结构的差异可在极大程度上影响其催化活性，这就是催化剂的表面结构效应。电催化剂的表面结构效应来自两个方面：第一，电催化剂的性能取决于其表面化学结构（组成和价态）、几何结构（形貌和形态）、原子排列结构和电子结构；第二，几乎所有重要的电催化反应（氢电极过程、氧电极过程、氯电极过程和有机分子氧化及还原过程）都是表面结构敏感的反应。因此，对电催化中表面结构效应的研究有利于从微观层次深入认识电催化剂的表面结构和反应动力学，同时获得反应分子与不同表面结构电催化剂相互作用的规律。以对不同表面原子排列结构的单晶面金属作为模型电催化剂进行研究并开发，获得表面结构与反应性能的内在联系规律，即晶面结构效应，进而认识表面活性位点的结构和本质，阐明反应机理，可为在微观层次设计和构筑高性能电催化剂奠定基础[2]。

以金属单晶面作为模型，系统研究其电催化性能，结果发现，具有不同原子排列结构的

Pt 单晶面对析氢反应具有不同的电催化性能。具有开放结构和高表面能的高指数晶面的电催化活性和稳定性均显著优于原子紧密排列、低表面能的低指数晶面。单晶 Pt 纳米粒子的电催化析氢活性与晶面指数关系的研究表明：有脊的（110）晶面的催化活性比平面（111）和（100）晶面的催化活性高。N. M. Markovic 等[6] 研究了 Pt 单晶的晶面指数在酸性条件下析氢催化性能的影响，发现在 274K 时，析氢反应交换电流密度存在以下关系：$j_{(111)}<$ $j_{(100)}<j_{(110)}$，且（110）晶面的交换电流密度是（111）晶面交换电流密度的 3 倍。析氢活化能则存在以下关系：$\Delta E_{(111)}>\Delta E_{(100)}>\Delta E_{(110)}$。不同晶面活化能的差异是由于吸附中间体 H_{ads} 对晶面结构敏感度不同所致。作者通过分析析氢反应动力学数据及结构敏感度很强的吸附态氢 H_{upd} 的相关数据，得出以下结论：Pt（110）晶面析氢反应服从 Tafel 机理；Pt（100）晶面析氢反应服从 Heyrovsky 机理。而仅分析动力学参数无法得出 Pt（110）晶面的析氢反应机理，作者认为（110）晶面析氢活性低、活化能高的主要原因是其表面 H_{ads} 之间强烈的斥力。

（2）原子团簇结构及单原子效应

为提高催化剂的电催化活性，降低成本，可制备具有特殊原子团簇或原子个数的金属，即利用原子团簇结构效应构筑高催化活性的贵金属催化剂材料。Q. Hu[7] 等人合成了一系列钌（Ru）纳米晶体，从单原子、亚纳米簇到更大的纳米颗粒，并探讨了团簇的电催化性能，特别是在亚纳米尺度上的尺寸-活性关系。研究碱性介质中氢析出的尺寸依赖性。研究结果表明，随着粒径的增大，Ru 的 d 能带中心呈近似线性下移，且 d 能带中心更接近费米能级的亚纳米级 Ru 团簇具有更强的水解离能力，因此其析氢活性优于单原子和更大的纳米颗粒。Ru 团簇具有较高的金属利用率和较强的水解离能力，在过电位为 100mV 时具有 $43.3s^{-1}$ 的超高周转率，是商用 Pt/C 的 36.1 倍。

贵金属催化剂具有优异的催化活性，但成本较高。因此，单原子催化引起了人们极大的关注。单原子催化剂使原子利用率达到最大。与此同时，原子级分散的金属物种，可以大幅提高催化活性。D. Wang[8] 等人将原子尺度的钯（Pd）分散在层状 TaS_2 晶格中形成新的 Pd_xTaS_2 化合物，通过粉末 X-射线衍射对其晶体结构进行了解析。金属 $Pd_{0.1}TaS_2$（1.36×10^4 S/m）的电导率是 TaS_2（6.18×10^3 S/m）的两倍。该化合物作为新型的析氢反应电催化剂，其起始过电位为 77mV，优于 TaS_2（295mV）和负载 Pd 的 TaS_2（114mV）等催化剂。密度泛函理论计算表明，Pd-4d 和 Ta-5d 轨道的相互作用导致费米能级（TaS_2 相对于 $Pd_{0.1}TaS_2$）上升，从而降低了 HER 的势垒高度。此外，Pd-4d 和 S-3p 轨道的杂化沿 c 轴建立了通道，从而提高了电导率，提高了 HER 性能。在 $Pd_{0.1}TaS_2$ 中，钯的用量仅为 4%（质量分数），而在 Pd/C 催化剂中，钯的用量为 20%，这有利于其实际应用。

（3）比表面积效应

为了在进一步提高催化剂析氢活性的同时降低催化剂的成本，可通过制备高分散性、高比表面积的催化剂来提高催化剂的利用率和真实表面积，进而降低电解过程中电极的真实电流密度和析氢过电位，即比表面积效应。

制备纳米尺度的催化剂是提高催化剂比表面积的有效途径。然而，催化剂尺寸减小导致的另一个问题是使用过程中的团聚，这将直接导致其催化活性和稳定性的恶化。通过将纳米尺寸的催化剂负载、固定在多孔材料上，如碳材料（碳纤维、碳纳米管及石墨烯等）表面，可在提高催化剂比表面积的同时获得高稳定性的结构，有效提高催化剂材料的利用率并抑制催化剂活性组分的团聚和损失。C. Cui[9] 等构建了分层 Pt-Mxene-单壁碳纳米管（SWCNTs）异质结构的 HER 催化剂（如图 8-2 所示）。在异质结构中，高活性的纳米/原子级金属 Pt 被固定在 $Ti_3C_2T_x$ MXene 薄片上（MXene@Pt），这些薄片与导电的 SWCNTs 网络相连。利用 MXene 的亲水性和还原性，在不添加还原剂或后处理的情况下，将 Pt 阳离子自发还原为金属 Pt，形成了 MXene@Pt 胶体悬浮液。所制备的分级 HER 催化剂具有高的本征催化活性和优异的稳定性，此种制备策略为构建稳定高效的 HER 催化剂提供了一种简单、高效且可扩展的方法。

此外，Huang[10] 等人采用一步湿化学合成法直接将 IrM（M＝Ni、Co、Fe）纳米簇负载到碳载体上，通过简单地改变前驱体的种类和物质的量实现其化学组分的精准调控。所得到的 IrM 纳米簇平均尺寸为 1.5～2.0nm，均匀地分散在碳载体上。其较小的尺寸大大提升了 IrM 纳米簇的比表面积，有利于暴露出更多的活性位点。不仅如此，该方法通过在合成中直接引入载体，不仅避免了高分子保护剂的使用，有利于活性位点的充分暴露，而且还免去了繁琐的负载过程，提高了催化剂的制备效率。此外，在该合成方法中，由于纳米簇直接在载体上成核与生长，因而与载体之间具有更强的结合能力，这对其催化稳定性的提升也有一定的促进作用。电化学测试表明，IrNi 纳米簇相较于其它组分的合金纳米簇表现出更高的 OER 和 HER 催化活性。

图 8-2　MXene@Pt/SWCNTs 催化电极的制备流程

8.1.3　其他析氢反应电催化纳米材料

贵金属析氢催化剂虽然具有优异的电催化性能，但因其地壳中储量低、价格昂贵无法大规模地应用于工业生产中。因此，研究和开发性能优良、价格低廉和稳定性好的高效析氢电极材料对于电解水制氢意义重大。L. Brewer 于 1968 年提出价键理论[11]，认为一些过渡金属如镍、钨、钴等及其合金具有特殊的 d 电子结构，有利于氢原子的吸附和脱附，对析氢反应有较高的电催化活性。然而，在碱性溶液中高电流密度的电解条件下，镍基等过渡金属电极的析氢过电位相对较高，成为困扰电解水工业发展的技术难题。

20 世纪 20 年代，Raney 等发现镍/铝或镍/锌合金在碱性溶液中溶去铝或锌元素后形成的多孔镍——Raney 镍，具有较大的表面积（其真实表面积比光亮镍的表观面积大 2～3 个数量级），在较高电流密度电解下的析氢反应过程中表现出良好的电催化活性，但该电极的机械强度和电位稳定性较差，在实际应用中受到限制。析氢电极真正得到较快的发展是在20世纪70年代，挪威 Norsk Hydro 公司率先采用电沉积的方法在多孔 C/Ni 基体上制备了电化学活性非常高的 Ni-S 合金析氢电极。

需要指出的是，虽然近年来包括镍基材料在内的过渡金属用于析氢反应催化剂的研究取得了较大进展，但是并没有获得类似贵金属析氢材料表现出的明确特性规律。该类析氢电极催化活性主要受两方面因素影响：a.电极材料结晶结构，即当电极具有特定的结晶结构或合理的催化成分时，能够使析氢电极与溶液中活性氢形成的化学键具有适当的吸附强度，因此在析氢反应过程中，有利于提高活性氢的吸附或脱附能力，进而有效降低析氢反应的极化阻力，从而提高电极的析氢电催化活性；b.电极真实表面积，当电极材料的真实表面积远大于表观面积时，可有效增加电解液和电极材料的接触面积，使电极在较高电流密度的工业电解过程中，有效降低电极表面的真实电流密度，进而降低电解反应过程中电极的析氢过电位。常见过渡金属析氢催化剂主要包括：镍基合金、钼基合金、钨基合金和钴基合金等，下面分别进行介绍。

8.1.3.1 镍基合金析氢催化剂

镍是最早被开发用于碱性条件下析氢的电催化剂，镍基析氢电极由于析氢电催化活性高且成本低廉而备受关注。镍基析氢催化剂经过多年的研究和开发，已形成了多种合金类型，按组成合金的元素可分为镍基二元合金和三元合金。

镍基二元析氢合金主要有 Ni-P、Ni-S、Ni-Mo、Ni-Co、Ni-Sn、Ni-W、Ni-V、Ni-Ti 及 Ni-La 等。合金元素的组成和结构对镍基析氢催化性能有很大影响，但是其作用机理并没有得到一致的认同。

Ni-S 合金结晶结构与 S 含量有很大关系。Q. Han[12] 等以硫脲为硫源采用电沉积的方法制备了 Ni-S 合金。研究了硫脲的浓度、沉积的温度、电流密度以及电解液 pH 值等对合金中 S 含量的影响。在这四个因素中，硫脲浓度和电流密度是主要因素。当合金中的 S 含量为 19% 时，HER 过电位最低。XRD 和 SEM 分析表明，合金的组织为非晶态。与工业上使用的低碳钢电极相比，非晶镍硫合金的过电位降低了约 300mV。此外，在 NaOH 电解液中，非晶态 Ni-S 合金的电化学活性随温度升高而升高。通过不同电流范围的 Arrhenius 曲线得到的活化能表明，非晶 Ni-S 电极的活度远高于其他电极。

许多学者认为非晶态的 Ni-S 合金电极具有很好的析氢活性。也有人认为，只有非晶结构是不够的，还要有合理的催化活性成分，使活性阴极的电子结构和活性氢构成的化学键具有强吸附/弱脱附能力时，才表现出较好的析氢活性。在他们的研究中发现 Ni-S 合金形成了 NiS 型的金属间化合物结晶结构，而且此结构恰恰对氢具有强烈的吸附能力，从而使 Ni-S 合金具有高的催化活性。

Ni-P 合金电极最早是作为防护性镀层出现的，近些年才被研究用于析氢阴极。T. Valand 等[13] 采用电沉积技术制备了 Ni-P 合金，XRD 研究发现在此合金中纳米晶结构的 Ni、P 镶嵌在非晶相的 Ni 中，并且发现在碱液中随着晶粒尺寸增大，电极的催化活性降低。作者推测可通过提高合金中非晶相的含量来提高电极的催化活性。非晶态的催化析氢性能较好可能是由于非晶态结构易于氢的吸附，改变了材料表面的电子状态，使氢的析出变得容易进行。与 Ni-S 合金电极研究相似，Ni-P 合金电极的催化活性与镀层的 P（S）含量及镀层的晶型有关，但是各个研究得出的结论却不完全相同。合金组成对其析氢电催化活性和稳定性有很大影响。Shen 等[14] 采用电沉积技术制备了 P 含量为 5.8%～10%（质量分数）的 Ni-P 合金，并研究了 P 含量对合金析氢催化活性的影响，发现 P 含量为 6.0% 的 Ni-P 合金对 HER 的催化效果最好。为了探究 P 元素在 Ni-P 非晶合金中的作用，采用密度泛函理论方法和前线分子轨道（FMO）理论分析了 P 元素在 Ni-P 非晶合金中的作用。研究表明：P 含量在 9.1%～14.3% 范围内的 Ni-P 合金在析氢过程中易得电子，从而有利于析氢反应的进行。

在镍基二元析氢合金材料中，Ni-Mo 合金被认为是碱性溶液中最好的析氢电催化剂和最有可能用于工业化制氢的二元合金电极材料。由于钼有半充满的 d 轨道而镍有未成对的 d 电子，二者结合起来具有很好的电子协同效应，使钼与镍形成具有最大键强的镍-钼合金。由于 d 电子的共享给出适合质子结合与传递的电子结构，从而提高电极的析氢电催化活性。Q. Zhang 等[15] 采用原位拓扑还原法合成了超薄 2D Ni－Mo 合金纳米片电催化析氢电极。由于其超薄结构和组分的可调节性，所合成的 Ni－Mo 合金达到 10mA/cm^2 的电流密度仅需要 35mV 的过电位，Tafel 斜率为 45mV/dec，显示出与最先进的商业 Pt/C 催化剂相当的本征活性。此外，导电基底上 2D NiMo 纳米片的垂直排列使电极具有"超疏水性"，从而在 HER 过程中导致更快的气泡释放，因此与同一基底上的涂覆催化电极 Pt/C 相比，在高电流密度下表现出更快的传质行为，有利于催化性能的提升。二元合金虽然具有良好的电化学催化性能，但是其电化学稳定性不够理想，而引入第三种元素是提高合金稳定性的有效途径。此外，多种元素的引入可增加合金的空间表面形态，形成活性更大的空间结构，增大电极的真实表面积，提高析氢催化活性。

8.1.3.2 钼基合金析氢催化剂

近年来，钼基金属及其合金作为析氢电催化剂的研究引起了人们的广泛关注。目前，已被研究的钼基析氢催化剂主要有硫化钼合金、碳化钼合金、硼化钼合金、磷化钼合金以及由这些合金构成的复合材料。

二硫化钼（MoS_2）是一种具有很高的电催化析氢活性的二维层状材料，实验和计算结果表明 MoS_2 的析氢活性位点位于钼原子边缘，此处吸附的不饱和硫原子可与氢原子形成 Mo-S-H 结构，此时的吸附自由能较小，有利于析氢反应的进行。由于 MoS_2 的活性位点位于边缘，基面没有 HER 催化活性，因此需要增大活性表面积；本征活性位点少，需要引入更多的活性位点；导电性差，需要促使界面电荷转移。针对 MoS_2 作为析氢催化材料存在的弊端，科研人员采用各种策略致力于提高其析氢活性，包括空间限制生长、形貌控制、异原子掺杂、制造缺陷以及采用界面工程手段将 MoS_2 锚定在一些二维或三维的结构材料表面，不但能够提高催化剂的有效比表面积，也能有效防止团聚现象发生。Dai 等[16] 利用化学气相沉积（CVD）方法，通过硫化还原氧化石墨烯（rGO）负载的氧化钼（MoO_2）颗粒来原位生长 MoS_2（图 8-3）。这种方法在氧化石墨烯负载的 MoS_2 结构的基面上产生了各种形态的 MoS_2，这些 MoS_2 结构具有大的边缘和缺陷密度，被认为是 HER 催化的活性位点。此外，多孔 rGO 网络与其表面的 MoS_2 纳米结构之间的范德华力和 π-π 相互作用，避免了团聚现象的发生。这些特性促进了 HER 催化性能的提升。当硫化时间为 30min 时，rGO-MoS_2 催化剂最低的起始电位为 -197mV。理论计算表明，MoS_2 基面上的缺陷确实增加了活性位点，提升了催化活性。此外，具有不同几何形状和缺陷的 MoS_2 晶体的存在有利于析氢催化活性的提升，因为不同的几何形状能够维持体系在更长的时间内具有活性，并且缺陷增加了可用于氢相互作用的活性位点的数量。

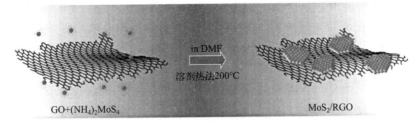

图 8-3 溶剂热法合成 MoS₂/rGO 杂化物

碳化钼（Mo₂C）合金用于析氢电催化剂的研究才刚刚开始。比较常用的制备方法为 CVD 技术，以 CH₄、C₂H₆ 和 CO 为碳源，以 MoF₆、Mo（CO）₆ 和 MoCl₆ 为钼源。最近，Wu 等[17] 以 MoO₃ 纳米棒为前驱体，采用气相沉积法制备了嵌入碳层的超细碳化钼纳米晶体（Mo₂C@C）作为 HER 的高效催化剂。Mo₂C@C 凭借其多孔的一维结构和超细的 Mo₂C 纳米晶体，在 1mol/L KOH 溶液和 0.5mol/L H₂SO₄ 溶液中分别表现出 119mV 和 170mV 的高 HER 催化活性。此外，Mo₂C@C 在 HER 过程中表现出较长的耐久性，几乎没有衰减，并且在 HER 稳定性测试后保持了多孔的一维结构。该研究为进一步设计和制备适用于宽 pH 范围的纳米结构 HER 电催化剂提供了指导。

硼化钼与碳化钼具有类似的性质。Fokwa 等[18] 采用电弧熔炼法制备了 Mo₂B、α-MoB、β-MoB 和 MoB₂ 等四种二元体硼化钼。在酸性条件下测试了四相的电催化活性和稳定性。研究结果表明，β-MoB 和 MoB₂ 具有优异的催化活性和稳定性。而钼富集相的 Mo₂B 表现出相对较低的 HER 活性，表明这些硼化物的 HER 性能对硼具有较强的依赖性。尽管这些硼化物的 HER 活性已经非常好，但催化剂的微观形貌和大尺寸会对性能产生影响，如果在纳米尺度上研究这些材料，它们的催化性能可能会进一步提高。硼化物纳米材料合成的进展表明，这类材料作为 HER 电催化剂，未来将会拥有广阔的应用前景。

磷化钼（MoP）用于加氢、加氢脱硫和加氢脱氮催化剂的研究较多。最近，Zhang 等[19] 通过磷化无机-有机杂化前驱体制备了 N 掺杂碳包覆的多孔 MoP 纳米线（MoP@NC NWs）催化电极。MoP@NC 具有中孔 MoP 骨架和微孔的 N 掺杂碳涂层促进了电解质/气泡的扩散和离子/电子的传输，在界面处具有丰富的活性位点和较小的 H 吸附自由能（ΔG_{H*}），提高了 HER 性能。在酸性、中性和碱性溶液中，除了具有优异的稳定性外，还具有优异的 HER 催化活性。

除了钼基合金之外，也有文献报道钼基配合物分子在不同环境中也具有很好的电催化析氢活性。

8.1.3.3 钨基合金析氢催化剂

钨基合金析氢催化剂主要有碳化钨合金、硫化钨合金及磷化钨合金等。自从 R. B. Levy 和 M. Boudart 发现低成本的碳化钨（WC）表现出仅在 Pt 族金属上才有的催化活性，即"类铂"催化活性以来[20]，研究人员针对 WC 开展了大量研究工作。人们发现 WC 具备替代铂等贵金属催化剂的特性和良好的抗中毒能力，并被证实对析氢反应有一定的催化性能，但在很长一段时间内有关 WC 对析氢反应的催化性能及机理的研究仅局限于以镍基合金材料为基体。近年来，研究人员在其他材料表面制备了具有不同结构的 WC 催化剂，并研究了其析氢性能。

WS$_2$ 具有与 MoS$_2$ 类似的结构，早在 2000 年左右，人们就发现其具有电催化析氢活性。WS$_2$ 合成方法主要包括球磨法、化学剥离法及高温液相合成法等，迄今为止，关于其析氢活性的研究仍较少。Wilkinson 和 Wang 等[21] 采用机械活化策略以 WO$_3$ 和 S 为原料制备了厚度小于 10nm 的 WS$_2$ 纳米片（图 8-4），所制备的 WS$_2$ 因其独特的结构特征（如松散堆叠的层）产生了大量的活性位点，提供了高度暴露的边缘，使得 WS$_2$-NSs 催化剂对 HER 表现出了高的电催化活性，性能优于常用的 MoS$_2$ 催化剂。Yin[22] 等采用胶体化学的方法可控合成了以金属 1T' 相为主导的 WS$_2$（1T'-D WS$_2$）纳米结构。并在酸性电解质中研究了析氢性能，这种 1T'-D WS$_2$ 比 2H 相 WS$_2$ 表现出更高的 HER 活性和稳定性。稳定性测试表明，在 0.3V（vs. RHE）恒定过电位和 41mA/cm^2 初始电流密度下，1T'-DWS$_2$ 的耐久半衰期约为 46 天，尽管由于持续的 H$_2$ 鼓泡对原子片施加了较大的毛细应力而产生了剧烈的腐蚀，但高度稳定的 1T' 相主导的过渡金属二硫化物纳米材料仍具有高效稳定的 HER 性能。

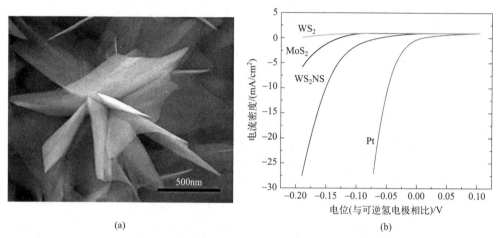

(a)   (b)

图 8-4 WS$_2$ 纳米片的 SEM 图片（a）以及不同电极材料在 0.5mol/L H$_2$SO$_4$ 中的极化曲线[22]（b）

磷化钨合金（WP、WP$_2$）作为加氢、加氢脱硫和加氢脱氮催化剂的研究较多，但作为析氢催化剂的研究则刚刚开始。Mu 等[23] 采用原位氧化和磷酸酸化方法在 W 箔表面原位合成了类珊瑚状 WP 纳米棒阵列（C-WP/W）。所制备的 3D C-WP/W 催化体系可以直接作为析氢反应电极，在酸性或碱性介质中都表现出优异的活性和稳定性。在 0.5mol/L H$_2$SO$_4$ 和 1.0mol/L KOH 电解液中驱动 10mA/cm^2 的电流密度只需要 109mV 和 133mV 的过电位，驱动 100mA/cm^2 的电流密度需要的过电位为 189mV 和 206mV。此研究为低成本、高性能 3D HER 电极的集成以及在复杂条件下的高效应用铺平了道路。M. Pi 等[24] 通过原位磷化 WO$_3$ NWs/CC 前驱体，在碳布上制备了自支撑的二磷化钨纳米线阵列（WP$_2$ NWs/CC）。这种具有集成三维纳米结构的无黏结剂柔性 HER 催化剂不仅可以提供大的表面积以暴露丰富的活性位点，而且还可以促进电子和电解质离子的渗透。WP$_2$ NWs/CC 电极表现出优异的催化性能，在电流密度分别为 10mA/cm^2 和 50mA/cm^2 时，其过电位为 109mV 和 160mV，Tafel 斜率为 56mV/dec，该催化剂在酸性介质中的高稳定性至少达到 20h。此外，密度泛函理论计算表明，WP$_2$ 表面氢原子吸附具有较低的动能势垒，保证了催化剂具有良好的催化活性。

8.1.3.4　钴基合金析氢催化剂

由于成本低廉、资源广泛且具有良好的化学稳定性，钴基化合物被广泛应用于磁性材料、能量存储材料、锂离子电池材料及析氧阳极材料。近年来，硫化钴、磷化钴、硼化钴及钴基配合物用于析氢催化剂的研究逐渐获得了人们的关注。

硫化钴（Co-S）具有良好的化学稳定性，可采用电沉积法和水热合成法制备。X. Ma 等[25] 以 $Co(Ac)_2$ 和 CS_2 为原料，采用简单的一步水热合成法制备了相和组成可控的硫化钴（CoS_x）空心纳米球，通过简单地调整 CS_2 与 $Co(Ac)_2$ 的摩尔比，精确地合成了 Co_9S_8、Co_3S_4 和 Co_2S HNSs 等三种 CoS_x 化合物。电化学结果表明，在 1.0mol/L KOH 条件下，与 Co_9S_8 和 Co_3S_4 HNSs 相比，所制备的 Co_2S HNSs 表现出优异的 HER 催化性能，仅需要 193mV 的 HER 过电位就可以驱动 $10mA/cm^2$ 的电流密度，相应的 Tafel 斜率为 100mV/dec。此外，Co_2S HNSs 表现出显著的长期催化耐久性，甚至优于 RuO_2 和 Pt/C 等贵金属催化剂。

磷化钴（CoP、Co_2P）与磷化镍具有类似的结构，分子中 Co 和 P 的电子结构可形成质子受体，使其具有良好的电催化析氢活性。Chen 等[26] 采用沉淀、化学刻蚀和低温磷化的策略设计并合成了 CoP 纳米框架（CoP NFs）。框架的中空纳米结构能够提供电催化反应所需的开放结构和进入到内部的有效通道（图 8-5）。所制备的催化剂具有优异的催化性能和稳定性。研究结果表明：在 0.5mol/L H_2SO_4 溶液和 1.0mol/L 的 KOH 溶液中，HER 的过电位分别为 122mV 和 136mV 时，即可驱动 $10mA/cm^2$ 的电流密度。

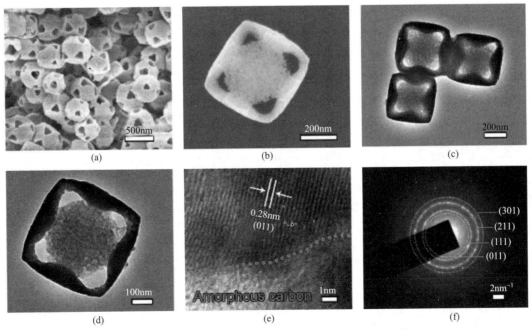

图 8-5　CoP 的形貌表征（a）和（b）CoP 扫描图片；（c）和
（d）CoP 透射图片；（e）和（f）CoP 高倍透射图片

金属有机骨架（metal-organic frameworks，MOFs）具有结构多样、比表面积和孔隙度高、金属配位中心和官能团多样等优点，MOFs 作为电化学活性材料是非常理想的，在许多领域引起了人们的广泛关注。钴基的 MOF 催化剂也是析氢电催化领域研究的热点，具有广阔的应用前景。Chen 等[27] 采用气相法，利用不同形态的金属羟基氟化物作为自我牺牲模板，在导电碳布（CC）上生长出排列良好的 MOFs。具体来说，通过控制硫化方法，Co 基 MOF 中的 Co 离子会进一步原位产生部分活性 Co_3S_4，所得到的 Co_3S_4/EC-MOF 杂化物对析氢反应和析氧反应的电催化性能大大增强，过电位分别为 84mV 和 226mV，电流密度就能达到 $10mA/cm^2$。密度泛函理论计算和实验结果表明，Co_3S_4 与 EC-MOF 之间的电子转移可以降低 Co d 轨道的电子密度，从而使 Co 的电催化吸附性能更加优化。该研究将为设计高度有序的基于 MOF 的表面活性材料开辟新的途径。Bu 等[28] 人利用阴离子表面活性剂开发了二维多晶 Co-MOF，并在 0.5mol/L 的 H_2SO_4 溶液中测试了其 HER 性能。为了达到 $10mA/cm^2$ 的电流密度，纯 Co-MOF 需要 388mV 的过电位，当添加导电乙炔黑时，过电位降低到 44mV。HER 活性的显著增强是由于这种集成改善了电导率并增加了电流密度。然而，对 HER 后电催化剂的重构和表征研究较少。

此外，也有文献报道可采用钴基半导体（如 $CoSe_2$）、钴基其他合金（如 CoMoN、CoW）等作为析氢催化剂。

8.1.3.5 碳材料析氢催化剂

近年来，在非 Pt 基析氢电催化剂中除了过渡金属合金外，碳材料（如碳粉、碳纳米管、石墨烯等）作为金属催化剂载体或基于碳材料制备的"无金属"析氢催化剂的研究也逐渐引起了人们的广泛关注。需要指出的是碳材料本身是电催化析氢惰性的，但是碳材料通常具有大的比表面积和良好的导电性，因此可作为活性催化剂的载体。

碳粉原料储量丰富，制备成本低廉，在各领域被广泛使用。利用其良好的导电性和化学稳定性，可作为活性催化剂的载体。J. Fournier 等[29] 在真空条件下将催化金属沉积在悬浮的石墨粉颗粒表面，成功地制备了高分散的电催化材料。研究结果表明，金属在石墨颗粒表面分散均匀，通过将粉末颗粒与 $LaPO_4$ 无机聚合物结合，可以获得具有良好机械强度和化学稳定性的电极。在 1mol/L 的 KOH 溶液中，纯石墨颗粒上沉积的金属（或合金），具有优异的 HER 电催化活性。电化学阻抗和稳态极化曲线研究表明，Rh/C（质量分数为 2.1%）、Pt/C（2.5%）和 Pd/C（0.2%）电极的 HER 过程遵从 Volmer-Heyrovsky 反应机理，且 Rh/C（2.1%）电极具有最高的电催化活性。

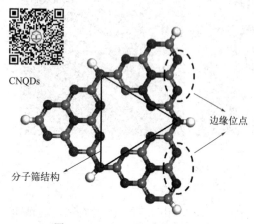

CNQDs

边缘位点

分子筛结构

图 8-6 g-C_3N_4 量子点的结构

自 2004 年石墨烯首次从石墨中被分离出来后，研究人员陆续发现其在诸多领域都具有优异的性质，比如利用其优异的化学稳定性、导电性及高机械强度，可作为催化剂载体使用。Yan 等[30] 应用密度泛函理论计算来研究载体引入和结构量子化对 C_3N_4 杂化物电子/化学性质的影响，预测石墨烯上负载的 g-C_3N_4 量子点（CNQDs）具有充分的电荷转移能力和丰富的可接近的边缘位点（图 8-6），从而具备优异的 HER 催化活性。接下来，通过简单的策略实现了 CNQDs 均匀且良好地分散在石墨烯上，可控合成了超薄的 CNQDs@G 无金属复合催化剂。

在 $10mA/cm^2$ 下表现出高 HER 性能和低过电位（110mV），甚至与许多金属催化剂相当。密度泛函理论计算结果和实验结果表明，此催化剂的优异性能源于石墨烯与 g-C$_3$N$_4$ 量子点之间的协同效应。

虽然 Fe、Co 和 Ni 基过渡金属及其合金在碱性环境中具有较好的电催化析氢活性，但是这些材料在酸性溶液中稳定性较差，而碳纳米管具有良好的导电性和化学稳定性，可作为非贵金属析氢催化剂的载体。为此，Bao[31] 等提出将 Fe、Co 和 Fe-Co 合金封装到氮掺杂碳纳米管（CNTs）中，并研究了它们在酸性电解质中的 HER 活性。优化后的催化剂表现出长期耐用性和高活性，其起始过电位仅为 70mV，与商用 40% Pt/C 催化剂接近，显示出替代 Pt 基催化剂的潜力。密度泛函理论计算表明，引入金属和氮掺杂剂可以协同优化碳纳米管的电子结构和氢原子在碳纳米管上的吸附自由能，从而以 Volmer-Heyrovsky 机制促进 HER 反应的进行。

8.2 析氧电催化纳米材料

利用光伏、风电、水电等可再生电能驱动的电化学水循环反应是氢能绿色制取和高效利用的基础，即通过电化学分解水生成分子氢与氧（$H_2O \longrightarrow H_2 + O_2$）实现电能-化学能转化与存储，再通过氢分子和氧分子反应生成水（$H_2 + O_2 \longrightarrow H_2O$），实现化学能-电能转化与释放。其中，水电解池和氢燃料电池分别是水分解制氢和氢气氧化生成水实现能量转化的装置，提升其工作效率和寿命等服役性能、降低其运行成本是推动氢能规模化应用的根本途径。

水电解池中水分解反应则是氢气与氧气反应生成水的逆过程，需要在电场驱动下通过阴极发生水还原反应（即析氢反应，HER）和阳极发生水氧化反应（即析氧反应，OER）生成氢气和氧气。其中，4 电子-质子传递与耦合形成 O=O 键的 OER 较 2 电子转移的 HER 反应动力学缓慢，是电解池水分解效率的瓶颈反应。以上电化学反应过程均发生于电极系统中的固-液-气三相界面，涉及电解液/气体分子传质、电子输运、表面催化反应和电子转移等过程。因此，水电解池和氢燃料电池的工作效率取决于电极系统的电子输运和传质能力（传输动力学），以及催化活性相的本征催化活性（反应动力学）。在过去的几十年里，研究人员致力于开发具有高活性和稳定性的析氧电催化剂。

从材料设计角度来看应该综合考虑催化活性、抗中毒性、反应选择性、表面状态及其随时间变化等几个方面，设计合适的催化剂电极材料。从生产工艺及日常使用角度则应考虑催化剂的耐腐蚀性、耐磨损性、稳定性、耐久性、导电性、机械强度、加工性能、再生及原料回收可能性、价格及经济性等多个方面。

传统使用的析氧阳极材料大致可分为三类：石墨、贵金属（铂、金等）、非贵金属及其合金。石墨电极被广泛地应用在电解工业领域长达数十年之久。但在长时间的使用中发现石墨阳极存在许多不足之处：电能消耗大；随着电化学反应的进行，石墨电极损耗量大，电极极距发生变化，这将导致电解反应不稳定；石墨材料机械强度差，不易进行机械加工。为了适应发展的需要，石墨电极逐渐被金属电极所取代。接下来是铂族金属，因其良好的耐氯腐蚀性、导电性引起了研究人员的注意。但是贵金属价格昂贵，且该类电极的析氧活性并不理想。随后人们使用了铅及其合金作电极，但铅合金阳极不稳定，容易发生变形，导电性不够好，电能消耗比较大，且铅合金阳极中有毒的铅离子会溶解在溶液中，造成二次污染。这就促使科学家去探索和发展更高效、稳定的阳极材料。

本节将主要介绍金属（氧化物）析氧反应的基本特征、电催化活性理论、电催化析氧机制、贵金属电催化析氧纳米材料和非贵金属电催化析氧纳米材料。

8.2.1 析氧反应的基本特征

金属电极上的阳极过程动力学规律比阴极过程复杂，因此，对析氧反应的研究远不如对析氢反应过程的研究那样深入。总的来说，阳极析氧反应具有以下典型特征。

（1）过程复杂

在酸性溶液中，析氧反应总反应式为：

$$2H_2O \xrightarrow{\hspace{1cm}} O_2 + 4H^+ + 4e^- \tag{8-6}$$

在碱性溶液中，析氧反应总反应式为：

$$4OH^- \xrightarrow{\hspace{1cm}} O_2 + 2H_2O + 4e^- \tag{8-7}$$

由此可见，无论是酸性溶液还是碱性溶液中，析氧反应都是一个四电子复杂反应，过程中可能涉及多个电化学单元步骤，而且还要考虑氧原子的复合或电化学脱附步骤。因此析氧反应过程要比析氢反应过程步骤多，而且每一步都可能是速控步骤，使得关于析氧反应机理的研究相当困难。

一般认为，在酸性和中性溶液中析氧历程为：

$$S + H_2O \longrightarrow S\text{-}OH_{ads} + H^+ + e^- \tag{8-8}$$

$$S\text{-}OH_{ads} \longrightarrow S\text{-}O_{ads} + H^+ + e^- \tag{8-9}$$

$$S\text{-}O_{ads} \longrightarrow S + 1/2O_2 \tag{8-10}$$

碱性溶液中析氧的某些历程：

$$S + OH^- \longrightarrow S\text{-}OH_{ads} + e^- \tag{8-11}$$

$$S\text{-}OH_{ads} + OH^- \longrightarrow S\text{-}O_{ads} + H_2O + e^- \tag{8-12}$$

$$S\text{-}O_{ads} \longrightarrow S + 1/2O_2 \tag{8-13}$$

上面提到的电极表面的析氧历程是一种近乎抽象化、理想化的过程，从整个过程来看，电极的反应只有氧气析出，电极本身在反应前后没有任何变化。虽然这是人们所希望的，但是在实际反应中并不是这样。电极自身可能发生溶解和钝化，同时可能发生其他中间价态粒子（H_2O_2、H_2O^-、含氧吸附粒子及金属氧化物）的生成等一些复杂的阳极过程。因此，析氧反应的历程相当复杂。

（2）可逆性差

析氧反应的可逆性很小，要想在实验条件下建立一个可逆的氧电极相当困难。即使是在Pt、Pd、Ag及Ni等常用作析氧电极反应的金属电极上，析氧电极反应的交换电流密度很小，一般不超过$10^{-10} \sim 10^{-9}A/cm^2$。即析氧反应总是伴随着很高的过电位，从而几乎无法在热力学平衡电位附近研究析氧反应的动力学规律，甚至很难直接用实验手段测定准确的析氧反应平衡电极电位。通常所用的氧电极的平衡电位大多是由理论计算得到的。

由于析氧过程过电位较大，导致研究中涉及的电位较正，而在电位较正区域，电极表面通常会发生氧或含氧粒子的吸附，甚至会生成氧化物新相。这使得电极电位发生变化，电极表面状态不断发生变化，给反应机理研究带来很大困难[5]。

（3）存在双 Tafel 区

极化曲线是研究电极反应机理的重要工具，不同电极表面的析氧极化曲线有不同的形态，但大多有一个共同点，即极化曲线通常都存在两个 Tafel 区，低电流（或低过电位）区的 Tafel 斜率较小，高电流（或高过电位）区的 Tafel 斜率较大。对此现象的理解认识主要存在四种观点：a.电极反应发生了变化；b.出现了另一个控制步骤；c.电极表面状态发生了突变；d.释放的氧气气泡对电极/溶液界面的冲击。其中，第二个观点较为人们所接受。

（4）表面重构现象

大多数电催化剂在 OER 过程的强氧化条件下，表面会发生显著的物理化学性质变化，从而形成重构的新表面。在水氧化电位较低的区域经常观察到显著的氧化峰，这是催化剂表面氧化的结果。在阳极极化期间，实现氧析出之前 $[1.0\sim1.5V$（$vs.$ RHE）]，催化剂表面的金属阳离子通常从它们更稳定的低价态（0/＋2）转变到电催化性能活跃的高价态（＋3/＋4）。这些高价金属已被证实是真正的活性组分。除了这种阳离子价态的变化外，电催化剂表面还会发生组成的变化。与过渡金属基硫化物、氮化物和磷化物相比，过渡金属基氧化物的焓值通常更负，氧化物是大多数水溶液中电化学过程的热力学稳定的最终产物。因此，过渡族金属基电催化剂在 OER 过程中表面可能重构成氧化物或氢氧化物。催化剂表面的重建程度在很大程度上取决于驱动水氧化的阳极过电位，增加阳极过电位会增加表面重建的动力学和程度。除了施加过电位外，改变电解液的 pH、温度等来调节阳离子的氧化电位，从而影响表面重建过程。在较高的 pH 环境中，金属阳离子的氧化电位会负移，导致生成更多高价态活性金属，从而显著提高电催化活性。电催化剂的结构特征在表面重建中也起着不可忽视的作用，如金属-氧键的结构缺陷和共价键。高浓度的结构缺陷可以促进表面重建，导致更多的高价态金属的生成。通过调节电解质的 pH 值、工作温度、施加的电位、催化剂缺陷等，促进催化剂表面重构，优化其 OER 性能，并结合原位测试手段，表征催化剂衍生表面与原有表面的界面关系、真正催化活性位点的结构及成分等。

8.2.2 析氧反应电催化活性理论

在一定电解条件下，析氧反应的难易程度主要取决于阳极材料（电催化剂）的选择。图 8-7 给出了一些金属及其氧化物在酸性和碱性溶液中的析氧极化曲线。从图中看出，在一定的过电位下不同材料表面的析氧电流值可以相差几个数量级。在酸性溶液中 Ru 及 RuO_2 电极是最佳电催化剂；而在碱性溶液中则以 $NiCo_2O_4$ 阳极最佳。虽然 Pt 是最佳的析氢用电极材料，但其用在析氧上却表现出很高的阳极过电位。一些贵金属（氧化物）的析氧催化活性顺序为：$PdO > RuO_2 > IrO_2 > Rh_2O_3 > Pt$[32]。

电极的析氧活性由电催化剂自身材料因素与电极的活性表面积决定。在过去的几十年中，研究人员对由材料因素引起的不同电极表面析氧电催化活性的内在差异进行了深入研究，并提出了许多理论上的阐释。

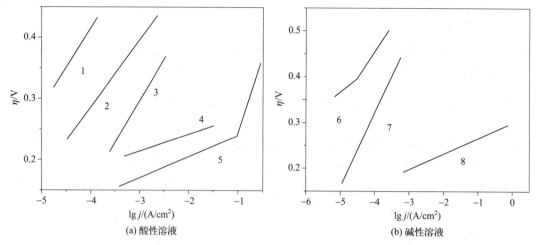

图 8-7　不同金属及金属氧化物在酸性溶液和碱性溶液中的析氧极化曲线

1-Ni；2-PtO$_2$；3-IrO$_2$；4-Ru；5-RuO$_2$；6-Pt；7-La$_{0.8}$Sr$_{0.2}$MnO$_3$；8-NiCo$_2$O$_4$

8.2.2.1　键能理论

P. Ruetschi 等[33] 较早地研究了不同金属材料表面的析氧过电位问题。该理论可以较好地解释在 Pd、Au 和 Ag 等电极的析氧极化曲线上发生过电位突变的现象。不同金属在 1mol/L KOH 溶液中于 1A/cm^2 电流下的析氧过电位与 S—OH 键能的关系如图 8-8 所示，由于这些突变的电位接近于对应的电极不同氧化态的平衡电位，因此可能电极表面氧化态发生了变化，从而引起 S—OH 键能变化，进而导致过电位发生突变。这是因为金属价态越高，S—OH 键能越低，对应其上的析氧反应过电位越高。

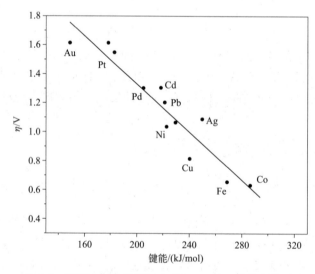

图 8-8　不同金属的析氧过电位与 S—OH 键能的关系

8.2.2.2　不同价态氧化物间转化的焓变理论

S. Trasatti[34] 总结了前人的研究结果，提出氧化物表面析氧过电位与氧化物电对转化的焓变之间的关系，即著名的火山形曲线。焓变 ΔH_t^θ 达到一定值时析氧过电位最小。表 8-3 列出了所涉及的各氧化物转化电对及对应的标准焓变。焓变理论基于如下设想：在阳极过程中 O 中间态在电极表面发生吸附，与电极表面的活性态组元 SO_x 反应生成高价态的活性组元 SO_{x+1}，此转化过程涉及化学反应的焓变。然而火山形山峰的原因还未得到解释，该理论仅建立在实验结果的基础上。

表 8-3　火山形曲线中涉及的氧化物转化电对及对应的标准焓变

氧化物	转化	ΔH_t^θ（氧原子）/(kJ/mol)
RuO_2	Ru_2O_3	79.5
IrO_2	Ir_2O_3	83.4
FeO_4	Fe_4O_3	238.5
Co_3O_4	Co_2O_3	90.0
Ni_2O_3	NiO	54.4
PtO_2	Pt_3O_4	67.0
PbO_2	Pt_2O_3	48.1
MnO_2	Mn_2O_3	71.1

8.2.2.3　氧化物对电位控制理论

A. S. Hickling 等[35] 研究了不同金属在 5mol/L KOH（25℃）中的析氧过电位与所对应的低价金属氧化物/高价氧化物对的标准平衡电位之间的关系。结果发现，在一定电流下，析氧过电位与低价金属氧化物/高价氧化物对的平衡电位之间呈线性关系。这说明，在高电流密度下（如 1A/cm²），金属表面析氧电位由低价金属氧化物/高价氧化物对的标准平衡电位决定。后来，A. C. C. Tseung 等[36] 与 P. Rasiyah 等[37] 先后提出金属以及氧化物表面的氧气析出电位必须高于所对应的金属低价氧化物/高价氧化物对的标准平衡电极电位，其中上述氧化物对被称为析氧反应的控制对。表 8-4 列出了一些金属及金属氧化物在 25℃、5mol/L KOH 溶液中于 1A/cm² 电流下的析氧控制对与对应的析氧电位。

表 8-4　金属及金属氧化物的析氧电位与对应的析氧控制对

金属及氧化物	析氧电位(vs. RHE)/V	析氧控制对	析氧控制电对标准平衡电位(vs. RHE)/V
Co	1.84	Co_2O_3/CoO_3	1.477
Cu	2.00	Cu_2O/CuO	0.669
Au	2.86	Au_2O_3/AuO_2	2.630
Pb	2.27	OH^-/HO_2^-	1.760
Fe	1.86	FeO/Fe_2O_3	0.271
Ni	2.27	Ni_2O_3/NiO_2	1.434
Pd	2.51	PdO_2/PdO_3	2.030
Pt	2.14	OH^-/HO_2^-	1.760
Ag	2.29	AgO/Ag_2O_3	1.569
RuO_2	1.394	RuO_2/RuO_4	1.387
PtO_2	1.725	OH^-/HO_2^-	1.760
IrO_2	1.36	IrO_2/IrO_3	1.350

金属及氧化物	析氧电位($vs.$RHE)/V	析氧控制对	析氧控制电对标准平衡电位($vs.$RHE)/V
PbO_2	1.81	OH^-/HO_2^-	1.760
$Li_{0.3}Co_{2.7}O_4$	1.53	Co_2O_3/CoO_3	1.447
$Li_{0.1}Co_{0.9}O$	1.55	Ni_2O_3/NiO_2	1.434

图 8-9 则给出了在 5mol/L KOH 溶液（25℃）中于 $1A/cm^2$ 电流下金属及金属氧化物电极表面的析氧电位与对应控制对平衡电位之间的关系曲线。应该指出的是，由于在 PtO_2、PbO_2 中各自金属元素的氧化态处于最稳定状态，价态从 $+4 \rightarrow +6$ 转化的可能性不大，因此 Pt、Pb 及其氧化物的析氧控制对不再是相应的金属氧化物对，而更可能是吸附粒子的电化学转化反应对 OH^-/HO_2^-。从图 8-9 中看出，控制对的标准平衡电位越低，金属或氧化物表面的析氧越容易发生。该理论表明，在析氧前金属或氧化物将经历向高价态转变的过程。

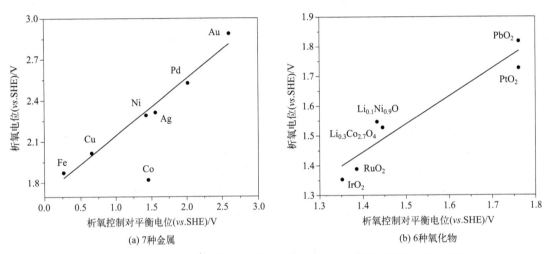

(a) 7种金属 (b) 6种氧化物

图 8-9 7种金属与 6种氧化物的析氧电位与对应析氧控制对平衡电位的关系

8.2.3 析氧反应的电催化机制

氧电极反应的历程较复杂，且不同电极的析氧反应机制也存在较大差异。J. O. Bockris 等[38] 详细研究了 Ir、Rh-Pt、Pt 等电极表面的阴阳极反应过程，提出了多种可能的反应历程。

如 8.3.1 小节所述，在酸性介质中，以下反应历程被认为是活性氧化物阳极催化析氧的基本历程：

$$S + H_2O \longrightarrow S\text{-}OH_{ads} + H^+ + e^- \tag{8-14}$$

$$S\text{-}OH_{ads} \longrightarrow S\text{-}O_{ads} + H^+ + e^- \tag{8-15}$$

$$S\text{-}O_{ads} \longrightarrow S + 1/2O_2 \tag{8-16}$$

式中，S 为金属氧化物的活性位点；$S\text{-}OH_{ads}$ 和 $S\text{-}O_{ads}$ 分别为两种吸附中间态。

S. P. Ringh 等[39] 研究了 Ni/Co_3O_4 电极在碱性介质中的析氧反应，认为其析氧的基本历程为：

$$S+OH^- \longrightarrow S\text{-}OH_{ads}+e^- \tag{8-17}$$

$$S\text{-}OH_{ads}+OH^- \longrightarrow S\text{-}O_{ads}^- + H_2O \tag{8-18}$$

$$S\text{-}O_{ads}^- \longrightarrow S\text{-}O_{ads}+e^- \tag{8-19}$$

$$2S\text{-}O_{ads} \longrightarrow S+1/2O_2 \tag{8-20}$$

认为以上反应第二步为速控步骤。

8.2.4 贵金属电催化析氧纳米材料

由于氧化过程更加复杂，OER 的过电位往往高于 HER。迄今为止，OER 催化剂的标杆还是贵金属 Ru 和 Ir 基及其化合物催化剂。S. Cherevko[40] 的团队曾证明过，Ru 和 Ir 基催化剂 OER 活性趋势为 Ru＞Ir≈RuO$_2$＞IrO$_2$。然而，金属催化剂的溶解速度非常快（IrO$_2$≪RuO$_2$＜Ir≪Ru），比相应的氧化物高 2～3 个数量级。此外，Ru 和 Ir 基催化剂高昂的成本也使其很难被大规模应用。因此，针对 Ru 和 Ir 基催化剂的设计思路之一为减小其负载量。

出于对成本的考虑，各类低成本、储量丰富的非贵金属基催化剂作为贵金属催化剂的候选者也在被不断地开发应用。科研工作者们通过对它们的晶体结构、电子结构、形貌、组分等进行修饰，已经开发出众多媲美贵金属催化剂的非贵金属基催化剂，包括各种过渡金属磷化物、氮化物、碳化物、硼化物、硒化物、硫化物。其中被研究最广泛的是钴基、镍基、锰基和铁基催化剂。

本小节分别介绍贵金属 Ru 和 Ir 基催化剂在电催化析氧领域的研究。

8.2.4.1 Ru 基催化剂

贵金属催化剂因为具有高的催化活性被广泛研究。研究者通过不同的碳基载体负载、合金化、晶面调控、单原子 Pt 催化剂等策略提高贵金属的利用率和催化活性。对于析氧反应来说，IrO$_2$ 和 RuO$_2$ 是贵金属催化剂中性能表现最好的。对于贵金属催化剂来说，纳米尺寸结构使得催化剂具有最大的比表面积，能够暴露更多的活性位点，是提高催化剂性能和降低成本的有效途径。Yang Shao-Horn 课题组[41] 报道了一种通过油胺辅助得到的纳米级 Ir 和 Ru，进一步通过氧气氛围的高温煅烧得到相应的氧化物纳米结构。此方法得到的催化剂大约为 6nm。电化学性能表明，IrO$_2$ 和 RuO$_2$ 纳米催化剂在酸性 0.1mol/L HClO$_4$ 体系中质量活性高于在碱性 0.1mol/L KOH 溶液中的质量活性。因为粒径和内在活性的关系，RuO$_2$ 表现出比 IrO$_2$ 更好的活性。当过电势为 $\eta=0.25$V 时，r-RuO$_2$ 催化剂在酸性条件下的质量活性为 11A/g。A. T. Marshall 等[42] 人利用热处理的方法将 Ir$_x$Ru$_{1-x}$O$_2$ 负载在 Sb 掺杂的 SnO$_2$ 纳米粒子上。结果发现 75％ IrO$_2$-25％（摩尔分数）RuO$_2$ 组成的复合催化剂具有最大的电化学活性面积。Tafel 斜率分析研究说明催化剂纳米簇太小电化学动力性能会下降。R. Forgie 等[43] 人研究了一系列的 Ru-M（M＝Pd、Ir、Cu、Co、Re、Cr、Ni）二元金属合金在酸性条件下的水氧化性能。结果表明 Ru-Co、Ru-Ir 和 Ru-Cu 二元体系具有比纯的 Ru 更高的催化活性。催化剂结构研究发现合金具有六方和四方混合晶相。作者认为性能的提高是由于第二组分金属成分对催化剂化学吸附氧能力的调节作用，促进了反应过程中间体 O$_{ad}$、HOO$_{ad}$、OH$_{ad}$ 等的形成。

E. Tsuji 等[44] 人研究了无定型和结晶的 RuO$_2$ 催化剂（图 8-10）的 OER 性能后发现，

无定型的催化剂具有更好的催化动力。对于无定型的催化剂来说，限速步骤是临近的 Ru 位点和—OH 的作用速度，而结晶的催化剂则是 Ru—OH 中 O—H 键的分离速率。由于限速步骤的差异，无定型催化剂的初始电位比结晶的样品小 $0.06\sim0.03V$，说明无定型的催化剂表面更加适合反应的快速进行，也强调了催化剂的结晶程度对性能的影响。

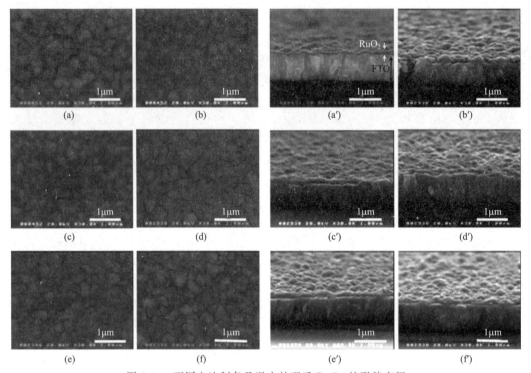

图 8-10　不同方法制备及退火处理后 RuO_2 的形貌表征

电沉积法制备 RuO_2 的 SEM 图像俯视图 (a) 和侧视图 (a′)；电沉积后 200℃ 退火处理的 RuO_2 的 SEM 图像俯视图 (b) 和侧视图 (b′)；电沉积后 300℃ 退火处理的 RuO_2 的 SEM 图像俯视图 (c) 和侧视图 (c′)；电沉积后 400℃ 退火处理的 RuO_2 的 SEM 图像俯视图 (d) 和侧视图 (d′)；离子溅射制备 RuO_2 的 SEM 图像俯视图 (e) 和侧视图 (e′)；离子溅射后 300℃ 退火处理的 RuO_2 的 SEM 图像俯视图 (f) 和侧视图 (f′)

2018 年，乔世章课题组[45] 报道了 RuO_2/NiO 界面催化剂表现出高效的析氢、析氧以及全水解性能。在碱性体系二元界面催化剂全解水电解池只需 $1.5V$ 就可以产生 $10mA/cm^2$ 的电流输出，优于商业化 $PtC/NF\parallel IrO_2/NF$ 贵金属催化剂组合。机理研究发现二元催化剂界面中 NiO 促进了水分解成 H^+ 和 OH^-，产生的 H^+ 界面邻近的 Ru 位点复合产生 H_2。同时，NiO 可以转换成 NiOOH，原位产生 $RuO_2/NiOOH$ 界面，加速水的分解。

8.2.4.2　Ir 基催化剂

Ir 的化学性质稳定，耐高温且具有强的抗腐蚀性，因此可以应用于热电偶材料，也可以在酸性电解质中应用于电解池的水氧化反应等（图 8-11）。

关于 Ir 基催化剂的研究，初始阶段着重于均相催化剂的设计和应用。科研工作者们通过选取特殊结构的配体来固定活性金属，因此制备的均相催化剂活性位点确定，能更好地理解反应机理，并且其催化选择性较高。催化剂能溶于反应体系中，所以在进行产物的分离以及催化剂的循环利用上就存在明显不足。对于像多相催化反应这样的界面反应来说，纯的金属颗粒由于要克服大的表面能，纯相催化剂颗粒尺寸较大，内部金属原子无法与界面接触，这大大降低金属原子利用率，在无形中造成了稀缺贵金属资源的浪费。于是，负载型 Ir 基催化剂备受工业界以及科研界的关注。一般地，主要采用高比表面积的载体，例如氧化物、沸石、多孔碳等。这些载体能高度分散金属颗粒，因此能达到尽可能多地暴露金属活性位点的目的。负载型催化剂具有催化活性高、产物易分离、回收再利用容易等优势，但其活性位点难确定。

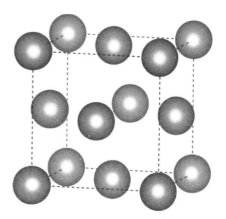

图 8-11　Ir 块体原子结构

进一步研究发现，颗粒尺寸往往对催化活性和选择性表现出高度的依赖性。由于小尺寸能够提高金属利用率，暴露更多的表面活性位点，因此，随着颗粒尺寸的减小，催化活性提高；催化选择性也受到小尺寸的金属颗粒形成的几何效应和电子效应的影响。但同时尺寸减小也会导致表面自由能的增加，这为制备合成催化剂带来了一定的挑战性。

S. Siracusano 等[46]人利用 $Na_6Ir(SO_3)_4$ 前驱体，通过 H_2O_2 对其分解制备 IrO_x 胶体粒子。对得到的无定型粒子进行空气氛围的煅烧。得到的催化剂尺寸范围为 1～3nm 且分散性很好。同时研究发现，不同的煅烧温度对催化剂的活性稳定性有很大的影响。

Z. Ma 等[47]人通过制备 $RuO_2@IrO_2$ 核壳结构来提高贵金属催化的性能。结果发现，在 1.48V 电势下，$RuO_2@IrO_2$ 的性能是 IrO_2 的三倍。理论计算显示，对核壳催化剂来说形成有效的 ·O 吸附相是限速步骤，而 RuO_2 催化剂的限速步骤是 ·OOH 的产生速率。

对于贵金属催化剂，研究者主要将目光集中在利用催化剂进行尺寸调控、界面调控、电子结构优化、晶相调控等来提高催化剂性能。另外，这两年也出现了贵金属单原子催化剂，通过减少催化剂的用量，提高单个位点的催化能力。

8.2.5　非贵金属电催化析氧纳米材料

铱系和钌系氧化物虽然是目前酸性体系中电催化析氧性能最理想的催化剂，但是它们在地壳中含量很低，价格过于昂贵，而过渡金属如钴、镍、锰以及铁等，价格低廉，自然界中分布广泛，其氧化物或氢氧化物在碱性环境中具有较高的电化学活性和稳定性，被认为是碱性环境中最具前途的 Ru、Ir 贵金属析氧催化剂的替代品。

然而，过渡金属氧化物的电导率通常较低，当采用纳米尺寸金属氧化物以增加电催化活性位点时，该问题更加突出。为了避免此问题，通常将过渡金属氧化物纳米粒子锚嵌在其他导电基体材料表面，如碳纳米材料（石墨烯、多壁碳纳米管等）。这种复合材料可提供大量的催化活性位点，有利于电荷传递，进而表现出良好的电催化析氧活性，其活性甚至可与 Ir/C 催化剂的活性相媲美。

最近，所谓的低成本"无金属"析氧催化剂，即基于杂原子（如氮和硼）掺杂的碳纳米材料的开发成为析氧催化剂研究领域中的另一个热点。

下面将分别介绍钴基、镍基、锰基、铁基过渡金属氧化物以及金属氧化物/碳纳米复合材料在电催化析氧领域的研究。

8.2.5.1　钴基催化剂

钴基析氧催化剂主要包括钴的氧化物 CoO_x、MCo_2O_4（M＝Ni、Mn 等）、钴基氮化物、钴的磷酸盐化合物 Co-P、钴的硼酸盐化合物 CO-B 以及由钴的氧化物与其他物质如石墨烯、碳纳米管等形成的复合化合物等。由于低价格、储量丰富以及对环境友好，钴基催化剂是目前碱性环境中非贵金属析氧催化剂的研究重点。

Co_3O_4 是最早用于阳极析氧的催化剂之一，早在 20 世纪 80 年代就已开始出现相关研究。S. Trasatti 等[48] 采用热分解法制备了 Ti/Co_3O_4 电极，并研究了其热分解温度，发现其电极电催化析氧活性随 Co_3O_4 热分解温度升高而降低。S. P. Singh[39] 采用不同方法在 Ni 基体上制备了 Co_3O_4 薄膜，用于碱性环境析氧催化剂。他们发现采用不同方法制备的 Ni/Co_3O_4，在析氧时均表现出与 Ti/IrO_2 基阳极电催化析氧相同的现象，即出现两个 Tafel 区：其中，低过电位区斜率为 $51\sim68mV/dec$，高过电位区斜率为 $120\sim140mV/dec$。

同样地，纳米 Co_3O_4 的尺寸也是影响其电催化性能的关键因素。A. J. Esswein 等采用化学沉淀法制备出不同尺寸的 Co_3O_4 纳米立方颗粒（图 8-12），并研究了颗粒尺寸对其在碱性条件下电化学析氧催化活性的影响。研究发现 Co_3O_4 粒径越小，在相同的电流密度下过电位越低，催化析氧活性也越高。随后，该课题组采用电沉积技术在不同的金属基体上（Au、Pt、Pd、Cu、Co）上制备了 Co_3O_4 纳米颗粒组成的薄膜，并研究了不同电极上的电

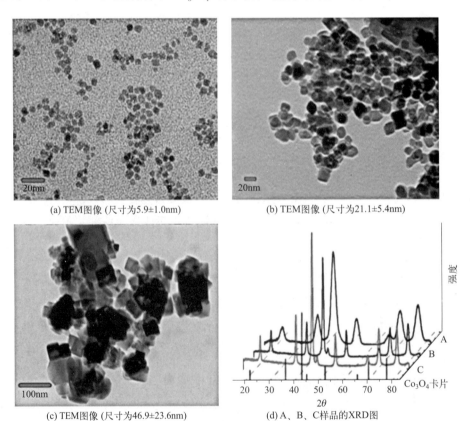

(a) TEM图像 (尺寸为5.9±1.0nm)　　　(b) TEM图像 (尺寸为21.1±5.4nm)

(c) TEM图像 (尺寸为46.9±23.6nm)　　　(d) A、B、C样品的XRD图

图 8-12　Co_3O_4 纳米立方颗粒的形貌表征

化学析氧活性。研究发现 Co_3O_4 载体对其电催化析氧活性有很大影响，不同基体上析氧活性的顺序为：Au>Pt>Pd>Cu>Co，其中 Au/Co_3O_4 电极表现出最高的催化活性。最近，包信和院士等[50]人通过化学沉积将 Co_3O_4 负载在 ZnO 粉末上，构筑了化学键键合的氧化物界面，优化表面/界面结构对于最大限度地提高催化性能具有重要意义。

钴基氮化物可以分为三类：二元钴基氮化物、金属掺杂钴基氮化物以及三元钴基氮化物。二元钴基氮化物主要包括 Co_4N、Co_3N、Co_2N 和 CoN，氮原子分布于钴金属骨架的间隙位置。氮原子的插入使原有钴金属的晶格扩张，增加了钴原子之间的间距，从而改变了原有结构。而且，随着氮含量的增加，相邻的钴元素的电子云重叠增加，氮化钴的电子离域将逐渐减小，电导率也逐渐降低。掺杂可以有效地调节材料的电子结构，降低反应动力学能垒，也可以在材料中引入额外的缺陷。采用 Mo、Mn、Fe、Cr、V 和 Ru 等金属对不同结构的氮化钴进行掺杂，所形成的金属掺杂的钴基氮化物已经被成功制备并研究。通过引入另一个具有合适原子半径和电子结构的金属原子从而形成三元钴基金属氮化物，可以进一步优化钴基氮化物的组成、结构与性能。

麻省理工学院的 D. G. Nocera 等[51]人开发了一系列具有自修复性能的 Co-P、Co-B 催化剂，用于催化碱性和近中性水溶液中的析氧反应，取得了巨大成功。

8.2.5.2 镍基催化剂

镍基电催化剂是在碱性环境下另一种经典的候选电极材料。镍基析氧催化剂主要包括镍的氧化物 NiO_x、氢氧化物 $Ni(OH)_2$、羟基氧化物 NiOOH、镍的硼酸盐化合物 Ni-B 以及由镍的氧化物与其他物质形成的复合化合物。镍基析氧催化剂可以采用电沉积法制备，例如，改变电沉积前驱体溶液中的配体类型、离子种类等可制备具有不同结构形貌和催化活性的催化剂。

Ni 基催化剂的析氧活性差异很大，主要与其制备方法密切相关，不同方法制备的催化剂活性可相差一个数量级。例如，将镍金属放置于碱液中，其表面可生成 α-Ni$(OH)_2$，通过在碱液或真空中老化、存放可进一步转化成无定形 β-Ni$(OH)_2$。当在工作电极上施加的电位高于 450mV［与氧化汞电极（Hg/HgO）相比］，α-Ni$(OH)_2$ 和 β-Ni$(OH)_2$ 会被分别氧化成 γ-NiOOH 和 β-NiOOH，而电极电位在 600mV 以上 β-NiOOH 则会转化成为 γ-NiOOH。通常 β 型 Ni 基化合物的活性要高于 α 和 γ 型镍基化合物。A. T. Bell 等[52]采用原位拉曼光谱研究沉积不同单层当量（ML）α-Ni$(OH)_2$ 对电化学析氧活性的影响，发现 β-NiOOH 的活性比 γ-NiOOH 高 3 倍以上（图 8-13）。

在成功开发了 Co-P 和 Co-B 催化剂之后，Nocera 等[53]又开发了可用于近中性和碱性环境使用的 Ni-B 催化剂。并且，研究发现镍基氧化物载体，如 Au、Pd 和 Ni 对析氧活性有很大影响，当基体为 Au 时，其电催化活性最高，研究表明这是由 Ni 与高电负性的 Au 基体之间存在着强烈的相互作用所致。可以通过掺杂 Ce 和 Fe 元素来活化 Ni 修饰的 NiO 的原子和电子结构，从而促进催化剂的 OER 电催化性能。在碱性电解工业生产中，雷尼镍（NiAl 合金）也可以用作阳极。在水电解过程中，部分 Al 将溶解在电解质中，形成的多孔 $Ni/Ni(OH)_2$ 作为催化活性 OER 反应的催化剂层。

8.2.5.3 锰基催化剂

锰基析氧催化剂主要为锰的氧化物 MnO_x，x 为含氧量，一般小于 2。主要包括软锰矿

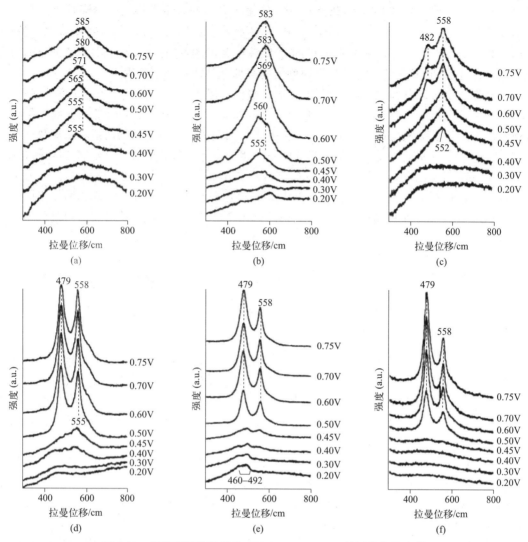

图 8-13　沉积不同单层当量（ML）α-Ni(OH)₂的原位拉曼光谱

(a) 0ML（无）、(b) 约 1.1ML、(c) 约 2.8ML、(d) 约 4.2ML 和 (e) 约 64ML 的 α-Ni(OH)₂ 沉积在粗糙的 Au 表面，以及 (f) 约 2.8ML 的 α- Ni(OH)₂ 沉积在 Pd 上

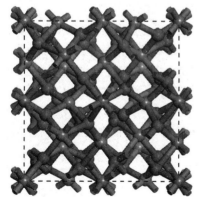

图 8-14　Mn_2O_3 块体原子结构

（MnO_2）、黑锰矿（Mn_3O_4）和水锰矿（Mn_2O_3）等。

MnO_x 通常采用电沉积法制备，沉积方式对氧化膜结构和电催化性能有较大影响，采用阳极恒电位沉积可制备非活性的锰氧化物，而采用循环伏安沉积可获得具有良好电催化效果的活性锰氧化物。一般，无定形 MnO_x 的电催化析氧活性比具有固定晶型的 MnO_x 高，而且 MnO_x 薄膜的成分对电催化析氧活性有很大影响，如 Mn_2O_3 的电催化活性高于 Mn_3O_4（图 8-14）。

Fekete M 等[54] 采用氧化还原沉淀法合成纳米 β-MnO_2，然后借助丝网印刷技术在 FTO 表面制备了 β-

MnO$_2$ 薄膜电极并研究了其电催化析氧性能。尽管大量研究都表明 β-MnO$_2$ 的电催化析氧活性比其他锰的氧化物如 δ-MnO$_2$ 和 Mn$_2$O$_3$ 都低，但是作者发现采用该法制备的 β-MnO$_2$ 薄膜电极具有很高的电催化析氧活性，其活性是目前文献报道的所有 MnO$_x$ 催化剂中最高的。该电极在中性和碱性环境中均表现出优良的电催化析氧活性。在 pH 值为 13.6 的 1.0mol/L NaOH 溶液中，该方法制备的 β-MnO$_2$ 薄膜电极的初始析氧过电位为 300mV；且在过电位为 500mV 时的电流密度为 10mA/cm^2，而由商业化的 β-MnO$_2$ 粒子制备的电极的初始析氧过电位为 500mV，且在过电位为 800mV 时的电流密度仅为 5mA/cm^2。

8.2.5.4　铁基催化剂

铁是地壳中最丰富的元素之一，并且也是开采量最高的过渡金属元素，所以其相较于其他过渡金属元素，特别是贵金属，作为催化剂的成本非常理想。同时与其它过渡金属元素相比，如镍和钴，铁的毒性也较小。最重要的是，铁基非贵金属催化剂具有适合 OER 的原子和电子结构化学可调节性、丰富的氧化还原特性，因此各种铁基电催化剂被广泛地开发利用于 OER 反应。

P. Chen 等[55] 人在碳管表面材料上合成了原子分散的铁金属催化剂（图 8-15），并获得了较大的活性表面积。通过硫和氮元素的改性和控制，在碱性条件下，催化剂在 10mA/cm^2 的电流密度下获得 370mV 的过电势。W. L. Kwong 等[56] 人制备了含有多晶型磁赤铁矿和赤铁矿的 Fe$_2$O$_3$ 复合膜，它们在 0.5mol/L H$_2$SO$_4$ 中对 OER 表现出优异的活性和持续的高电流密度（10mA/cm^2 可持续超过 24h）。与赤铁矿相比，磁赤铁矿的 OER 活性高得多，这归因于与其晶体结构相关的 Fe 空位的存在，有利于反应物水的表面吸附。但是，磁赤铁矿很容易溶解在酸性溶液中。膜中共存的赤铁矿可以用作非催化支架，以保护磁赤铁矿相免受腐蚀。

目前普遍认为铁基催化剂在 OER 反应中的真实催化剂是铁的水合氧化物（如 FeOOH），这些氧化物大多数都具有半导体特性，属于不良导体，因此单金属铁基催化剂的催化活性往往不是很理想。所以科研工作者们不断地通过各种合成策略对铁基催化剂进行修饰。其中就包括开发基于铁的双金属或三金属催化剂，比较常见的是铁与钴和镍的搭配。例如，D. A. Corrigan[57] 的团队对 NiO 电极在铁存在与否的情况下进行了催化行为的系统研究，发现铁的引入可以加快 OER 反应速率。作者认为铁的引入可以提供给催化剂更多的活性位点和更好的导电性，进而提高 NiO 的活性。G. Mlynarek[58] 的团队认为，在 Ni(OH)$_2$ 上沉积的导电 Fe$_3$O$_4$ 有利于电子流动，可以提高催化剂的催化活性。并且还有大量的科研工作表明，在诸多的混合金属催化剂中，Fe 是主要的催化活性中心。而铁的丰富度超过其它过渡金属，甚至高出几个数量级，因此对这些催化剂的开发应以铁基催化剂为关键组分。

除了与其它金属进行搭配以外，对铁基催化剂形貌上的调控也是促进其催化性能的关键。与块体结构相比，具有纳米结构的低维材料往往能够表现出更好的高比表面积、原子利用率和快速的反应动力学。因此设计具有低维纳米结构的铁基催化剂也很有意义。

此外，由 Co、Ni、Mn 和 Fe 等过渡元素形成的多元氧化物以及光催化析氧催化剂的研究开发也逐渐引起了人们的关注。

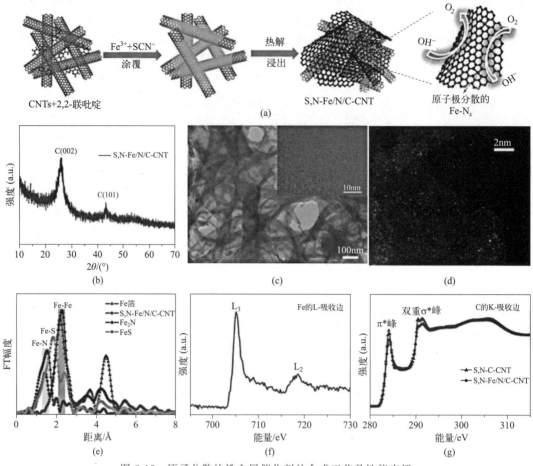

图 8-15　原子分散的铁金属催化剂的合成工艺及性能表征

（a）S,N-Fe/N/C-CNT 的合成工艺；（b）S,N-Fe/N/C-CNT 的 XRD 图谱；（c）S,N-Fe/N/C-CNT 样品的 TEM 图像，比例尺为 100nm，插图是 10nm 比例尺的高分辨 TEM 图像；（d）S,N-Fe/N/C-CNT 样品的 HAADF STEM 图像显示许多 Fe 原子很好地分散在碳层中；（e）Fe 箔、参比样品 FeS、Fe₂N 和 S,N-Fe/N/C-CNT 的 Fe K 能级 X 射线近边吸收精细结构振荡的傅里叶变换；（f）S,N-Fe/N/C-CNT 的 Fe L 能级的 X 射线近边吸收精细结构光谱；（g）吸附的 S,N-Fe/N/C-CNT 和 S,N-C-CNT 样品的 CK 能级的 X 射线近边吸收精细结构光谱

思考题

1. 说明电催化析氢反应的机理。
2. 简述贵金属析氢电催化剂的主要研究内容。
3. 举例说明电催化析氢反应纳米催化剂的主要种类。
4. 说明电催化析氧反应的基本特征。
5. 举例说明电催化析氧反应纳米材料的主要种类。

参考文献

[1] Seh Z W，Kibsgaard J，Dickens C. Combining theory and experiment in electrocatalysis：Insights into materials design[J]. Science，2017，355(6321)：eaad4998-eaad5009.

[2] 孙世刚,陈胜利. 电催化[M]. 北京:化学工业出版社,2013.

[3] Horiuti J，Polanyi M. Grundlinien enier Theorie der Protonenübertragung[J]. Acta Physicochim URSS，1935,(2):505-532.

[4] 查全性. 电极过程动力学导论[M]. 3 版. 北京:科学出版社,2002.

[5] Trasatti S. Work function，electronegativity，and electrochemical behaviour of metals：Ⅲ. Electrolytic hydrogen evolution in acid solutions[J]. Journal of Electroanalytical Chemistry & Interfacial Electrochemistry，1972，197239(1)：163-184.

[6] Markovc N M，Grgur B N，Ross P N. Temperature dependent hydrogen electrochemistry on Platinum low-index single-crystal surfaces in acid solutions[J]. Journal of Physical Chemistry B，1997，101(27)：5405-5413.

[7] Hu Q，Gao K，Wang X. et al. Subnanometric Ru clusters with upshifted D band center improve performance for alkaline hydrogen evolution reaction[J]. Nature Communications，2022，13：3958.

[8] Wang D，Wang X，Lu Y，et al. Atom-scale dispersed palladium in conductive $Pd_{0.1}TaS_2$ lattice with unique electronic structure for efficient hydrogen evolution[J]. Journal of Materials Chemistry A，2017，5：22618-22624.

[9] Cui C，Cheng R，Zhang H，et al. Ultrastable MXene@Pt/SWCNTs' Nanocatalysts for Hydrogen Evolution Reaction[J]. Advanced. Functional. Materials，2020，30(47)：2000693.

[10] Pi Y，Shao Q，Wang P. General Formation of Monodisperse IrM(M = Ni，Co，Fe) Bimetallic Nanoclusters as Bifunctional Electrocatalysts for Acidic Overall Water Splitting[J]. Advanced Functional Materials，2017，27(27)：1700886.

[11] Brewer L. Bonding and structures of transition metals[J]. Science，1968，161(3837)：115-122.

[12] Han Q，Liu K，Chen J，et al. A study on the electrodeposited Ni－S alloys as hydrogen evolution reaction cathodes[J]. International Journal of Hydrogen Energy，2003，28：1207-1212.

[13] Burchardt T，Hansen V，Valand T. Microstructure and catalytic activity towards the hydrogen evolution reaction of electrodeposited NiP_x alloys[J]. Electrochimica Acta，2001，46(18)：2761-2766.

[14] Wei Z D，Yan A Z，Feng Y C，et al. Study of hydrogen evolution reaction on Ni-P amorphous alloy in the light of experimental and quantum chemistry[J]. Electrochemistry Communications，2007，9：2709-2715.

[15] Zhang Q，Li P，Zhou D，et al. Superaerophobic Ultrathin Ni－Mo Alloy Nanosheet Array from In Situ Topotactic Reduction for Hydrogen Evolution Reaction[J]. Small，2017，13(41)：1701648.

[16] Li Y，Wang H，Xie L，et al. MoS_2 Nanoparticles Grown on Graphene：An Advanced Catalyst for the Hydrogen Evolution Reaction[J]. J. Am. Chem. Soc. 2011，133：7296-7299.

[17] Zhao Y，Wang S，Liu H. Porous Mo_2C nanorods as an efficient catalyst for the hydrogen evolution reaction[J]. Journal of Physics and Chemistry of Solids，2019，132：230-235.

[18] Park H，Encinas A，Scheifers J P，et al. Boron-Dependency of Molybdenum Boride Electrocatalysts for the Hydrogen Evolution Reaction[J]. Angewandte Chemie International Edition，2017，129：1-5.

[19] Pi C，Huang C，Yang Y，et al. In Situ Formation of N-Doped Carbon-Coated Porous MoP Nanowires：A Highly Efficient Electrocatalyst for Hydrogen Evolution Reaction in a Wide pH Range[J]. 2020，

263: 118358.

[20] Levy R B, Boudart M. Platinum-like behavior of tungsten carbide in surface catalysis [J]. Science, 1973, 181(4099): 547-549.

[21] Wu Z, Fang B, Bonakdarpour A, et al. WS_2 nanosheets as a highly efficient electrocatalyst for hydrogen evolution reaction [J]. Applied Catalysis B Environmental, 2012, 125(33): 59-66.

[22] Liu Z, Li N, Su C, et al. Colloidal synthesis of 1T' phase dominated WS_2 towards endurable electrocatalysis[J]. Nano Energy, 2018, 50: 176-181.

[23] Wu L, Pu Z, Tu Z, et al. Integrated design and construction of WP/W nanorod array electrodes toward efficient hydrogen evolution reaction [J]. Chemical Engineering Journal, 2017, 327: 705-712.

[24] Pi M, Wu T, Zhang D, et al. Self-Supported Three-Dimensional Mesoporous Semimetallic WP_2 Nanowire Arrays on Carbon Cloth as a Flexible Cathode for Efficient Hydrogen Evolution [J]. Nanoscale, 2016, 8(47): 19779-19786.

[25] Ma X, Zhang W, Deng Y, et al. Phase and composition controlled synthesis of cobalt sulfide hollow nanospheres for electrocatalytic water splitting [J]. Nanoscale, 2018, 10(10): 4816.

[26] Ji L, Wang J, Teng X, et al. CoP Nanoframes as Bifunctional Electrocatalysts for Efficient Overall Water Splitting [J]. ACS Catalysis, 2020, 10(1): 412-419.

[27] Liu T, Li P, Yao N, et al. Self-Sacrificial Template-Directed Vapor-Phase Growth of MOF Assemblies and Surface Vulcanization for Efficient Water Splitting [J]. Advanced Materials, 2019, 31 (21): 1806672.

[28] Wu Y, Zhou W, Zhao J, et al. Surfactant-Assisted Phase-Selective Synthesis of New Cobalt MOFs and Their Efficient Electrocatalytic Hydrogen Evolution Reaction[J]. Angewandte Chemie, 2017, 129 (42): 13181-13185.

[29] Fournier J, Menard H. Hydrogen evolution reaction on electrocatalytic materials highly dispersed on carbon powder [J]. Journal of Applied Electrochemistry, 1995, 25: 923-932.

[30] Zhong H, Zhang Q, Wang J, et al. Engineering Ultrathin C_3N_4 Quantum Dots on Graphene as a Metal-free Water Reduction Electrocatalyst [J]. ACS Catalysis, 2018, 8(5): 3965-3970.

[31] Deng J, Ren P, Deng D, et al. Highly active and durable non-precious-metal catalysts encapsulated in carbon nanotubes for hydrogen evolution reaction [J]. Energy & Environmental Science, 2014, 7(6): 1919-1923.

[32] Osullivan E J M, White J R. Electrooxidation of formaldehyde on thermally prepared RuO_2 and other noble metals oxides[J]. Journal of the Electrochemical Society, 1989, 136, 9(9): 2576-2583.

[33] Rüetschi P, Delahay P. Influence of electrode material on oxygen overvoltage: a theoretical analysis [J]. Journal of Chemical Physics, 1955, 23(3): 556-560.

[34] Trasatti S. Electrocatalysis by oxides-attempt at a unifying approach[J]. Journal of Electroanalytical Chemistry & Interfacial Electrochemistry, 1980, 111(1): 125-131.

[35] Hickling A S. Oxygen overvoltage. Part I. The influence of electrode material, current density, and time in aqueous solution[J]. Discussions of the Faraday Society, 1947, 1: 236-246.

[36] Tseung A C C, Jasem S. Oxygen evolution on semiconducting oxides[J]. Electrochimica Acta, 1977, 22(1): 31-34.

[37] Rasiyah P, Tseung A C C. The role of the lower metal oxide/higher metal oxide couple in oxygen evolution reactions[J]. Journal of theElectrochemical Society, 1984, 131(4): 803-808.

[38] Damjanovic A, Dey A, Bockris J O. Kinetics of oxygen evolution and dissolution on platinum electrodes[J]. Electrochimica Acta, 1966, 11(7): 791-814.

[39] Singh S P, Samuel S, Tiwari S K, et al. Preparation of thin Co_3O_4 films on Ni and their electrocatalytic surface properties towards oxygen evolution[J]. International Journal of Hydrogen

Energy，1996，21(21)：171-178.

[40]　Reier T，Pawolek Z，Cherevko S，et al. Molecular Insight in Structure and Activity of Highly Efficient，Low-Ir Ir-Ni Oxide Catalysts for Electrochemical Water Splitting(OER)[J]. Journal of the American Chemical Society，2015，137(40)：13031-13040.

[41]　Lee Y M，Suntivich J，May K J，et al. Synthesis and activities of rutile IrO_2 and RuO_2 nanoparticles for oxygen evolution in acid and alkaline solutions[J]. Journal of Physical Chemistry Letters，2012，3 (3)：399-404.

[42]　Marshall A T，Haverkamp R G. Electrocatalytic activity of IrO_2-RuO_2 supported on Sb-doped SnO_2 nanoparticles[J]. Electrochimica Acta，2010，55：1978-1984.

[43]　Forgie R，Bugosh G，Neyerlin K C，et al. Bimetallic Ru electrocatalysts for the OER and electrolytic water splitting in acidic media electrochem[J]. Solid State Letters，2010，13：D36-D39.

[44]　Tsuji E，Imanishi A，Fukui K，et al. Electrocatalytic activity of amorphous RuO_2 electrode for oxygen evolution in an aqueous solution[J]. Electrochimica Acta，2011，56：2009-2016.

[45]　Liu J L，Zheng Y，Jiao Y，et al. NiO as a bifunctional promoter for RuO_2 toward superior overall water splitting[J]. Small，2018，14：1704073.

[46]　Siracusano S，Baglio V，Stassi A，et al. Investigation of IrO_2 electrocatalysts prepared by a sulfite-couplex route for the O_2 evolution reaction in solid polymer electrolyte water electrolyzers [J]. International Journal of Hydrogen Energy，2011，36(13)：7822-7831.

[47]　Ma Z，Zhang Y，Liu S Z，et al. Reaction mechanism for oxygen evolution on RuO_2，IrO_2，and RuO_2@IrO_2 core-shell nanocatalysts[J]. Journal of Electroanalytical Chemistry，2018，819(15)：296-305.

[48]　Boggio R，Carugati A，Trasatti S. Electrochemical surface properties of Co_3O_4 electrodes[J]. Journal of Applied Electrochemistry，1987，17(4)：828-840.

[49]　Esswein A J，McMurdo M J，Ross P N，et al. Size-dependent activity of Co_3O_4 nanoparticle anodes for alkaline water electrolysis[J]. The Journal of Physical Chemistry C，2009，113(33)：15068-15072.

[50]　Dong C，Mu R，Li R，et al. Disentangling Local Interfacial Confinement and Remote Spillover Effects in Oxide-Oxide Interactions [J]. Journal of the American Chemical Society，2023，145 (31)：17056-17065.

[51]　Kanan M W，Nocera D G. In situ formation of an oxygen-evolving catalyst in neutral water containing phosphate and Co^{2+}[J]. Science，2008，321(5892)：1072-1075.

[52]　Yeo B S，Bell A T. In situ raman study of nickel oxide and gold-supported nickel oxide catalysts for the electrochemical evolution of oxygen[J]. Journal of Physical Chemistry C，2012，116(15)：8394-8400.

[53]　Bediako D K，Lassallekaiser B，Surendranath Y，et al. Structure-activity correlations in a nickel-borate oxygen evolution catalyst[J]. Journal of the American Chemical Society，2012，134(15)：6801-6809.

[54]　Fekete M，Hocking R K，Chang S L Y，et al. Highly active screen-printed electrocatalysts for water oxidation based on β-manganese oxide[J]. Energy & Environmental Science，2013，6(7)：2222-2232.

[55]　Chen P，Zhou T，Xing L，et al. Atomically Dispersed Iron－Nitrogen Species as Electrocatalysts for Bifunctional Oxygen Evolution and Reduction Reactions[J]. Angewandte Chemie International Edition，2017，56(2)：610-614.

[56]　Kwong W L，Lee C C，Shchukarev A，et al. High-performance iron(Ⅲ) oxide electrocatalyst for water oxidation in strongly acidic media[J]. Journal of Catalysis，2018，365：29-35.

[57]　Corrigan D A. The Catalysis of the oxygen evolution reaction by iron impurities in thin film nickel oxide electrodes[J]. Journal of the electrochem society，1987，134：377-384.

[58]　Mlynarek G，Paszkiewicz M，Radniecka A. The effect of ferric ions on the behaviour of a nickelous hydroxide electrode[J]. Journal of Applied electrochemistry，1984，14：145-149.

第9章

太阳能驱动的二氧化碳转化

9.1 概述

当前，我国已成为世界上最大的碳排放国，研究表明，中国是世界上受气候变暖影响最大的地区之一。今后 20～25 年，中国每年气候增暖的幅度将超过同期全球平均水平，水资源、农牧业、土地、生态环境及人体健康等都可能而受到危害。因此无论从可持续发展的角度，还是从应尽的国际义务，加强温室气体排放量的控制都是中国的必然选择。国务院及各部委出台了《中共中央 国务院关于完整准确全面贯彻新发展理念做好碳达峰碳中和工作的意见》《2030 年前碳达峰行动方案》《工业领域碳达峰实施方案》等九份相关政策文件。

从化学角度上看，CO_2 的生成自由能是 $-394kJ/mol$，热力学非常稳定，将其转化为高附加值化学品需要输入能量，在不使用化石燃料的基础上，以可持续的方式将 CO_2 转化为有用的产品非常重要。因此，理想情况下，这些反应应该由清洁能源提供能量。地球上最丰富的能源由太阳提供，太阳光在一小时内照射到地球表面的能量足以满足人类一年的需求。如果所有类型的碳利用过程都能由太阳光驱动，将是最理想的，能够确保 CO_2 利用过程真正可持续[1]。

事实上，太阳能可以通过多种不同方式将 CO_2 转化为有用的产品。在自然界中，太阳能可通过光合作用过程将 CO_2 转化为葡萄糖。太阳能热、太阳能光伏或它们的组合也可用于发电。通过电解水可以产生氢气，产生的氢气可用于 CO_2 加氢反应，生成 CO、CH_4 或甲醇。同时，太阳能也可用于驱动电催化反应。如果利用得当，除这些方法外，还有许多不同的方法可以利用太阳能来减少 CO_2。本章探讨了 CO_2 的太阳热转化和太阳光化学转化，主要包括如图 9-1 所示[2] 四种方式：a. 利用太阳能对 CO_2 进行光热化学解离；b. CO_2 的光催化转化；c. 太阳能光电催化将 CO_2 转化为有价值的产品；d. 光伏载体的电化学催化将 CO_2 转化为有用的化学品。

太阳能/热能方法包括利用金属氧化物热化学循环来解离 CO_2。CO_2 的转化可产生多种不同的化学/燃料产品，具体取决于所采用的材料和/或方法，包括一氧化碳（CO）、甲酸（HCOOH）、甲烷（CH_4）、甲醇（CH_3OH）、乙烯（C_2H_4）、乙烷（C_2H_6）、丙烷（C_3H_8）、乙醇（CH_3CH_2OH）、乙酸（CH_3COOH）等[3]。虽然目前这些产品的转化率、选择性以及碳含量仅占排放的 CO_2 的一部分，但太阳能驱动 CO_2 转化的概念可进一步推进到未来的燃料生产，尤其是在航空领域，将带来更大规模的碳减排[4]。

如上所述，CO_2 可转化为多种产品，但为证明太阳能进行 CO_2 转化的有效性，科研工作者研究的主要反应有：a. CO_2 解离；b. CO_2 加氢（可通过逆水汽变换反应生成 CO）生成甲烷或甲醇；c. CO_2 与水反应；d. CO_2 与甲烷反应（CO_2 干重整）。在本章中，我们将使用其中一种或多种反应来说明各种太阳能热、太阳能光热的有效性，光催化和光电催化转换策略。

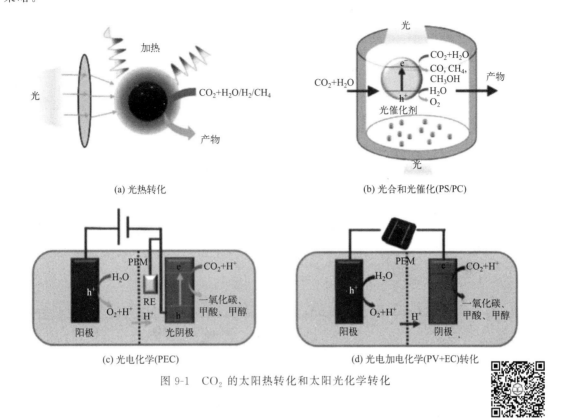

(a) 光热转化   (b) 光合和光催化(PS/PC)

(c) 光电化学(PEC)   (d) 光电加电化学(PV+EC)转化

图 9-1 CO_2 的太阳热转化和太阳光化学转化

9.2 利用太阳能进行 CO_2 和 CH_4 的热化学转化

该工艺的总体目标是通过太阳能集热器收集低密度和分布式太阳能，并利用这些集中的太阳能产生热量驱动化学反应。通过这种反应产生的高密度太阳能燃料可以储存起来，并运输到需要的地方。因此，这一过程将间歇性和地理分布不均的可再生能源转化为更加稳定可靠的高密度化学能源燃料。集中的太阳能可通过两种方式用于 CH_4 和 CO_2 转化：a. 利用蒸汽或 CO_2 对 CH_4 进行重整，产生合成气（H_2/CO 混合物），可用于费托合成（F-T）、甲醇和其它含氧化合物的合成；b. 通过二氧化铈（CeO_2）等金属氧化物的热化学循环，将 CO_2 分解为 CO，或通过 CO_2 与 H_2O 产生合成气。在此，我们将简要介绍这两种方法。

9.2.1 基于太阳能的干重整

甲烷干重整是 CH_4 与 CO_2 反应生成合成气的过程。反应方程式如下：

$$CH_4(g) + CO_2(g) \Longleftrightarrow 2CO(g) + 2H_2(g) \qquad \Delta H(25℃) = 247.0 kJ/mol \qquad (9-1)$$

式（9-1）所示的重整反应是一个高吸热反应，通常需要通过燃烧补充一定量的甲烷来提供大量热量，在消耗相同甲烷量的情况下，燃料气的热值会降低 22%，并释放出大量的温室气体 CO_2。近年来，这些反应使用聚光太阳能（CSE）代替化石燃料进行。因此，该过程可将太阳能转化为合成气，合成气进一步可通过 F-T、甲醇或其它含氧合成物生产化学品、燃料和燃料添加剂。许多研究都采用了新颖的反应器设计，如流化床反应器、太阳能管式反应器或由定日镜支撑的特殊设计的反应器，以聚焦太阳光来提高重整反应的效率。

9.2.2 基于太阳能的 CO_2 转化为 CO

利用 CSE 将 CO_2 解离为 CO 可采用两步氧化还原循环工艺，其中，一束集中的聚焦太阳光将 CeO_2 加热到 1400℃ 或更高，推动其内热还原，并释放出氧气。然后将还原的 CeO_2 冷却（非太阳光）到 1000℃ 或以下（称为温度摆动循环），并在 CO_2 气流下重新氧化，生成 CO（图 9-2）[5]。这一过程的效率取决于 CeO_2 材料的形貌和太阳能热化学反应器的设计，因此高比表面积材料非常重要。反应器可以作为高通量太阳能模拟器（HFSS）运行，炉子由模拟太阳光加热，也可以利用实际（非模拟）太阳能的高通量太阳能炉（HSSF）运行，用于研究这些过程。

最大的太阳能炉，如法国国家科学研究中心过程、材料与太阳能实验室（PROMES-CNRS）的太阳能炉，可提供 1MW 或更大的热功率。氧化步骤是在冷却过程中进行的，无需将聚光太阳光作为能源。

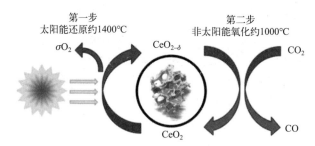

第一步
太阳能还原约1400℃

第二步
非太阳能氧化约1000℃

σO_2 $CeO_{2-\delta}$ CO_2

CeO_2 CO

图 9-2 使用 CeO_2 转化 CO_2 的两步热化学氧化还原过程[5]

9.2.3 用于两步 CO_2 解离循环的 CeO_2

CeO_2 是一种多功能可还原氧化物，它可以承受相当程度的还原而不发生相变，尤其是在高温条件下。与其它非化学计量氧化还原材料相比，CeO_2 与氧交换的熵变非常高，从而减少了还原和氧化步骤之间的温度波动[6]。CeO_2 还具有快速的反应动力学和氧扩散速率，由于其熔点高（约 2400℃），即使在高温下也具有热稳定性和相对抗烧结性。CeO_2 的两步循环基于以下方面。

① 在中性（通常为 Ar 或 N_2）气氛中，在低氧分压条件下对 CeO_2 进行太阳热还原（内热、高温），通过形成氧空位和随后释放 O_2 气体，生成缺氧的 $CeO_{2-\delta}$（其中 δ 为缺氧程度）。

② $CeO_{2-\delta}$ 在非太阳光下氧化成 CeO_2（放热，温度较低），当温度降低，CO_2 存在时，$CeO_{2-\delta}$ 会从 CO_2 中吸收氧气，释放出 CO 气体，并将一些氧气重新纳入 CeO_2 晶格中。

这一氧化还原过程如图 9-2 所示。燃料生产率取决于非化学计量程度（σ），并由温度和氧分压决定。CeO_2 可以容纳相当高非化学计量的氧气，并支持高水平的氧气储存/损耗和流动，同时保持晶体结构。由于还原步骤产生的一分子 O_2 在氧化步骤中应产生两分子 CO，因此理想的 O_2：CO 生成比例应为 2：1。研究表明，除了晶粒尺寸、化学计量和掺杂剂的影响外，孔隙率和微观结构的变化也会对 CeO_2 解离 CO_2 的能力产生很大影响。

此外，材料形貌明显影响氧化动力学以及反应多孔结构内的传热和传质速率。因此，需要确定适当的材料成型策略，既要有利于动力学，又要提供适当的氧化还原活性、高氧传输特性以及在太阳光集中照射下的长期循环稳定性。如三维多孔结构，既能吸收集中的太阳辐射，又能为固体/气体反应提供较大的可用几何表面积，是很有前景的选择。要推进可持续工艺，必须使用生物基模板材料和生物仿生方法来制备生态陶瓷。还需要做出更多努力来提高转化率，使该工艺具有商业可行性[7]。

9.2.4 太阳能膜反应器

如上所述，太阳能热化学技术用于 CO_2 解离和甲烷重整分别需要 3000℃ 和 700～1000℃。这些高温导致 CSE 的浓缩比高、镜面面积大、系统复杂且昂贵。通过同时从反应物中分离产物，可以降低温度并提高反应速率。膜反应器与太阳能集热的结合在许多方面都具有独特的优势，如提高转化率、降低反应温度和减少碳排放。此外，全固态特征和等温操作使太阳能燃料反应器的设计更加紧凑，热应力最小。膜的首选材料是过氧化物、ZrO_2 和 CeO_2（或掺杂 ZrO_2 和 CeO_2）。如 1030℃ 时使用 $La_{0.6}Sr_{0.4}Co_{0.2}Fe_{0.8}O_{3-\delta}$，1600℃ 时使用 CeO_2 进行太阳能 CO_2 解离以生成 CO。利用膜反应器进行甲烷重整的实验和理论也已开展。有研究者提出将 H_2 渗透膜和 CO_2 渗透膜结合起来，通过太阳能驱动的 H_2 和 CO_2 交替分离来进行甲烷蒸汽转化。由于分压相对较高，所需的分离能量较少，因此能效较高。虽然太阳能膜反应器有很多优点和巨大的应用潜力，但如何有效降低气体产物的分压（或避免相对低的压力）是保持高能量转换率的主要挑战，同时提高膜材料在相应反应温度下的稳定性和渗透性也是非常重要的[8]。

图 9-3 展示了膜反应器在 CO_2 解离中的应用[9]。虽然这种方法的转化率和效率很高，但通常在还原和氧化步骤之间采用的温度/压力波动会造成不可逆的能量损失和严重的材料应力。实验证明，在稳态等温/等压条件下，CO_2 可一步分离成单独的 CO 和 O_2。该系统在 1600℃、$3×10^6$ bar（1bar＝10^5 Pa）P_{O_2}（氧分压）和 3500 太阳辐射条件下与太阳能反应器一起运行，将 CO_2 解离产生 $CO+1/2O_2$，转化率为 0.024mmolxs^1（每平方厘米膜）[9]。新颖的太阳能反应堆结构由一个隔热空腔接收器组成，接收器有一个小孔，用于接收集中的太阳辐射。空腔的几何形状通过内部多重反射实现了有效的辐射捕获，接近于黑体吸收器。腔体内有一个由 CeO_2 制成的管状膜，膜由同轴的氧化铝管包围。膜的内侧（氧化侧）通入 CO_2，外侧（还原侧）通入惰性气体 Ar，以控制氧分压。两侧均在环境总压下运行。研究还表明，通过将 CO_2 替换为 H_2O，可以实现类似的 H_2O 分解，产生 H_2 和 O_2[9]。

9.2.5 利用太阳能从 CO_2-H_2O 反应中生成合成气

欧盟 SOLAR-JET 项目的科学家展示了一种制造煤油（商业航空公司使用的喷气燃料）的新工艺。该技术使用高温热太阳能反应器（图 9-4）[10-11]，通过类似于图 9-2 所示的两步热化学循环来制造合成气，使用 CO_2 和 H_2O 混合物进料。由于 H_2O 的存在，该工艺在产生 CO 的同时也产生了 H_2，从而产生了合成气，进一步通过 F-T 反应将太阳能合成气提炼成喷气燃料。瑞士苏黎世联邦理工学院机械与工艺工程系的研究人员集中研究了太阳能合成气的生产过程。将 3000 个"太阳"的太阳热能转化为 1500℃ 的太阳能反应堆，通过热化学

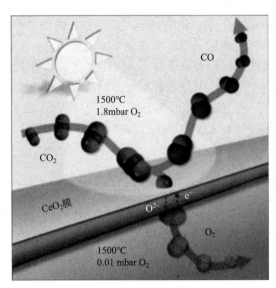

图 9-3 膜反应器[9]

作用将 H_2O 和 CO_2 分离为 H_2 和 CO（合成气）、煤油和其它液体燃料的前体。其选择性为 100%，摩尔转化率为 83%，太阳能转化为燃料的能效为 5.25%[10-11]。

在 SOLAR-JET 项目期间，科学家们在一个 4kW 的太阳能反应堆中连续进行了 295 次循环，产生了 700 标准升合成气。研究人员通过热化学方法将 H_2O 和 CO_2 反应生成 CO 和 H_2（合成气）后，将合成气送往阿姆斯特丹的壳牌公司，在那里采用费托工艺将其提炼成煤油。太阳能热化学煤油可通过对现有合成碳氢化合物规格的小幅增补，获得商用航空认证，从而允许使用太阳能生产的煤油。SOLAR-JET 团队率先展示了利用太阳能热能分离 H_2O 和 CO_2 的整个过程，以及通过 F-T 法将生成的气体储存、压缩和加工成喷气燃料的过程[10]。

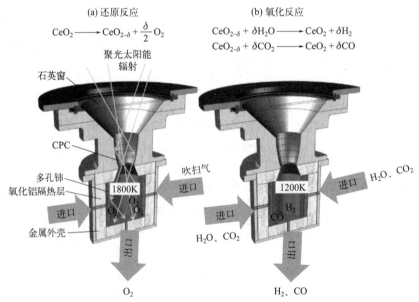

图 9-4　利用太阳能从 CO_2-H_2O 反应中产生合成气[10-11]

进一步，通过在 4kW 反应器上采用真空萃取技术，研究人员将太阳能工艺的效率从 2％提高到了 5％。他们利用 CeO_2 进行的两步太阳能热化学转换显示出了超过 30％的长期效率潜力。最终，工业规模的太阳能燃料生产系统将使用太阳能塔上的兆瓦级反应堆系统，该系统带有定日镜，可将太阳能集中在接收器上，运行温度远高于目前使用太阳能塔的商业太阳能发电厂。一个拥有 $1km^2$ 定日镜场的太阳能反应堆每天可产生 20000L 煤油，一个太阳能燃料提炼厂的产出可使一架 300 吨级的大型商用客机飞行约 7h[10]。

9.3 光热催化 CO_2 与 H_2 的转化

9.3.1 光热活化的机制

光催化是通过光吸收激发电子而启动的。电子激发有三种不同的方式，带间激发、带内激发和等离子激发，具体取决于入射光子的能量和催化剂的性质。带间激发发生在价带和导带之间，带内激发发生在带内缺陷态或缺陷态之间，等离子激发涉及导带电子的集体激发。除上述三点外，所谓的"天线效应"也会增加金属纳米粒子对光子的吸收，从而进一步增强光的吸收。如图 9-5（a）所示[12]，在光热催化过程中，光吸收带比使用半导体材料进行光催化时要宽。电子激发捕获的能量通过非辐射电子弛豫得到促进，在弛豫过程中，能量从激发电子转移到相邻的原子核，并转化为热量 [图 9-5（b）]。非辐射能量转移主要由电子-声子散射等过程完成，这在等离子材料中表现尤为突出。

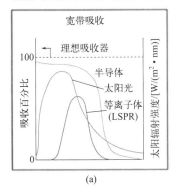
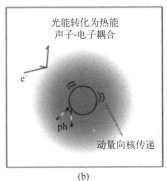
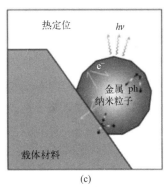

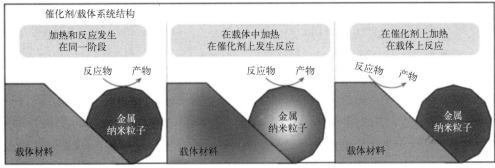

图 9-5　光热甲烷化结构的主要概念和示例

（a）半导体和等离子金属的光吸收光谱与太阳发射光谱的对比示意图；（b）光热转换：光激发电子（e⁻）与原子核相互作用，可能产生声子（ph）；（c）微粒催化剂内部的热传递机制；（d）选定的潜在光热催化剂结构[12]

纳米尺寸的颗粒有利于电子激发产生的热量集中，这种集中的热量使光热催化剂非常活跃。根据催化剂结构的不同，这些热量或被转移或被保留，这可能需要在纳米尺度上采取适当的热传输策略。用于提高催化剂活性和稳定性的载体还必须具有导电性和导热性，以便于所需的热量传输。如图9-5（c）和图9-5（d）所示，催化剂和载体之间的界面有助于提供热能载体，将热量散射回催化剂材料中，从而集中热量并优化光热效应。在光热催化反应中，这种集中的光热量与绿氢一起驱动CO_2甲烷化反应[13]。金属纳米粒子还可以通过"热电子注入"引发表面化学反应，即局部表面质子的能量激发金属表面的电荷载体（电子和空穴）。然后，这些电荷载流子被转移到吸附的反应物或中间体上，并产生激发态，从而促进吸附物种的化学转化。

催化剂活性和光吸收能力在很大程度上取决于纳米活性催化剂材料和载体。金属纳米催化剂，如Ni、Ru、Rh、Fe、Au和Pd，由于具有很强的宽带光学吸收能力，通常作为光热催化剂进行研究。这些催化剂可负载在各种材料上，包括Al_2O_3、ZnO、TiO_2、Nb_2O_5、Si和金属有机框架材料（MOF），以提高其分散性和稳定性。催化剂颗粒大小和载体对反应速率都很重要。纳米级催化剂颗粒分散在载体上可提供较高的催化剂比表面积。除了为活性催化剂颗粒提供机械稳定性和热稳定性外，载体还能改变反应的表面化学性质。如在金属载体界面产生活性中心，从而促进氧化物或碳化物表面的CO_2吸附以及金属载体界面的电荷再分布。

活性催化剂材料也能在光吸收方面发挥作用。例如，用于还原CO_2的铜、镍和金等活性材料会表现出太阳光谱范围内的等离子吸收。与催化剂一样，载体材料也可以发挥双重作用，即提高催化剂活性和促进光吸收。过渡金属氧化物（如上文所述）是一种半导体，由于其独特的带状结构，能够吸收光能。如图9-5（d）所示，活性等离子体金属催化剂与半导体材料的结合可增强电荷载流子的产生（由于热等离子体或光学近场增强）或将热电子注入半导体。

催化剂和载体（如氧化物和碳化物）的双重作用可用作太阳能集热器的选择性吸收涂层。因此，氧化铝可与金属（如钴、银、铂、钼以及最常见的镍）结合使用。镍-氧化铝复合材料之所以广受欢迎，是因为它在吸收太阳光方面具有高吸收率和低热发射率的特性。CAESAR（理论上增强的太阳能吸收接收器）项目使用了催化剂泡沫形式的催化剂材料，该催化剂泡沫可作为甲烷CO_2转化过程中集中太阳辐射的接收器。碳化物材料，如铪、钽和钛碳化物，也因其高耐热性而被使用，这对制造更耐用的催化剂/吸收泡沫非常重要。

由于光热催化剂同时进行光化学反应和热化学反应，因此了解这两种途径对反应速率、选择性和转化频率的贡献非常重要，这样才能设计出更好的催化剂。幸运的是，这两种途径可以根据它们对光的反应加以区分。等离子体引发的反应与光强度（即速率∝强度）呈超线性关系（"幂律"），其特点是量子效率与光子通量/温度呈正相关。因此，与量子效率会随温度升高而降低的传统半导体光催化不同，热和光在等离子反应中具有协同作用，温度升高，效率提高。

9.3.2　光热催化 CO_2 还原的机遇和挑战

催化剂和载体在光热催化中发挥着双重作用。不仅催化剂必须具有高活性和选择性，催化剂和载体还必须具有热稳定性。此外，在光热反应中，催化剂和载体必须具有很强的太阳能吸收能力，才能有效地产生大量热量。对于纳米粒子来说，尺寸和形貌对光热催化中的光吸收有很大影响，这使得材料的稳定性变得更加重要。众所周知，大量受热会导致烧结和纳米结构的受损。因此，将纳米材料用于光热催化需要控制这些特性。一般是通过使用复合材料优化太阳能的吸收、材料的催化活性和选择性这些参数来实现的。这就需要了解特定复合材料中它们之间的相互作用。除了材料制造，光热反应器的设计也需要特别注意，因为传统的塞流管反应器通常不适合这一目的。

如 9.2 节所讲，人们对利用太阳能进行 CO_2 热催化还原已经有一定的了解，但利用光热催化进行 CO_2 加氢则需要更多的研究才能从根本上理解，目前面临着以下三个方面的挑战：a. 找出催化剂/载体系统的尺寸、组成、形貌与光收集和催化剂特性之间的关系；b. 确定光强度和光谱分布对光捕获特性、量子效率、催化速率和选择性的影响，以及催化剂床层内这些参数的温度演变和分布；c. 分离热效应和光催化效应对催化剂性能的影响，如催化剂的活性和选择性随时间的变化。

我们在本章中将太阳热催化和光热催化分开，这在实际中并不需要，同时使用太阳能热技术和等离子体催化技术可以相互补充。通过在光热反应器中使用等离子体材料，这种互补可降低太阳能集热器所需的太阳能强度，降低太阳能热系统达到足够温度的程度。目前，这项技术还没有做好商业化的准备，尽管它非常适合利用可再生资源来转化 CO_2，要使其具有商业可行性，还需要取得更多进展。

9.4 光催化和光电催化转化 CO_2

9.4.1 异相和均相光催化转化 CO_2

就像在自然光合作用中一样，当异质光催化剂暴露在太阳光下时，会产生电子-空穴对。光生电子诱导 CO_2 发生氧化还原反应，生成 CO、甲酸，在某些情况下还会生成碳氢化合物和醇类。在 CO_2 的光催化转化过程中会发生三个重要过程：a. 光催化剂或催化剂和光敏剂吸收阳光；b. 电荷分离和转移；c. 催化还原 CO_2 和氧化 H_2O。CO_2 转化过程中的每个步骤都与光催化剂密切相关。迄今为止，光催化剂主要来自地球上丰富的半导体材料，如容易获得的二氧化钛（TiO_2）。反应产物包括一氧化碳、甲烷、甲酸、甲醇和可能的碳氢化合物。

一般来说，促进光催化反应有两种选择：a. 光催化剂既是光吸收剂又是 CO_2 还原催化剂，b. 使用光吸收分子（染料）或半导体来敏化 CO_2 还原催化剂。第一种系统的例子很少，第二种系统中分子催化剂的例子更为常见，已有一系列催化剂和染料组合的报道。人们一直在努力优化光催化剂的结构和组成，将其与其它功能单元集成，通过与其它支撑网络集成，构建多功能、更活跃的催化剂。例如，高微孔金属有机框架（MOF）与光催化剂结合在一起，以提高催化剂的比表面积和反应活性。然而，这些复合物的性能仍不能满足商业上可行的实际要求。在光催化剂表面随机分布的异质结可改善界面电子-空穴分离和迁移。通过在半导体 TiO_2 的不同表面沉积 MnO_x 纳米片和 Pt 纳米颗粒而形成的异质结，提高了 CO_2 的转化效率。

为了克服 CO_2 还原的热力学障碍，可以使用分子催化剂来稳定线性 CO_2 分子和预期产物之间的中间过渡态，从而降低过电位。CO_2 与过渡金属复合物有多种已知的结合模式。金属可以作为内球电子传递剂激活 CO_2，使其进一步转化。通过选择不同的金属中心和配体结构，分子催化剂具有很高的可调性，可实现预期的特性，如快速动力学和长期稳定性。分子催化剂的性能可以通过一系列参数来判断，这些参数包括如下几种。

① 周转数（TON）＝预期产品的物质的量/催化剂的物质的量；

② 催化选择性（CS）＝预期产物的物质的量/（H_2 的物质的量＋其他产物的物质的量）；

③ 光化学量子产率（PHI）＝（生成物的物质的量/吸收光子数）×（转换所需的电子数）。

均相 CO_2 光还原系统由分子催化剂、光吸收剂、牺牲电子供体和/或电子中继器组成。CO_2 可在分子催化剂的帮助下或不在光敏剂的帮助下以均相模式还原。光催化还原 CO_2 的一般机制［式（9-2）～式（9-5）］包括一个能够吸收紫外线或可见光区域辐射并产生激发态（P^*）的光敏剂（P）。激发态被牺牲供体（D）还原猝灭，生成单还原光敏剂（P^-）和氧化供体（D^+）。光敏剂的选择必须使 P^- 能够有效地将电子转移到催化剂物种（cat）上，从而生成还原催化剂物种（cat^-）。在某些情况下，光敏剂和催化剂是同一种物质。这样，cat^- 就能与 CO_2 结合，通过催化机制释放出预期产物并再生出 cat。

$$P \xrightarrow{h\nu} P^* \tag{9-2}$$

$$P^* + D \longrightarrow P^- + D \tag{9-3}$$

$$P^- + cat \longrightarrow P + cat^- \tag{9-4}$$

$$cat^- + CO_2 \longrightarrow cat + 产物 \tag{9-5}$$

这些系统中常用的光敏剂包括芳香族化合物（如对三联苯和吩嗪）和多吡啶配位过渡金属络合物。三联吡啶钌（Ⅱ）（$[Ru(bipy)_3]^{2+}$）具有很强的可见光吸收能力和很高的光稳定性，是最常用的过渡金属配合物。最常见的催化剂种类包括 Ni 和 Co 的大环络合物、多吡啶 Ru 和 Re 催化剂以及悬浮金属胶体。大环和多吡啶配合物的效率最高，如 $[ReX(bpy)(CO)_3]$ 型催化剂（X＝Cl^- 和 Br^-）是最著名的催化剂，也是研究得最多的催化剂。光催化反应不需要电源来还原氧化染料或光催化剂，但需要化学还原剂来实现催化转换。典型的还原剂是三乙醇胺（TEOA）、三乙胺（Et_3N）和抗坏血酸。最终目标是用可持续的电子源（如水）取代这些供体。

分子催化剂可以异质化。如卟啉具有高度分散的电子，可形成 $CdS/BiVO_4$ 复合材料的平面共轭框架。这使它们在可见光区域具有很强的吸收能力和独特的电子氧化还原特性。此外，环内的 NH 质子很容易去质子化，因此对金属离子具有显著的配位特性。

9.4.2 光电催化

各种 CO_2 还原产物的热力学势能方程如式（9-6）～式（9-10）所示［水溶液中 pH 值为 7 的正常氢电极（NHE）、25℃、1atm（1atm＝101Pa）气压和 1mol/L 的其他溶质］。

$$CO_2 + 2H^+ + 2e^- \longrightarrow CO + H_2O \qquad E^0 = -0.53V \tag{9-6}$$

$$CO_2 + 2H^+ + 2e^- \longrightarrow HCO_2H \qquad E^0 = -0.61V \tag{9-7}$$

$$CO_2 + 6H^+ + 6e^- \longrightarrow CH_3OH + H_2O \qquad E^0 = -0.61V \tag{9-8}$$

$$CO_2 + 8H^+ + 8e^- \longrightarrow CH_4 + 2H_2O \qquad E^0 = -0.24V \tag{9-9}$$

$$CO + e^- \longrightarrow CO^- \qquad E^0 = -1.90V \tag{9-10}$$

光电催化结合了光催化和电催化的优点，被认为是在阳光照射下将 CO_2 选择性转化为气态（如一氧化碳、甲烷等）和液态（如甲酸、甲醇、乙醇等）产物的理想策略，因此备受关注。催化剂可以与光吸收电极相结合，或染料和催化剂共同吸收在一个电极上。在这种情况下，化学反应的驱动力通过光吸收获得，而电子则从阳极传递，在阳极上可以发生可持续的氧化反应，如水氧化。因此，在阴极进行 CO_2 还原不需要（或只需要很小的）电化学势。

光电催化充分利用太阳能产生光电子，在外加电场的作用下，光生电子被转移到电极表面，最终被 CO_2 催化还原。外加电场可有效促进光催化过程中的电荷分离，促进电子迁移，显著提高 CO_2 分子的内在活性和能效。在光电催化过程中高效利用太阳能，可有效克服 CO_2 电催化过程中的高能耗问题。

9.5 电催化 CO_2 还原

1978 年，M. Halmann 发现在 GaP 光电极催化下，CO_2 在水溶液中可被还原为甲酸、甲醛和甲醇，从而开启了光电催化还原 CO_2 的大门。由于电催化系统结构简单，反应条件温和，与太阳能、风能等其它可再生能源可以很好地耦合运用，且易于模块化和扩大转化规模，因而有利于工业化的实现。开展 CO_2 电催化还原的研发，对降低温室气体水平、提高碳循环利用和增强可持续碳氢能源存储等具有重大意义。

9.5.1 电催化 CO_2 还原反应机理

CO_2 的转化首先必须对其分子进行活化。CO_2 具有线性和中心对称的分子结构，两个等价的 C═O 键具有较高的键能，通常表现出化学惰性，需要很高能量的激发才能进行化学反应。CO_2 的分子结构决定了它是弱电子受体也是强电子受体，它既可以得到两个电子形成 CO，也可以接受 12 个电子生成 C_2H_4。由于电催化 CO_2 还原是多电子转移反应，因此，CO_2 电催化还原最大的挑战来自活化 O═C═O 键所需要克服的高能垒和还原产物分布广泛的问题。在一定温度下，CO_2 的电化学还原可以在气态、水相和非水相中通过 2、4、6 和 8 电子途径进行，主要还原产物有 CO、HCOOH 或 $HCOO^-$、$H_2C_2O_4$ 或 $C_2O_2^-$、CH_2O、CH_3OH、CH_4、CH_2═CH_2、CH_3CH_2OH 等。CO_2 电催化还原反应的可能路径以及各个电化学半反应在水溶液中的电极电位见表 9-1[14]。CO_2 电催化还原动力学涉及非常复杂的反应机理，即使有电催化剂存在，反应速率也非常慢，而且在某些情况下，电还原产物不是单一的产物，而可能是含有上述多种还原产物的混合物。混合物中组分的数量和各组分的含量都与所使用电催化剂的种类、选择性以及所使用的电极电位密切相关。其中还原产物的选择性不仅取决于电催化材料，还受到还原温度、压力、pH 值以及电解质阴、阳离子种类的影响。

表 9-1 CO_2 电催化还原反应的热力学半反应及其在水溶液中的电极电位[14]

电化学热力学半反应	电极电位/$V(vs. SHE)$
$CO_2(g) + 4H^+ + 4e^- \longrightarrow C(s) + 2H_2O(l)$	0.210
$CO_2(g) + 2H_2O(l) + 4e^- \longrightarrow C(s) + 4OH^-$	−0.627
$CO_2(g) + 2H^+ + 2e^- \longrightarrow HCOOH(l)$	−0.250

电化学热力学半反应	电极电位/V($vs.$ SHE)
$CO_2(g)+H_2O(l)+2e^- \longrightarrow HCOO^-(aq)+OH^-$	-1.078
$CO_2(g)+2H^+ +2e^- \longrightarrow CO(g)+H_2O(l)$	-0.106
$CO_2(g)+H_2O(l)+2e^- \longrightarrow CO(g)+2OH^-$	-0.070
$CO_2(g)+4H^+ +4e^- \longrightarrow CH_2O(l)+H_2O(l)$	-0.898
$CO_2(g)+6H^+ +6e^- \longrightarrow CH_3OH(l)+H_2O$	0.016
$CO_2(g)+5H_2O(l)+6e^- \longrightarrow CH_3OH(l)+6OH^-$	-0.812
$CO_2(g)+8H^+ +8e^- \longrightarrow CH_4(g)+2H_2O$	0.169
$CO_2(g)+6H_2O(l)+8e^- \longrightarrow CH_4(g)+8OH^-$	-0.659
$2CO_2(g)+2H^+ +2e^- \longrightarrow H_2C_2O_4(aq)$	-0.500
$2CO_2(g)+2e^- \longrightarrow C_2O_4^{2-}(aq)$	-0.590
$2CO_2(g)+12H^+ +12e^- \longrightarrow CH_2CH_2(g)+4H_2O$	0.064
$2CO_2(g)+8H_2O(l)+12e^- \longrightarrow CH_2CH_2(g)+12OH^-$	-0.764
$2CO_2(g)+12H^+ +12e^- \longrightarrow CH_2CH_2OH(l)+3H_2O(l)$	0.084
$2CO_2(g)+9H_2O(l)+12e^- \longrightarrow CH_2CH_2OH(l)+12OH^-$	-0.744

CO_2 电催化还原机理较为复杂，有研究认为当 CO_2 以 O 配位吸附时的机理如下所示。

$$CO_2(g) \longrightarrow CO_2(aq) \tag{9-11}$$

$$CO_2(aq) \longrightarrow CO_2(ads) \tag{9-12}$$

$$CO_2(ads)+e^- \longrightarrow \cdot CO_2^-(ads) \tag{9-13}$$

$$\cdot CO_2^-(ads)+H_2O \longrightarrow HCOO \cdot +OH^- \tag{9-14}$$

$$HCOO \cdot +e^- \longrightarrow HCOO^- \tag{9-15}$$

CO_2 气体在电解液中首先形成水合态分子 $CO_2(aq)$，然后在电极表面发生吸附成为吸附态分子 $CO_2(ads)$，在得到一个电子后转变为吸附态的自由基负离子 $\cdot CO_2^-(ads)$，进而与水中的质子在 C 位上形成甲酸根自由基 $HCOO \cdot$，最后得到电子生成甲酸根 $HCOO^-$。而当 CO_2 与 C 配位吸附时，上述吸附态的自由基负离子 $\cdot CO_2^-(ads)$ 的 O 原子则与水中的质子 H 结合，生成吸附态的 $\cdot COOH(ads)$，最终解离为 CO，该反应的最后两步机理如下所示。

$$\cdot CO_2^-(ads)+H_2O \longrightarrow \cdot COOH(ads)+OH^- \tag{9-16}$$

$$\cdot COOH(ads) \longrightarrow CO(ads)+OH^- \tag{9-17}$$

也就是说，当 CO_2 以 O 配位吸附时，CO_2 电催化还原产物以甲酸或甲酸根为主，而当 CO_2 以 C 配位吸附时，产物以 CO 为主。

元素周期表中各种元素金属电极在 CO_2 电催化还原反应中对产物的选择性，Cu 是唯一对气态烃类产物具有较高选择性的电催化材料，CO_2 还原生成 CO 的催化剂材料主要有

Ag、Au、Zn；还原产物为烃类的催化剂为 Cu；还原产物为甲酸或甲酸盐的催化剂主要是 Cd、Hg、In、Sn 和 Pb。

9.5.2 电催化 CO_2 还原工业化的一些探索

目前，CO_2 电催化还原在理论研究方面取得了长足的进步，但在实际工业应用上还面临着一些挑战：a.热力学因素；b.动力学因素；c.基础设施欠缺，投入大，风险高。热力学与动力学方面，可以证明电催化 CO_2 还原过程在生产成本方面可以比肩现有的化工生产过程。后续技术的发展应当更侧重于解决现有电催化剂选择性低、电流密度小（为保持合理的选择性）以及催化材料的成本问题，也就是催化过程中要降低过电压、提高选择性和稳定性，同时考虑其它一些实际生产方面的制约因素，如反应器中的欧姆损失、产物分离、CO_2 获取的成本。

技术上，CO_2 的捕集也是制约工业化的重要因素之一，这里不展开讨论。就电催化 CO_2 还原过程而言，$100 \sim 1000 mA/cm^2$ 的电流密度是较为合适的反应速率。由于受到 CO_2 在水相环境中低溶解度的限制，许多实验室规模的反应只能达到 $1 \sim 10 mA/cm^2$ 的电流密度，而且用水相溶剂也容易发生产氢反应，分摊了 CO_2 还原反应的质子来源。反应过程中，较低的 pH 有利于产氢，较高的反应温度会降低 CO_2 的溶解度，因此大多 CO_2 还原的电解池是在室温和标准大气压下运行的，并且使用碱性电解液。另外，也有采用提高压力以增加 CO_2 溶解度的工艺，可稳定并高选择性地生产 CO 和 HCOOH，如高压下 CO_2 电催化还原生产 CO 的阴极最高电流密度可高达 $3A/cm^2$，即使在温和条件以及较低电压下也能实现几十到几百 mA/cm^2 的电流密度，电解池可以稳定运行超过 1000h，这种级别的电流密度加上较高的法拉第效率，已经足以用于工业化。当然，CO_2 电催化还原过程的工业化，优化电解池的设计以提高效率也是至关重要的，因为过程中温度、压强、离子浓度、pH 值和杂质等任何微小变化都会极大地影响电极反应过程。对于电解池而言，影响其功能的最重要因素在于其阴极结构，以及反应物 CO_2 如何传输到电极催化剂表面。目前，电催化 CO_2 还原装置有多种设计，其中采用固体电解质结构设计的高温电解池已经接近商业化。

思考题

1. 如何将 CO_2 转化为有价值的化学品和燃料？
2. CO_2 的转化与利用对减少温室气体排放和应对气候变化有何贡献？
3. 光电催化 CO_2 还原技术有哪些优点和挑战？
4. 光热催化 CO_2 转化为化学品的原理是什么？
5. 光催化 CO_2 还原技术的原理和特点是什么？
6. 如何利用人工智能和机器学习技术优化 CO_2 转化过程？
7. CO_2 转化技术对能源和化工产业有何影响？
8. 未来 CO_2 转化与利用的技术和发展趋势是什么？

参考文献

[1] 何良年. 二氧化碳化学[M]. 北京：科学出版社，2013.

[2] He J，Janaky C. Recent advances in solar-driven carbon dioxide conversion：Expectations versus reality [J]. ACS Energy Letters，2020，5(6)：1996-2014.

[3] Zhou X，Liu R，Sun K，et al. Solar-driven reduction of 1 atm of CO_2 to formate at 10% energy-conversion efficiency by use of a TiO_2-protected Ⅲ—Ⅴ tandem photoanode in conjunction with a bipolar membrane and a Pd/C cathode[J]. ACS Energy Letters，2016，1(4)：764-770.

[4] Grim R G，Huang Z，Guarnieri M T，et al. Transforming the carbon economy：challen-ges and opportunities in the convergence of low-cost electricity and reductive CO_2 utilization[J]. Energy & Environmental Science，2020，13(2)：472-494.

[5] Pullar R C，Novais R M，Caetano A P F，et al. A review of solar thermochemical CO_2 splitting using ceria-based ceramics with designed morphologies and microstructures[J]. Frontiers in Chemistry，2019，7：601.

[6] Takacs M，Hoes M，Caduff M，et al. Oxygen nonstoichiometry，defect equilibria，and thermodynamic characterization of $LaMnO_3$ perovskites with Ca/Sr A-site and Al B-site do-ping [J]. Acta Materialia，2016，103：700-710.

[7] 王献红. 二氧化碳捕集和利用 [M]. 北京：化学工业出版社. 2016.

[8] 郭庆杰. 温室气体二氧化碳捕集和利用技术进展 [M]. 北京：化学工业出版社，2010.

[9] Tou M，Michalsky R，Steinfeld A. Solar-driven thermochemical splitting of CO_2 and in situ separation of CO and O_2 across a ceria redox membrane reactor [J]. Joule，2017，1(1)：146-154.

[10] Le Gal A，Drobek M，Julbe A，et al. Improving solar fuel production performance from H_2O and CO_2 thermochemical dissociation using custom-made reticulated porous ceria [J]. Materials Today Sustainability，2023，24：100542.

[11] Smestad G P，Steinfeld A. photochemical and thermochemical production of solar fuels from H_2O and CO_2 using metal oxide catalysts[J]. Industrial & Engineering Chemistry Research，2012，51(37)：11828-11840.

[12] Ulmer U，Dingle T，Duchesne P N，et al. Fundamentals and applications of photocata-lytic CO_2 methanation[J]. Nature Communications，2019，10(1)：3169.

[13] 刘志敏. 二氧化碳化学转化[M]. 北京：科学出版社，2018.

[14] 孙世刚. 电催化纳米材料[M]. 北京：化学工业出版社，2018.

第 10 章

压电光电子学及新能源应用

压电光电子学研究于 2010 年被王中林教授课题组首次提出。对于同时具有压电特性、半导体特性和光电特性的材料，半导体特性、压电特性和光激发特性三者耦合形成了压电光电子学。在压电光电子领域中，局部压电极化电荷的存在可以显著调节和控制异质界面处光生电子和空穴的产生、分离、输运或重组，从而得到高性能的新型光电子器件。本章中我们将讨论压电光电子学理论以及压电光电子学理论在太阳能电池、能源存储、光电探测器和光催化等方面的应用。

10.1 压电光电子学效应的基本理论

10.1.1 压电效应

（1）压电效应简介

当电介质通过特定方向外力的作用时，发生形变，其内部发生电极化现象。压电效应分为正压电效应和逆压电效应。正压电效应是指电介质受到固定方向外力时，内部产生电极化现象。当外力消失后，电极化现象消失，电介质又恢复到不带电的状态。逆压电效应又称电致伸缩现象，是指在电解质的极化方向上施加电场，电介质会发生形变，电场去掉以后，电介质形变随之消失。

（2）压电效应的机理

材料具有压电效应的条件是其结构不具有对称中心。不受外力作用时，分子正负电荷中心重合，对外显示电中性。当材料受到压缩力或拉伸力时，分子结构产生形变，正负电荷中心将不再重合，产生微小的电偶极矩，正负电荷中心向相反的方向分离，材料表面电荷重新分布，表面上相反电荷的分离过程称为极化。

（3）常见的压电材料

压电效应通常出现在没有反转中心的非中心对称材料中，主要包括：石英（水晶）、含氢铁电体晶体（磷酸二氢铵、磷酸二氢钾和磷酸氢铅等）、含氧金属酸化物（钛酸钡、铌酸锂等）、Ⅲ和Ⅳ族半导体化合物（ZnO、GaN、InN 和 AlN 等）、压电陶瓷（钛酸铅、钛酸钡和锆钛酸铅等）。除此之外，一些生物材料如蔗糖（食糖、单氨基酸和蛋白质等）和二维过渡金属族硫化物（MoS_2 等）也表现出压电效应。

10.1.2 压电光电子学效应

（1）压电光电子学效应简介

对于同时具有半导体特性、压电特性和光激发特性的材料，当半导体特性与光激发特性耦合时形成光电子学效应。当半导体特性和压电特性耦合时形成压电电子学效应。当半导体特性、压电特性和光激发特性三者耦合时则形成压电光电子学效应（图 10-1）。

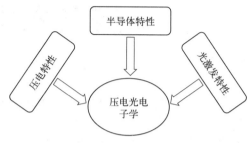

图 10-1　压电光电子学效应

（2）压电光电子学效应的机理

压电光电子学效应的基本原理是通过外加应变产生的极化电荷调控光生载流子的产生、分离、输运或重组，从而调控器件的性能。目前应用于压电光电子器件的材料主要有氧化锌（ZnO）、氮化镓（GaN）和硫化镉（CdS）等纤锌矿族无机半导体材料。其中，ZnO 具有较高的压电常数，被广泛应用于压电光电子学材料。以 ZnO 为例，详细介绍压电光电子学效应的机理。ZnO 具有纤锌矿结构，Zn^{2+} 和 O^{2-} 构成以 Zn^{2+} 为中心的正四面体结构。如图 10-2（a）所示，F 和 P 分别代表施加的应力和所诱导的电偶极矩。不施加外部应力时，阳离子和阴离子正负电荷中心重叠，无电偶极矩产生。当沿着 ZnO 纳米线的 c 轴施加外部应力时，阴离子和阳离子的电荷中心发生相对位移，正负电荷中心不重合，形成电偶极矩，电偶极矩瞬时叠加在应力方向上产生宏观压电势。如果在 c 轴施加压应力，将在纳米线的 $+c$ 端产生负的压电势，在 $-c$ 端产生正的压电势。如果在 c 轴施加相同大小的拉伸应力，压电势差不变，但压电势的极性发生反转［图 10-2（b）］。动态应变所产生的压电势可以驱动电子在外部负载电路中流动[1-2]。因此，在光照作用下，ZnO 吸收光子的能量产生光生电子-空穴对，通过外加应变产生的极化电荷调控光生载流子的产生、分离、输运或重组，从而调控压电光电子学器件的性能。

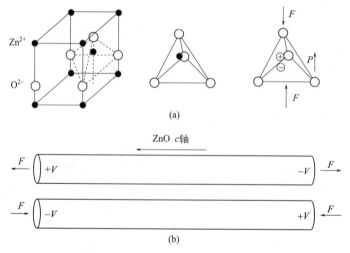

图 10-2　ZnO 晶体中原子结构模型（a）以及在拉伸或压缩应力下，
c 轴 ZnO 纳米线中的压电势分布[1,2]（b）

10.2 压电光电子学对太阳能电池的影响

太阳能电池是一种通过光伏效应将太阳能转化为电能的器件，是压电光电子学中重要的研究领域之一。太阳能电池主要是利用 PN 结或金属-半导体（M-S）接触界面空间电荷区的内建电场对光生电子-空穴对进行分离，延长光生电子和空穴的寿命，提高光电转化效率。在外加应变的作用下，压电势可以显著改变界面的能带结构，有效地促进光生载流子的产生、分离和输运，有助于开发高性能的太阳能电池[3-7]。

10.2.1 压电光电子学效应对 PN 结光电池的影响

当 P 型半导体与 N 型半导体接触时，由于费米能级的差异，电子从费米能级高的 N 型半导体转移到费米能级低的 P 型半导体，直到费米能级相等，在接触界面会形成内建电场和电荷耗尽层。光生电子和空穴在内建电场的作用下分离，产生光电流。以 P 型非压电半导体和 N 型压电半导体形成的异质结为例，入射光子照射到半导体表面，激发出光生电子和空穴，在没有施加应力的情况下，光生电子和空穴被 PN 结区的内建电场分离和传输，产生光电流。光生电子和空穴的有效分离和传输以及势垒高度的变化都会影响光电流的大小。如图 10-3（a）所示，如果 N 型压电半导体 C 轴指向 P 型半导体，当施加压缩应变时，负极化电荷导致界面能带向上弯曲，增加了 N 型半导体的耗尽层宽度，整个耗尽层区域向 N 型半导体偏移，抑制光生电子和空穴的复合，延长光生载流子的寿命，提高光电转化效率[3]。相反，拉伸应变诱导的正极化电荷降低了 N 型半导体中耗尽层宽度，并且整个耗尽层区域向 P 型半导体偏移。如果正极化电荷密度过大，则能带结构的局部变形将产生一个捕获电子的通道，在界面增加电子和空穴的复合，降低光电流［图 10-3（b）］[3]。简而言之，压电光电子器件就是利用压电势作为"门"来调制半导体器件中光生载流子的过程。本节将以 CdS/Cu_2S 和 ZnO/SnS 太阳能电池为例阐述压电势对太阳能电池效率的影响。

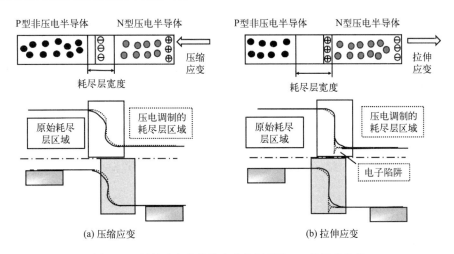

图 10-3　压缩应变和拉伸应变作用下的 PN 结能带结构
黑色实线表示无应变作用下原始能带结构，虚线表示受压电电荷作用能带结构[3]

（1）CdS 与 Cu₂S 异质结太阳能电池

N 型 CdS 和 P 型 Cu₂S 异质结太阳能电池是以 P 型 Cu₂S 为壳层材料和 N 型 CdS 为内核材料，采用阳离子交换法制备的外延同轴结构纳米线[5]。具体的制备过程如图 10-4 所示，首先，采用气相-液相-固相方法合成 CdS 纳米线，并将其平移到聚对苯二甲酸乙二醇酯（PET）或聚苯乙烯（PS）基底上。CdS 纳米线一端用银浆固定作为电极。其次，用一层环氧树脂覆盖银浆固定的 CdS 端。再次，在 50℃的温度下，将 CdS 纳米线浸渍在 CuCl 溶液中 10 s，实现阳离子交换反应。接着，将样品用去离子水、乙醇和异丙醇冲洗干净并在 N₂ 气氛下干燥。随后，将同轴纳米线另一端 P 型 Cu₂S 也用银浆固定连接。最后将整个制备好的器件用聚二甲基硅氧烷（PDMS）封装以防止器件被污染和损坏[5]。

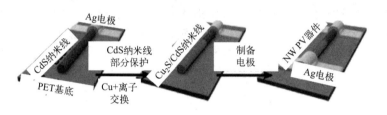

图 10-4　CdS 与 Cu₂S 核壳纳米光伏器件的制备[5]

由于 CdS 是一种具有非中心对称性纤锌矿结构的压电材料，CdS/Cu₂S 纳米线（NW）器件有两种不同的构型（图 10-5）：a. Cu₂S 壳层位于 CdS NW 的上部，为构型Ⅰ；b. Cu₂S 壳层位于 CdS NW 下部，为构型Ⅱ[5]。当压缩应变小于等于−0.41％时，结构Ⅰ器件的性能得到增强。其中，短路电流从 0.25nA 增加到 0.33nA，开路电压在 0.26～0.29V 变化。当施加−0.41％的压缩应变时，光伏器件的光电转换效率提高了约 70％。然而，当压缩应变增加时，结构Ⅱ器件的性能下降。短路电流从 3.47nA 下降至 3.05nA，开路电压从 532mV 下降至 545mV。CdS 具有非中心对称纤锌矿结构，是由阳离子和阴离子组成的正四面体结构。施加应变使得 CdS 中阳离子和阴离子产生极化，在晶体内部形成压电势[4-5]。对于 CdS/Cu₂S NW 太阳能电池，其性能主要取决于载流子分离、输运和复合过程。由于 P 型 Cu₂S 壳层为非压电材料，性能增强机制讨论主要集中在压电型 CdS 上。当 CdS 纳米线受到沿 c 轴的应变时，压电势沿着纳米线长度方向分布。如图 10-5（a～f）所示，对于构型Ⅰ器件，Cu₂S/CdS 界面上正压电电荷会使 CdS 的导带和价带向下弯曲，导致异质结界面处势垒高度降低，耗尽层宽度和内建电场强度增强，从而加速光生电子-空穴对的分离，降低复合率，延长载流子寿命，提高太阳能电池的性能。对于构型Ⅱ器件，Cu₂S/CdS 界面处的局部负压电电荷将导致 CdS 的导带和价带向上弯曲，异质界面处的势垒高度增加，耗尽层宽度和内建电场强度降低，增加了光生电子和空穴的复合率，降低了光生电子和空穴的寿命。因此，当器件被压缩时，输出电流和光电转换效率降低［图 10-5（g～i）］[5]。

（2）N-ZnO/P-SnS 核壳纳米线阵列太阳能电池

由于核壳纳米线阵列具有大的比表面积、强的电荷收集能力和优异的捕光性能等优点，构建核壳纳米线阵列太阳能电池是提高光伏性能的重要方法。核壳结构可以通过缩短自由载流子的传输长度来提高光生载流子的收集效率[4-6]。对于 N-ZnO/P-SnS 核壳纳米线阵列太阳

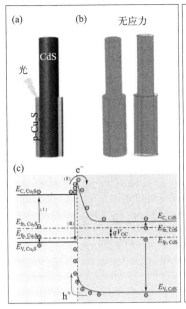
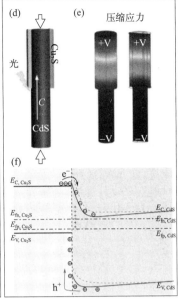
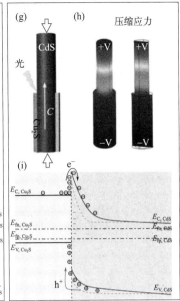

图 10-5 两种不同构型的 NW 器件及其性能

（a）器件结构示意图；（b）无应变条件下太阳能电池中压电势分布；（c）构型 Ⅰ 能带结构示意图；（d）构型 Ⅰ 器件结构示意图；（e）在压缩应变条件作用下，构型 Ⅰ 太阳能电池中压电势分布；（f）构型 Ⅱ 能带结构示意图；（g）构型 Ⅱ 器件结构示意图；（h）、（i）在压缩应变条件作用下，构型 Ⅱ 器件太阳能电池压电势分布和能带结构[5]

能电池，SnS 带隙较小，具有较高的光吸收特性，是一种理想的壳层材料[6]。N 型 ZnO 主要作为核层材料。对 ZnO 施加压缩应变，光电转化效率不断增强；对 ZnO 施加拉伸应变，光电转化效率降低。当应变由 -0.88% 升高至 0.88% 时，短路电流从 $4.71mA/cm^2$ 降低至 $4.63mA/cm^2$，开路电压从 $0.58V$ 降低至 $0.51V$，填充因子始终保持在 0.48 左右。因此，当压缩应变从 0% 增加到 -0.88% 时，光电转化效率提高了 8.3%。对 ZnO 施加压缩应变，其表面会产生负电荷，导致内建电场强度增强，耗尽层宽度增大，光生电子和空穴很容易发生分离。ZnO 表面所产生的压电势也会促进光生电子和空穴的输运。基于这两种机制，光生电流会随着压缩应变的增加而增大[6]。

此外，胶体量子点由于较大的光吸收系数、可调的带隙，也被广泛应用于光伏太阳能电池。例如，ZnO/PbS 胶体量子点异质结，ZnO 主要作为压电材料[7]。当压缩应变为 0.25% 时，光电转换效率由 3.1% 提高到 4.0%。每施加 0.01% 的应变，短路电流和转换效率的变化率分别为 0.51% 和 0.55%。当 ZnO/PbS 胶体量子点表面出现正压电电荷时，界面附近能带结构向下弯曲，增大了 PbS 量子点的空间电荷区，内建电场增强，有利于光生电子和空穴的分离。同时，ZnO 的空间电荷区减小，能带弯曲。相反，当 ZnO/PbS 胶体量子点界面处出现负压电电荷时，PbS 空间电荷区缩小，内建电场变弱，抑制了光生电子和空穴分离[7]。

10.2.2 压电光电子学效应对 M-S 光电池的影响

肖特基势垒源于金属与半导体之间的接触，具有整流特性。在光照下，当光子能量超过压电半导体带隙时,光子照射到金属-半导体接触界面,在界面处产生光生电子和空穴,光生电子和空穴在肖特基的作用下分离[3]。对于具有良好压电性能的半导体,部分压电荷被屏蔽,剩余的压电荷会极大地影响肖特基势垒的高度。如图 10-6(a)所示,对于 N 型压电半导体,如果其 c 轴指向金属方向,在压缩应变作用下,在接触界面处产生负电荷,半导体能带结构向上弯曲,势垒增加,光生载流子迁移率降低,光电流密度减小。相反,在拉伸应变作用下,在接触界面处产生正极化电荷,能带结构向下弯曲,势垒降低,有利于光生载流子的迁移,光电流密度增加[如图 10-6(b)所示]。当肖特基势垒太低时,电子-空穴很容易发生复合,降低光电流密度[3]。本节将以 Ag-ZnO-Ag 肖特基接触太阳能电池为例阐述压电势对太阳能电池效率的影响。

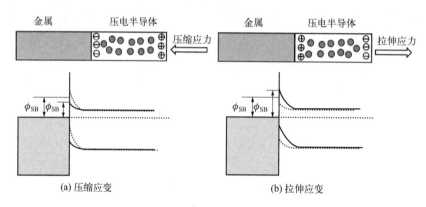

图 10-6 压缩应变和拉伸应变作用下的肖特基接触界面能带结构
黑色实线表示无应变作用下原始能带结构,虚线表示受压电电荷作用能带结构[3]

对于 Ag-ZnO-Ag 肖特基接触太阳能电池,ZnO 微米线是经过高温热蒸发过程合成的。然后,将 ZnO 微米线平移到聚苯乙烯基底上,用 Ag 浆将其两端固定在聚苯乙烯基底上。随后,用聚二甲基硅氧烷(PDMS)薄层来封装器件。在 Ag 与 ZnO 接触的光电池中,ZnO 受到拉伸或者压缩应变时,太阳能电池器件伏安特性发生了明显变化(图 10-7)。在金属与半导体结构中,光生电子和空穴的分离取决于肖特基势垒高度。如果肖特基势垒太高,由于

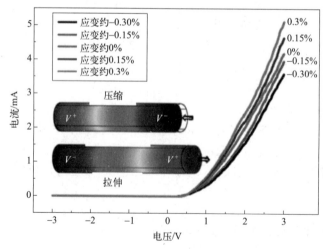

图 10-7 光电池器件压电响应测试曲线[8]

能带分布陡峭，电子仍然可以漂移到半导体侧，但空穴则可能会被比费米能级更高能量的能级俘获，导致电子和空穴不能有效地分离，不能形成电流回路。如果肖特基势垒高度太低，由于电子和空穴两者之间的库仑引力，界面附近的内建电场不足以有效驱动电子和空穴朝相反方向漂移。电子和空穴会倾向于复合而不会产生分离。因此，利用压电势调整肖特基势垒高度，使器件中电子和空穴得到最大程度的分离，减少电子与空穴复合，得到最大的输出光电流[8]。此外，二维材料 MoS_2 也可以作为压电光电子材料。首先，1nm 内的单层 MoS_2 可以吸收高达 5% 的太阳光。其次，MoS_2 还可以承受 11% 的机械应变。当对 MoS_2 施加机械形变时，Mo^{4+} 离子和 S^{2-} 离子之间的相对位移导致材料中出现压电极化电荷。因此，对于金属-MoS_2-金属太阳能电池，可以通过压电光电子学效应有效地改进其性能。理论分析发现，压电极化电荷可以有效地调控金属与 MoS_2 接触点的肖特基势垒高度（SBH）。当应变为 1% 时，太阳能电池的开路电压提高了 5.8%[3,9]。

10.3 压电光电子学在能源存储中的应用

长期以来，发电和能量储存是两个不同的过程，它们通过两个不同的器件实现从机械能到电能，再从电能到化学能的转换。自充电功率源器件是将纳米发电机和锂离子电池集合成一个器件，可以通过环境中的机械变形和振动进行充电，直接实现机械能与化学能之间的转化。其工作机制是由变形感应的压电驱动电化学过程[10]。如图 10-8（a）所示，$LiCoO_2$ 为正极（阴极）材料，TiO_2 纳米管为负极（阳极）材料，六氟磷酸锂（$LiPF_6$）电解质均匀分布在整个空间中。与两个电极紧密接触的聚偏二氟乙烯（PVDF）薄膜作为分离器，当施加压应力时，PVDF 承受的压缩应变最大。PVDF 膜在压缩应变的作用下，阴极（$LiCoO_2$）侧为正压电位，阳极（TiO_2）侧为负压电位。在阴极到阳极方向的压电场驱动下，电解质中的 Li^+ 将沿着该方向通过 PVDF 膜分离器中存在的离子传导路径迁移，以屏蔽压电场，最终到达阳极 [图 10-8（b）和（c）]。阴极处 Li^+ 浓度降低，会破坏阴极电极反应的化学平衡（$LiCoO_2 \rightleftharpoons Li_{1-x}CoO_2 + xLi^+ + xe^-$），使 Li^+ 变成 $Li_{1-x}CoO_2$，并在阴极电极的集流器（Al 箔）上留下自由电子。同时，阳极 Li^+ 浓度升高，另一个电极的反应也会以同样的原因向前移动，使 Li^+ 与 TiO_2 发生反应，在阳极电极上生成 Li_xTiO_2，从而将正电荷留在 Ti 箔上。在这个过程中，Li^+ 会不断地从阴极迁移到阳极。在两电极的充电电化学反应过程中，额外的自由电子会从阴极转移到阳极，保持电荷的中性和充电反应的连续性。当施加的外力被释放时，PVDF 内部的压电场消失，从而打破静电平衡 [图 10-8（d）和（e）]。因此，一部分 Li^+ 从阳极向阴极扩散，并再次在器件的整个空间中均匀分布。然后，在阴极将少量 $LiCoO_2$ 氧化为 $Li_{1-x}CoO_2$，在阳极将少量 TiO_2 还原为 Li_xTiO_2，完成一个充电循环。当设备再次机械变形时，重复上述过程，将机械能直接转化为化学能，从而产生另一个充电循环 [图 10-8（f）]。在频率为 2.3Hz 的压缩应力作用下，器件电压在 240s 内由 327mV 升高到 395mV。自充电完成后，在放电电流为 $1\mu A$ 的条件下，将器件放电至初始电压 327mV，放电时间大约为 130s。所提出的动力电池可以将机械能直接转化为化学能，在反复变形的情况下充电[10]。

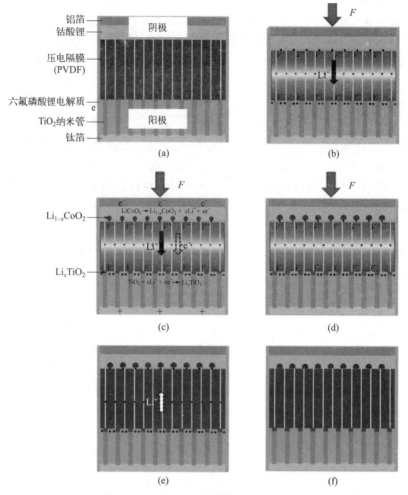

图 10-8　自充电功率源器件的工作原理

(a) LiCoO$_2$ 作为阴极和 TiO$_2$ 纳米管作为阳极的自充电功率源器件处于放电状态；(b) 当压缩应力作用于器件时，压电隔膜内产生压电势；(c) 在压电场的驱动下，锂离子由阴极向阳极迁移过程；(d) 两电极上重新建立化学平衡和自充电过程终止时的状态；(e) 施加应力撤去时，部分锂离子向阴极回流过程；(f) 电化学系统达到新平衡时一个周期的自充电过程[10]

10.4　压电光电子学在光电探测器中的应用

　　光电探测器主要通过吸收的光子能量转化为电流来测量光功率。主要原理是光子作用于光电导材料，形成本征吸收或杂质吸收，产生附加的光生载流子，使半导体的电导率发生变化，产生光电导效应。通常，光电探测器的运行一般有 3 个过程：a. 入射光产生光生电子和空穴对；b. 光生电子和空穴的传输；c. 光生电子和空穴的输出。对于基于肖特基或 PN 结的光电探测器，每个过程都与其界面能带结构密切相关。因此，利用压电效应调控肖特基或 PN 结界面能带结构对于光电探测器的运行至关重要。对于 N 型单肖特基光电探测器，肖特基势垒高度对于探测器灵敏度非常重要。在局部压电极化电荷的作用下，肖特基势垒高度变化量（$\Delta\phi_n$）为[4]：

$$\Delta\phi_n = -q(2\varepsilon)^{-1}\rho_{piezo}W_{piezo}^2 - kTq^{-1}\ln[(n_0+\Delta n)n_0^{-1}] \qquad (10\text{-}1)$$

式中，q 为电子电荷（1.602×10^{-19}C）；ε 为介电常数；ρ_{piezo} 为沿 C 轴方向外加应变的极性；W_{piezo} 为压电电荷分布区宽度；k 为玻尔兹曼常数（1.381×10^{-23}J·K^{-1}）；T 为开氏温度；n_0 和 Δn 分别为原始载流子浓度和过量载流子浓度。在正向偏置电压下，通过肖特基势垒的电流密度为[4]：

$$J_n = J_{n_0}(n_0+\Delta n)n_0^{-1}\exp[q^2\rho_{piezo}W_{piezo}^2(2kT\varepsilon_s)^{-1}] \qquad (10\text{-}2)$$

式中，J_{n_0} 为不施加光照和外部应变的电流密度；ε_s 为相对介电常数。

以金属-半导体-金属（MSM）结构的 ZnO 型 UV 传感器为例来阐述压电光电子学理论在光电探测器方面的应用[11]。在紫外光的照射下，对 ZnO 纳米线（ZnO NW）施加不同的压缩和拉伸应变。当 ZnO NW 承受 -0.36% 的压缩应变时，在 $0.75\mu W/cm^2$、$22\mu W/cm^2$、$0.75mW/cm^2$ 和 $33mW/cm^2$ 的紫外光照射下，光电探测器的灵敏度分别提高了 530%、190%、9% 和 15%。引入应变后，对弱光照射的光电探测器的灵敏度显著提高，而应变对强光照射的光电探测器灵敏度几乎没有影响。随着光强的增加，压电势的作用减弱，这可能是由新产生的电荷对压电势的屏蔽效应造成的。当 ZnO NW 处于高光照强度时，其内部产生大量的自由电子和空穴，大量光生电子和空穴的积累会使部分压电势被屏蔽[11]。另外，在黑暗的环境中，压电效应对 ZnO NW 器件的电流并没有显著的影响。在不施加光照条件下，ZnO 表面因吸附氧分子而形成耗尽层，电阻增加，器件的电流较低［在 $-5V$ 偏压下，电流密度约为 14pA（$1pA=10^{-12}$A）］。压电势虽然可以调节肖特基势垒高度，但对暗电流几乎没有任何影响。因此，在保持器件低暗电流特性的同时，压电势可以显著增强器件对皮瓦级光检测的响应。研究结果表明，对 pW 级的光探测，压电光电子效应可以将探测器灵敏度提高到 5 倍以上[11]。

10.5　压电光电子学在光催化过程中的应用

光催化是一个新的领域，其本质是在催化剂的作用下进行光化学反应。如图 10-9 所示，光催化的过程主要分为 3 个阶段：a. 在光子的激发下，光催化剂价带上的电子向导带跃迁，产生光生电子和空穴；b. 由于电子和空穴间的库仑引力，部分光生电子和空穴在光催化剂体相复合，以光或热的形式释放；c. 未复合的光生电子和空穴向光催化剂的表面输运，到达催化剂表面的光生电子和空穴，将参与氧化还原反应[12-13]。在上述光催化过程中，光生电子和空穴在飞秒时间尺度上形成，然后在几百皮秒内从体相转移到表面的反应位置，并在几纳秒到几微秒的时间尺度内与吸附的反应物发生催化反应。目前，光催化剂整体能量转换效率很低。如果光催化剂是压电半导体，在外加应力作用下会诱导压电势。具有正极化电荷的一端能带向下弯曲，有利于光生电子向表面及液体迁移。负极化电荷的一端能带向上弯曲，有利于光生空穴转移。压电势可以有效地减少光生电子和空穴的复合，同时为光生电子和空穴的输运提供强有力的驱动力，促进氧化还原反应进行，最终使光催化效率得到显著提高[12]。例如，对于 ZnO/MoS$_2$ 异质结，在单独太阳光的照射下，50min 内，ZnO/MoS$_2$ 异质结对甲基橙光催化降解效率仅为 50.6％。然而，在太阳光和搅拌的共同协同作用下，ZnO/MoS$_2$ 异质结对甲基橙光催化降解效率为 92.7％。光降解效率的显著增强归因于搅拌刺激引起的压电场，进而调节能带结构，促进 ZnO 表面的光生电子将与 O$_2$ 发生反应，生成活性氧。而 MoS$_2$ 表面的光生空穴将与羟基发生反应，生成羟基自由基。因此，光降解效率得到显著增强[14]。

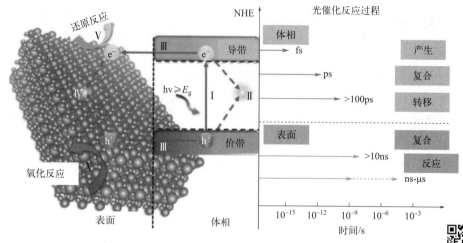

图 10-9　半导体光催化反应中不同步骤和相应时间尺度[12]

思考题

1. 拉伸或压缩应变如何调节 PN 结太阳能电池的器件性能？
2. 压电效应如何调节肖特基势垒的高度？
3. 氧化锌、硫化镉等材料为什么会被用来作为压电光电子学器件的材料？
4. 如何设计自充电功率源器件？
5. 压电效应影响光电探测器的机制是什么？
6. 压电效应影响光电催化的机制是什么？

参考文献

[1]　Wang Z L. Piezopotential gated nanowire devices：Piezotronics and piezophototronics[J]. Nano Today，2010，5：540-552.

[2]　Wang X D. Piezoelectric nanogenerators-Harvesting ambient mechanical energy at the nanometer scale [J]. Nano Energy，2012，1：13-24.

[3]　Lin P，Pan C，Wang Z L. Two-dimensional nanomaterials for novel piezotronics and piezophototronics [J]. Materials Today Nano，2018，4：17-31.

[4]　Wang Z L，Wu W Z. Piezotronics and piezo-phototronics：fundamentals and applications[J]. National Science Review，2014，1(1)：62-90.

［5］ Pan C F，Niu S M，Ding Y，et al. Enhanced Cu_2S/CdS coaxial nanowire solar cells by piezo-phototronic effect［J］. Nano Letters，2012，12(6)：3302-3307.

［6］ Zhu L P，Wang L F，Xue F，et al. Piezo-phototronic effect enhanced flexible solar cells based on n-ZnO/p-SnS core-shell nanowire array［J］. Advanced Science，2017，4(1)：1600185.

［7］ Shi J，Zhao P，Wang X D. Piezoelectric-Polarization-Enhanced Photovoltaic Performance in Depleted-Heterojunction Quantum-Dot Solar Cells［J］. Advanced Materials，2013，25(6)：916-921.

［8］ Hu Y F，Zhang Y，Chang Y L，et al. Optimizing the Power Output of a ZnO Photocell by Piezopotential［J］. ACS. Nano，2010，4(7)：4220-4224.

［9］ Zheng D Q，Zhao Z M，Huang R，et al. High-performance piezo-phototronic solar cell based on two-dimensional materials［J］. Nano Energy 2017，32，448-453.

［10］ Xue X Y，Wang S H，Guo W X，et al. Hybridizing Energy Conversion and Storage in a Mechanical-to-Electrochemical Process for Self-Charging Power Cell［J］. Nano Letters，2012，12：5048-5054.

［11］ Yang Q，Guo X，Wang W H，et al. Enhancing sensitivity of a single ZnO micro-/nanowire photodetector by piezo-phototronic effect［J］. ACS Nano，2010，4(10)：6285-6291.

［12］ Chen F，Ma T Y，Zhang T R，et al. Atomic-level charge separation strategies in semiconductor-based photocatalysts［J］. Advanced Materials，2021，33(10)：2005256.

［13］ Pan L，Sun S C，Chen Y，et al. Advances in piezo-phototronic effect enhanced photocatalysis and photoelectrocatalysis［J］. Advanced Energy Materials，2020，10(15)：2000214.

［14］ Fu Y M，Ren Z Q，Wu J Z，et al. Direct Z-scheme heterojunction of ZnO/MoS_2 nanoarrays realized by flowing-induced piezoelectric field for enhanced sunlight photocatalytic performances［J］. Applied Catalysis B-Environmental，2021，285：119785.

第 11 章

储氢材料

氢能是氢和氧反应释放的化学能，是一种非常清洁的二次能源，被视为新世纪最具发展前景的能源。氢能的开发和利用已受到全球各个国家的关注，美国在 1970 年就提出了"氢经济"的概念，我国在 20 世纪 60 年代也开始开展氢能研究。

氢的发现最早可以追溯到 16 世纪，瑞士科学家帕拉切尔苏斯（Paracelsus）将某些金属和强酸反应，首次成功制备了氢气（H_2），但由于当时的认知条件有限，帕拉切尔苏斯将该气体归属为空气。到了 1766 年，英国物理学家和化学家亨利·卡文迪许（H. Cavendish）在实验中收集到了硫酸与金属铁、锌反应产生的气体，并发现该气体能与空气混合发生爆炸，且爆炸产物是水。同时卡文迪许还证明了氢气和氧气反应的定量关系，但由于受到传统理论的影响，卡文迪许并没有意识到自己发现了一种新的元素。直到 1785 年，法国化学家拉瓦锡重复研究了卡文迪许的实验，指出可燃气体是水的一部分，并确认了这种新元素，将之命名为"Hydrogen（氢）"。

自第一次科技革命以后，化石燃料的大规模应用推动了科技的蓬勃发展，为人类生活带来了极大便利，但也造成了环境污染等问题，比如温室气体的排放。同时，由于化石燃料的不可再生性，导致人类发展即将面临能源危机的问题。这两方面的原因极大地刺激并推动了清洁可再生能源发展，比如太阳能、风能、地热能、潮汐能和生物质能等。但上述清洁可再生能源受时间和地域等限制较多，且稳定性很低，通常情况无法大规模直接使用，需用合适的二次能源载体对它们进行储存和输出。氢具有很高的能量密度，主要用途是燃料，它的发热值约为汽油的 3 倍，是十分理想的二次能源载体，被称为"21 世纪终极能源"。但是氢能的规模化利用需要解决以下 3 个问题：氢的制取、存储和运输。氢能的储运则是氢能应用的关键，发展高性能的储氢材料是解决氢的储存与输运的重要途径。

储氢材料（hydrogen storage material），是一种能够承担氢能存储、转换和输送的载体，具有可逆地吸收和释放氢气的能力。简而言之，就是一种可以存储氢的材料。钯是已知最早发现具有储氢能力的金属，单位体积的金属钯能溶解几百体积的氢气，但由于金属钯价格昂贵，因此缺少实用价值。

各国科学家针对发展高性能的储氢材料已经做了六七十年的研究，并取得了巨大的进展。许多储氢材料已在诸多领域得到应用，极大地推动了氢能等清洁能源的开发和利用。本章主要围绕氢的基本性质、氢能储存、储氢材料的制备与表征、储氢材料的类型和储氢材料的应用等方面进行介绍。

11.1 氢及氢能的特点及利用

11.1.1 氢的特点

氢是元素周期表首位的化学元素，原子序数为 1，化学符号为 H，原子量为 1.008。氢也是已知最轻、结构最简单的元素，在宇宙中分布十分广泛，约占宇宙质量的75%，宇宙中大多数恒星的主要成分都是等离子态的氢。氢也是地壳中分布最广、含量最高的元素之一，约占地壳总质量的0.76%，原子百分比为17%，在地球上主要分布于水、大气和生物体中。氢是重要的化工原料，可以用于提炼石油，还可以用于医疗。氢具有以下特点。

① 氢原子的波尔半径非常小，只有0.053nm，约为氧原子的1/2。因此，氢原子非常容易存在于固体材料的晶格间隙中，并且可以在固体中自由扩散。室温条件下，氧在Pd中的扩散系数为$1.9 \times 10^{-5} cm^2/s$ [1]，但是氢在Pd中的扩散远高于氧，其扩散系数可高达$2.9 \times 10^{-3} cm^2/s$ [2]。利用氢在固体金属中的高扩散性可进行氢的分离，或者对某些具有高氧活性的储氢材料实施抗氧化保护。

② 氢原子序数为1，其原子核外层只有一个电子，既能发生得电子反应，也可以发生失电子反应，这意味氢的化学性质十分活泼，几乎可以与除惰性气体以外的所有元素反应。氢有3种存在形态，分别是正氢（H^+）、原子氢（H^0）和负氢（H^-）。正氢（H^+）的两个原子核自旋方向相同，可由活性炭吸附冷却的氢气制成。原子氢（H^0）由单个氢原子构成，极不稳定，可以与金属或合金通过金属键结合，形成金属氢化物（如$PdH_{0.7}$和$LaNiH_3$等）。负氢（H^-）也称氢负离子，其原子上由于多带一个电子而显负价。负氢也不稳定，但可以和多种金属形成离子化合物（如LiH、MgH_2和AlH_3等）。许多金属氢化物都是重要的储氢材料。

11.1.2 氢能的特点

氢能是指氢反应释放的化学能，最主要的途径是氢气和氧气发生的反应。1839年，英国威廉·格罗夫（William Grove）首次提出以纯氢作燃料，用于燃料电池，可实现与常见的化石燃料煤、石油和天然气相同的作用。除了作为燃料电池之外，氢还可以作为能源的载体，实现其他能量的转换、储存、运输和利用。氢能被称为21世纪最理想的清洁能源，具有独特的优越性，具体表现在以下几方面。

① 氢气资源丰富并且存在形式多样　氢是自然界中最普遍存在的元素，占据宇宙质量的75%。在自然界中，氢主要存在于空气和水中，其他氢则以化合物（如甲烷、氨、烃类等）的形式存在。地球上有丰富的水资源，如果把水中的氢元素全部提取出来进行产热，所产生的总热量会比地球上所有化石燃料释放的总热量还高9000倍。

② 氢的来源和利用形式多样　来源多样性主要体现在氢可以通过各种一次能源（化石燃料、太阳能、风能、地热能等）来制取，也可以利用二次能源（电力等）来制取。利用形式多样性是指氢既可通过燃烧放热直接利用，又可作为能源材料使用（如燃料电池等），还可以转换成固态氢作为结构材料。

③ 氢是最清洁环保的能源载体　氢本身无毒，燃烧后的产物是水，对人体和环境友好无害。在低温燃料电池中，氢能转化为电能和水，不排放二氧化碳、二氧化氮等碳氧化合物和氮氧化合物，无环境污染问题，生成的水还可以继续制氢，可实现反复循环使用。

④ 氢的储存方式多样　氢元素能够以气体、液体、固体和化合物的形式储存和运输，可适应不同的制造和利用场景。同时，氢能易于大规模储存，易于实现与电热等能源之间的转换，这使得氢能容易与风能、潮汐能、地热能和太阳能等可再生能源配合使用，将这类稳定性差的供能进行储存、转换，以及并网。

⑤ 氢气具有良好的导热性　在所有气体中，氢气的热导率是最大的，比大多数气体高

约 10 倍。因此，氢气是能源工业中非常好的传热载体。

⑥ 氢的燃烧热值非常高　相较于传统的化石燃料和生物燃料，氢气具有除核燃料以外最高的燃烧净热值，在标准条件下，1kg 的氢气燃烧可释放 142.9kJ 的热量，是汽油的 3 倍。同时，氢气与空气混合时燃点高、燃烧速率快、可燃范围广。

综上所述，氢是一种比较理想的代替化石燃料的清洁能源，在能源系统中具有重要的作用。能源危机的到来和能源结构的转换会促使氢能规模化应用的快速发展，氢能的规模化应用将会是近几十年清洁能源发展的一个核心内容。同时，氢能技术的飞速发展和规模化应用也势必将带动相关产业集群的兴起，以及基础设施的变革，将会对国家经济和社会发展产生重大影响。因此，有观点认为未来会出现"氢能经济"。

11.1.3　氢能的利用

氢能的利用主要包括两个方面，分别是制氢工艺和储氢方法。研究既廉价又高效的制氢技术和安全高效的储氢技术是实现氢能应用的关键，核心是找到低成本的制氢方法和高效的储氢材料。

11.1.3.1　制氢工艺

目前，主要的制氢工艺有四种：化石燃料制氢、电解水制氢、工业副产物制氢和生物质制氢等。其中，化石燃料制氢和工业副产物制氢凭借成本优势成为了主流的制氢工艺，但由于能源结构的转换和可持续发展理念的深入，这两种制氢工艺在未来的占比将会逐步降低。电解水制氢能耗较高，电费成本占总成本的 80% 左右，因此研究降低电解能耗和电费成本是该工艺工业应用的核心问题。而生物质制氢技术还不成熟，产品纯度较低，实现产业应用还需要一段时间。除此之外，还有一个最有前景的制氢工艺是光解水制氢，就是利用太阳能分解海水。该方法无污染、零排放，是非常理想的制氢工艺，但技术也还不成熟，暂未商业化应用。

11.1.3.2　储氢方法

储氢方法根据存储原理可分为物理储氢和化学储氢两类。物理储氢是利用储氢物质和氢分子之间的物理作用或物理吸附实现存储氢分子的目的，该类方法主要有高压压缩储氢、低温液化储氢、活性炭吸附储氢和碳纳米管吸附储氢等。化学储氢是利用储氢物质与氢分子之间发生化学反应生成新的化合物，新生成的物质可以吸收或释放氢分子，该类方法包括有金属氢化物储氢、无机物储氢和有机液体储氢等。

（1）物理储氢

① 高压压缩储氢　高压压缩储氢是将氢气在临界温度以上时，通过高压压缩的方式存储起来，存储设备是耐高压容器（如高压钢瓶）。高压压缩储氢成本较低、易脱氢、工作范围较宽，是目前发展最成熟的储氢工艺。但该技术储氢密度比较低，存储量较小，受存储设备影响较大，具有一定的安全隐患。高压压缩储氢目前的研究热点是高压设备器件的开发，期望实现存储设备轻量化、高压化的目标。

② 低温液化储氢　低温液态储氢是指在低温条件下，将氢气液化存储。液态氢存储温度非常低，一般在温度 20K（−252.8℃）下保存，因此低温液态储氢也被称为深冷液态储

氢。液态氢的密度约为 $70.8kg/m^3$，是标准调价下气态氢的 850 倍，所以液态氢的体积能量很高。但液化储氢也存在两大难题：一个是获取液氢技术门槛高，规模化液化氢的能耗高；另一个是液态氢沸点极低，与环境温差极大，对储氢容器的材料要求、结构设计和加工工艺要求严苛。

③ 活性炭吸附储氢　活性炭是一种孔道结构多、比表面积大、具有特异性吸附能力的材料，其对氢气具有良好的吸附效果。活性炭吸附储氢是利用活性炭在低温下吸附氢气，在高温下释放氢气的原理来存储氢气。在存储压力相同时，活性炭吸附储氢体积密度比压缩储氢高约 9 倍，并且储氢前后活性炭结构不改变，可重复使用。因此，活性炭储氢也是目前储氢技术的研究热点之一。

④ 碳纳米管吸附储氢　碳纳米管相较于常规的碳材料，具有管道状的排列结构，层间距比石墨等大，且略大于氢分子的动力学直径。因此，碳纳米管被认为是一种优良的储氢材料。碳纳米管储氢可实现室温储氢，且储氢能力大，吸附和解吸速率快，使用方便。但由于碳纳米管具有成本较高，吸附机理暂不明确，存储设备体积占比较大等缺点，限制了碳纳米管储氢技术的商业化应用。

（2）化学储氢

① 金属氢化物储氢　氢气和大多数金属可以发生化合反应，这是因为过渡金属、合金、金属间化合物具有独特的晶格结构，氢原子会比较容易进入金属晶格间隙形成金属氢化物，因此大多数金属都具有储氢能力。利用金属和氢气在一定条件下反应形成氢化物来存储氢气就是金属氢化物储氢，其储存氢可达其体积的 1000～1300 倍，在受热时可释放出大量的氢气。金属氢化物储氢技术具有压力稳定、吸氢简单、安全方便等特点，已在气体存储、燃料电池和氢气发生器领域得到应用。但金属氢化物储氢通常采用合金材料储氢，会使用贵金属，因此材料成本较高。

② 无机物储氢　无机物储氢是指利用氢气和无机化合物反应形成新化合物，然后在一定条件下释放氢气的技术。金属氢化物储氢也是无机物储氢的一种，除此之外，无机物储氢还包括金属有机骨架储氢、金属氧化物储氢和金属硼化物储氢。无机物储氢具有储氢密度大、安全性好、储存方便、原料易得等特点，被广泛应用在汽车、飞机等交通工具的氢能源领域。

③ 有机液体储氢　有机液体储氢是利用不饱和液体有机物发生加氢反应，生成稳定的含氢有机物，使用时再进行脱氢反应的技术。有机液体储氢可实现常温常压下氢气的存储和运输，能够利用现有的汽、柴油运输和使用设施，一旦实现商业化应用，氢能的使用成本将会大幅度降低。因此，有机液体储氢技术自在 1975 年 O. Sultan 和 M. Shaw 提出以来，迅速发展成为氢能利用的研究热点之一。目前，常见的用于储氢的不饱和有机液体有苯、甲苯、环己烷、甲基环己烷、咔唑和反式-十氢化萘等。其中，甲基环己烷被认为是最有潜力的有机液体储氢介质。

11.2　储氢材料的定义与性能要求

（1）储氢材料的定义

20 世纪 60 年代，研究者开始关注氢气的存储问题，储氢材料也开始得以发展。时至今日，随着氢能的推广应用，储氢材料的研究受到越来越多的学者重视，但对储氢材料的定义还没有一个统一的概论，仅是把具有氢存储能力的材料统称为储氢材料。关于储氢材料的定义，可以分别从广义上和狭义上来阐述。广义上讲，储氢材料是具有能量储存、转换和输送功能的材料，是可以作为能量载体或氢载体的材料。这类材料可以和氢组成不同的能量承载体系，如载热体系、载电体系、载氢体系等。其中，载氢体系可实现氢的储存、运输、分离、提纯和氢同位素回收。有研究者称"氢与储氢材料的组合将是 21 世纪新能源，氢能开发与利用的最佳搭档"。

狭义上讲，储氢材料是指在一定条件下能够储存氢的材料。这里所说的储存氢是指既可以通过吸附作用储存氢，也可以通过发生反应生成含氢化合物来储存氢。储氢材料有两个显著特点：一个是储氢材料是可逆性材料，能够反复进行氢的吸收存储和释放；二是储氢材料具有高的可逆循环次数。也就是说，只有在一定条件下，能够多循环次数、可逆的吸收和释放氢的一类材料才是储氢材料。

（2）储氢材料的性能要求

储氢材料的基本要求是安全储存、便于运输和成本合理，除此之外，储氢材料的储氢性能、存储温度、存储压力、充/放氢的动力学速率等也是关注的重点。通常情况下，储氢材料要具备以下要求。

① 单位质量或单位体积储氢量要高，且易于活化；

② 反应可逆性要好，可以在常温常压下进行氢的吸收和解离；

③ 具有高循环寿命，循环次数越多越好，并且材料性能随循环次数增加基本不发生改变；

④ 吸收和解离氢时，具有较小的平衡氢压差的能力，基本无滞后；

⑤ 具有良好的抗毒性，不受 N_2、O_2、H_2S 等气体毒害，在空气中能够安全稳定保存；

⑥ 成本低廉，简单易得，对环境绿色无污染。

11.3 主要储氢材料

目前，比较成熟的储氢方法有高压气态储氢、低温液态储氢、有机液体储氢和固态材料储氢[3] 四种。高压气态储氢是目前应用最广、技术最成熟的储氢方法，但储氢密度较低且有安全隐患；低温液态储氢的储氢密度大，但成本太高，对容器绝热要求高；有机液体储氢由于成本问题还处于发展阶段；固态材料储氢方式由于储氢密度更高、运输更方便、安全性更好，是四种储氢技术中最理想的储氢方式，具有良好的应用前景[4-6]；固态储氢的核心介质是储氢材料，它的原理是利用某些具有吸附能力的特殊材料对氢气进行储存和运输，因此对储氢材料的开发和利用是该技术得以应用最关键的环节。

储氢材料根据不同的吸氢机理可以分为物理吸附储氢材料和化学储氢材料，本节主要对两种储氢材料的发展和研究进行详细的介绍，包括对细分的各类储氢材料进行介绍，并分析对比各种材料的优劣势。

11.3.1 物理储氢材料

物理储氢方式的主要原理是利用范德华力将氢气吸附在质量小、比表面积较大的多孔材料上，吸附过程中氢气以分子的形式与材料作用，不发生氢键的断裂。多孔材料物理储氢不发生反应，需要的活化能较小，吸氢和放氢的速率比较快，而且氢气吸附量只与储氢材料的物理结构有关。物理吸附储氢材料主要有以下几类，分别是碳基储氢材料、无机多孔材料、金属有机骨架（MOF）材料和共价有机化合物（COF）材料。物理吸附储氢中氢是以分子状态吸附在材料的表面，但多数情况下氢分子与这些材料的相互作用较弱。因此，研究提升物理储氢材料储氢性能的核心是如何提高材料的比表面积和增强氢气的吸附能力。

（1）碳基储氢材料

碳基储氢材料是一类新型的储氢材料，其内部具有独特的微观形状和孔道结构，与氢气之间能以较弱的相互作用结合。同时，碳基材料由于质地较轻、来源广泛、种类繁多等特点，吸引了很多研究者的关注，越来越多的新型碳基储氢材料被研发出来。目前，碳基储氢材料主要包括活性炭、碳纳米纤维和碳纳米管等。针对提高碳基材料的储氢性能的研究，核心集中在增强碳基材料的比表面积，调节碳基材料孔道尺寸和孔体积，以及提高氢气在材料表面的吸附能力等方面。

（2）活性炭

活性炭是一种石墨微晶堆积的无定形碳材料，具有发达的孔隙结构、表面积较大、孔道结构多样、孔径尺寸宽泛和丰富的表面化学基团等特征，其特异性吸附能力非常强，广泛应用于废水废气处理、催化、临床医学、超级电容器和储氢等领域。活性炭储氢材料的特点是低温储氢性能较好，同时储氢性能和压力也密切相关。有研究者[7]发现活性炭在低温（77K）常压条件下，储氢能力受其物理结构影响很大，储氢量随比表面积增加而增加，最高可以达到6.4%（质量分数）。活性炭孔径大小也影响其储氢能力，常压下孔径为0.6～0.7nm的孔道有利于对氢的吸附。而在高压条件下（6MPa以上），满足吸附氢气要求的孔道孔径应低于1.5nm[8]。

活性炭来源非常广泛，高分子聚合物、生物质材料（木材、农作物、果壳）和矿物质材料（煤、焦油）等都能经过特殊处理而制得活性炭。活性炭的储氢量与比表面积有关，当表面积相同时，即使是不同来源的活性炭，它们在同温同压下的储氢量也基本相同[9-12]。同时，活性炭储氢量还与压强相关，压强越高对应的储氢量也越大。比如在77K和0.1MPa时，比表面积为3000m²/g的活性炭存储的氢气量为2.0%～3.0%（质量分数）。升高压力到1.0MPa时，同样的活性炭储氢量能达到5.0%左右（质量分数）。继续升高压力到2.0～4.0MPa时，储氢量能够达到5.0%～7.0%（质量分数）[13-14]。目前，有研究者开发出了用于储氢的超级活性炭材料，这种活性炭在94K、6.0MPa条件下储氢量高达9.8%（质量分数）[15]。

（3）碳纳米纤维

与活性炭颗粒不同，碳纳米纤维是由多层石墨片构成的纤维状的碳材料，通常由含碳化合物裂解而得。因此，碳纳米纤维的特点与活性炭不同，第一，碳纤维的直径更小，一般为10～500nm，具有更大的接触面积，氢气吸附效果更好。第二，碳纳米纤维的比表面积更大、微孔数目更多，具有更大的氢气吸附量，并且吸附和解吸氢气速率更快。第三，碳纳米纤维的孔径分布范围很窄，相较于活性炭内部孔径分布更加规则。碳纳米纤维的储氢性能与其外形和孔道尺寸息息相关。一定条件下，碳纳米纤维的储氢量与纤维质量呈正比，与直径成反比。碳纳米纤维储具有较优的储氢能力，在常温、12MPa条件下，最大储氢量可达6.5%（质量分数）。同时，碳纳米纤维表面经过预处理可以显著提高它的储氢性能，比如利用Li、K等碱金属修饰碳纳米纤维表面，同等条件下它的储氢量可以提高到10%（质量分数）左右[16]。优化碳纳米纤维的制备工艺也可以提高它的储氢能力，如气相生长制备的碳纳米纤维，不经过其他处理储氢量就能达到12%（质量分数）[17]。

（4）碳纳米管

碳纳米管（carbon nanotube，CNT）是日本科学家Ijima在1991年通过高分辨透射电镜观察碳纳米纤维时发现的，是一种由碳分子构成具有管状结构的一维材料。碳纳米管中的碳原子经杂化后以碳—碳键结合在一起，呈六边形排列，径向尺寸为纳米级，轴向尺寸为微米级。碳纳米管根据石墨烯片的层数可以分为单壁碳纳米管和多壁碳纳米管，按照结构又可以分为手性碳纳米管、扶手椅型碳纳米管和锯齿形碳纳米管。碳纳米管具有纳米级的中空微孔，比表面积非常大，理论上储氢性能远高于传统的储氢材料，因此很快就成为储氢领域的研究热门。单壁碳纳米管表面官能团较少，因此化学活性不高。而多壁碳纳米管表面携带大量官能团，化学活性比较高，更有助于与氢气结合。碳纳米管的储氢量受其内部结构和比表面积影响，通常情况下比表面积越大，它的储氢量越高[18]。另外，碳纳米管表面结构和比表面积与它的制备方法有关，通过控制碳纳米管的生长方式可以提高它的储氢性能[19]。单壁碳纳米管在室温，10MPa条件下最高储氢量为4.2%（质量分数），而在80K和12MPa条件下，最高储氢量能达到8.0%（质量分数）。多壁碳纳米管的最佳储氢能力受压力影响比较大，总体呈正相关。有数据统计多壁碳纳米管储氢量在4MPa时为1.97%（质量分数），7MPa时为3.7%（质量分数），10MPa时为4.0%（质量分数），15MPa时为6.3%（质量分数）[20-21]。同时，温度对多壁碳纳米管解吸氢气影响很大，室温时氢气的释放量非常低，不足0.3%（质量分数），而77K时氢气解吸量可以达到2.27%（质量分数）。单壁碳纳米管氢气解吸能力高于多壁碳纳米管，在常温条件下可解吸80%的氢气。

（5）无机多孔材料

无机多孔材料主要包括有序多孔材料（沸石分子筛、介孔分子筛等）或具有无序多孔结构的天然矿石，它们的共同点是具有微孔或介孔孔道结构，因此无机多孔材料的孔隙率和比表面积都很大，易于和氢气相互作用。其中，有序多孔材料具有规整的孔道结构和固定的孔道尺寸，对该类材料的储氢性能研究比较多。但是它们在结构上还是存在差异，比表面积和孔体积并不相同，所以有序多孔材料的储氢性能也存在差异。

杜晓明等[22]研究了ZSM-5沸石分子筛在不同条件下的储氢性能，在77K、5MPa时，ZSM-5沸石分子筛储氢量为1.97%（质量分数）；在195K、7MPa时，它的储氢量为0.65%（质量分数）；而在293K、7MPa时，储氢量降低至0.4%（质量分数）。沸石分子筛的储氢性能普遍较低，一般不超过3.0%（质量分数），即使结构不同储氢量也相差不大。同时，沸石分子筛的氢吸附等温线与解吸等温线基本一致，说明氢气在沸石分子筛微孔表面的作用是物理吸附。因此，沸石分子筛用于储氢时可以循环使用，并且吸附的氢可以完全解吸。

介孔分子筛的孔道尺寸、比表面积和孔体积比沸石分子筛还大，理论上它更易于和氢气结合，储氢性能也优于沸石分子筛。但事实并不如此，研究[23-24]表明在248K、0.2MPa

条件下，MCM-48 介孔分子筛的储氢量为 0.7%（质量分数），经过掺杂金属 Ni 修饰后，在 263K、0.2MPa 时储氢量也只达到 0.8%（质量分数）。

对天然矿石的储氢性能研究较少，常见的如坡缕石、海泡石、埃洛石和凹凸棒石都具有储氢能力，储氢能力最强的埃洛石储氢量为 2.8%（质量分数）。天然矿石也可以通过掺杂修饰优化它的储氢性能，如对坡缕石掺杂某些金属元素，就可将其在室温、0.7MPa 时的储氢量明显提高，由 1.1%（质量分数）增加到 2.35%（质量分数）[23]。

（6）金属有机框架材料

金属有机框架（MOF）材料也被称为金属有机骨架材料，通常是由金属离子或金属簇与有机配体相互连接形成的一种晶态多孔材料。MOF 材料优点显著，密度低、比表面积大、孔道结构多样，被广泛用于气体存储、分子分离、催化剂和药物缓释等领域。尤其是在存储甲烷和氢气等方面，被认为有很大的潜力。早在 2003 年，N. L. Rosi 等人[25] 研发了一种名叫 MOF-5［结构为 $Zn_4O(BDC)_3$］的有机金属框架材料，并探究了它的储氢性能。他们发现这种材料在 298K、2MPa 时的储氢量比较低，只有 1.0%（质量分数），但在 77K、中等压力条件下的储氢量就增加到 4.5%（质量分数）。而且通过调节 MOF-5 材料中的有机配体，还可以提高它的储氢性能[26]。当前 MOF 材料储氢性能最优的是 MOF-177，它的储氢量在 77K、7MPa 条件下高达 7.5%（质量分数），但是在常压下的储氢量仅为 1.25%（质量分数）[27]，研究者正在探究如何增强它在室温下的储氢性能。

MOF 材料能够通过合成方法等控制孔结构和比表面积，因此针对它的改性也是研究的重点。目前主流的改性方向有以下三点：一是调整骨架结构；二是掺杂低价态金属或贵金属；三是在有机骨架中引入特殊官能团[28-29]。虽然 MOF 材料的储氢性能潜力巨大，且能通过改性来提升，但距达到碳基储氢材料的性能还有一定的差距。

（7）共价有机化合物材料

在 MOF 材料基础上，研究者开发出了一种新型多孔材料—共价有机化合物（COF）。COF 材料的骨架元素都是非金属轻元素，因此它具有更低的晶体密度，表现出对气体更强的吸附能力。COF 材料自出现以来，就受到储氢领域极大的关注[30-31]。COF 材料的物理结构（包括孔体积、孔结构和晶体密度）直接决定了它的储氢性能。如 COF-108，它在 77K、10MPa 时储氢量最大达到 18.9%（质量分数）。还有一种被称为 COF-102 的储氢材料，它最大的体积吸附量为 40.4g/L。除此之外，研究者还开发了 COF-1 和 COF-105 等储氢材料，其中 COF-1 在 77K 和 0.01MPa 的条件下，具有最大的储氢量和最大的体积吸附量[32]。

COF 材料的储氢性能相较于 MOF 材料有所提高，但还是面临在室温下储氢量较低的问题。为解决这个问题，很多学者尝试在 COF 材料骨架结构中引入碱金属离子来提高它的储氢性能[33]。有研究者在 COF-105 的结构中引入了锂醇基团，结果发现该材料在室温条件下的储氢量提高到了 6.0%（质量分数）[34]。

11.3.2 化学储氢材料

化学储氢材料最显著的特点是在吸附和解吸氢气过程中必须发生化学反应，氢以原子或离子形式存在于储氢材料中。通常情况下，氢分子在进入材料中后发生裂解，再与有结合位点的元素（如过渡金属、碱金属、碱土金属的单质或合金、不饱和有机液体）发生反应，形成含氢的新化合物从而实现氢气的存储。根据氢气与储氢材料的反应机制可将储氢材料分为金属-合金储氢材料、氢化物储氢材料和液体有机氢化物。由于氢气是发生化学反应与材料结合的，因此对应的吸附能比较高，储氢材料的质量密度比和体积密度比就会比较高，如金属与氢发生反应生成金属氢化物，吸附能在 2.0eV 以上。但是解吸氢时，就需要比较高的温度。因此，化学吸附储氢中希望氢与材料之间的相互作用稍低，避免材料吸/放氢时需要过高的能量。

11.3.2.1　金属-合金储氢材料

氢是一种非常活泼的轻质元素，可以与很多金属发生反应生成金属氢化物。基于氢气的这种特性，研究者们提出了金属-合金储氢材料并开始了一系列研究。金属-合金材料储氢机理可以概括为下式。

$$M+\frac{n}{2}H_2 \Longrightarrow MH_n$$

式中，M 为金属或合金元素。该反应是可逆反应，在一定条件下，金属元素与多个氢原子结合，形成稳定的金属氢化物并放热；再在一定条件下，对金属氢化物加热或降压，就可以使反应逆向发生，释放与金属元素结合的氢。通过控制外界条件（如温度和压力），就可以实现材料吸氢和放氢的过程。金属-合金类材料储氢密度高，安全性能好，清洁无污染，适用于大规模氢气的存储运输，是目前研究比较广泛、工艺比较成熟的高性能大规模储氢材料。金属-合金储氢材料按照化学式可分为 AB 型、AB_2 型、A_2B 型、AB_3 型和 AB_5 型等，按照金属-合金组成可以分为镁系、钒系、稀土系、钛系、锆系和钙系等。

在 20 世纪 60 年代，研究人员就发现金属镁具有储氢的能力。理论上，镁的储氢量非常高，可以达到 7.6%（质量分数）。有研究表明，在 573K、1.0MPa 条件下，大颗粒金属镁（>1μm）几乎没有储氢能力。但减小粒径到 50nm 时，金属镁在 2h 内储氢量能达到 5.8%（质量分数）。当继续减小粒径到 30nm 时，金属镁 2h 内储氢量还可以继续增加，最高达到 6.2%（质量分数）[35]。但镁单质吸放氢温度比较高，往往超过二三百度，因此针对金属镁的储氢性能改进大多是采用镁基复合材料或镁系合金，典型代表是 Mg-Ni 系列合金（如 Mg_2Ni 合金）。而且研究者们发现，向 Mg-Ni 合金中添加第三种元素，可以在一定程度上改善材料的储氢性能，但是会影响它的储氢量[36]。除 Mg-Ni 合金外，Mg-Pd 合金、Mg-Co 合金和 Mg-Fe 合金都具有良好的储氢性能。近期，研究人员还研发出了 Mg-V-AlCr-Ni 多元高熵合金，这种高熵合金也表现出了良好的储氢效果[37]。

金属钒在常温下就能够快速可逆地吸放氢，非常有利于实际应用，而且金属钒固溶体是 BBC 结构，理论储氢量比较高为 3.8%（质量分数）。目前，研究比较多的钒系储氢材料有 V-Ti-Cr、V-Ti-Fe、V-Ti-Mn、V-Ti-Ni 等。虽然钒系储氢材料在常温常压下有优异的性能，但还存在一些问题。第一是金属钒价格昂贵，产业应用成本太高；第二是钒系储氢材料在常温常压下只能释放部分氢气；第三是钒系储氢材料表面易生成氧化膜，增加活化难度。因此，近几十年研究者们通过添加元素、合金预处理、改善制备工艺等途径来探究提高该类材料的储氢性能和降低使用成本。

稀土系储氢材料通常是 AB_5 型合金，典型代表是 $LaNi_5$ 合金。1969 年荷兰的 Philips 实验室发现 $LaNi_5$ 合金具有吸氢快、活化简单和平衡压适中的特点，很快引发了对稀土系储氢材料的研究热潮。LaNi₅合金最早作为负极材料应用在镍氢电池中。它的优点是具有温和的吸放氢条件，并有较快的吸放氢速率，同时平衡压差很小，基本不受杂质元素干扰。但LaNi₅合金缺点也非常明显，最主要的是储氢量比较小，仅有1.38%（质量分数）；是金属晶胞体积膨胀比较大，循环过程中容易粉化。在LaNi₅合金基础上，研究人员制备出一种La-Mg-Ni系合金，这种合金材料具有堆垛结构的超晶格结构，因此储氢量明显得到提升。但在制备过程中要加入金属镁，这导致合成风险比较高，并且组成结构也容易失控[38]。后来，科学家研发出了La-Y-Ni系合金材料，也具有很高的储氢量[39-40]。除了构建三元合金体系以外，研究人员还尝试使用其他稀土元素取代La，比如MmNi₅合金，这种材料与LaNi₅储氢性能极其相似，却具有更高的储氢量和更低的生产成本。

钛系合金同样具有良好的储氢性能，储氢量为$1.8\%\sim4\%$（质量分数），且其氢化物分解压比较低，室温下就可以大量地吸放氢气。常见钛系合金储氢材料有Ti-Fe、Ti-Zr、Ti-Cr、Ti-Mn等，比较受关注的是Ti-Fe合金。在自然界，Ti和Fe资源非常丰富，Ti-Fe合金成本很低，已经得到商业化应用。但Ti-Fe合金不容易活化，室温平衡压太低，其氢化物不稳定，容易受到CO等气体毒化[41]。因此，有研究者在Ti-Fe合金中添加少量Ni，显著提高了它的吸放氢性能。除此之外，研究者还将Fe用Co、Mn、Ni、Cr等金属替换，也可以有效改善Ti-Fe合金的储氢性能。比如用Co代替Fe制的Ti-Co合金，它的活化性能和抗毒性能均有明显提高。Ti-Mn合金具有更高的储氢量，Ti-Cr合金具有更低的吸放氢温度[42]。

锆系合金储氢材料是由金属锆和钒、锰、铬等组成具有可逆吸放氢能力的合金材料，主要包括Zr-V合金、Zr-Ni合金、Zr-Cr合金、Zr-Mn合金和Zr-Co合金。其中的典型代表是ZrMn₂合金，ZrMn₂合金是AB₂型Laves相储氢合金，它具有C₁₅型和C₁₄型两种Laves相，都为六方结构，理论储氢量为$1.8\%\sim2.4\%$（质量分数）。Zr-Mn合金具有储氢量大、放电能力强的特点，但没有成本优势[43]。除Zr-Mn合金外，其他锆系合金也具有储氢能力，但储氢性能都存在差异。Zr-V合金吸放氢速率很快，但制备工艺比较苛刻；Zr-Ni合金储氢结构稳定，储氢量也比较大，但吸放氢可逆性能不好；Zr-Cr合金氢化物稳定性好，循环寿命长，但活化困难。对比各种锆系合金储氢材料，Zr-Co合金是综合性能较好的[44]。

金属钙可以与氢气发生反应生成氢化钙，因此自身就具有储氢能力，其理论储氢含量为4.8%（质量分数）。但目前主要采用钙系合金作为储氢材料，比如早期的LaNi₅合金，在此基础上又开发出了CaNi₅合金，储氢量优于LaNi₅合金，能够达到1.9%（质量分数）。近年来，还开发出了Ca-Ni-M系三元合金材料，典型代表是Ca-Mg-Ni系储氢材料，它的吸放氢过程动力学性能非常优异。

11.3.2.2　氢化物储氢材料

氢化物储氢材料主要指利用配位氢化物实现储氢的一类材料，其原理是氢可以与碱金属或碱土金属以及第三主族元素反应形成配位氢化物。与金属氢化物不同，这类材料在储氢过程中氢气会向离子态或共价态转变，而不是以原子态存在于金属晶格中。配位氢化物储氢材料研究比较多的有配位铝复合氢化物、金属氮氢化物、金属硼氢化物和氨硼烷化合物。配位金属氢化物具有极高的储氢容量，非常适用于作为储氢介质。但多数配位氢化物比较稳定，室温下分解释放氢速率很慢，导致这类材料吸放氢循环可逆性比较差。因此，需要添加催化剂改善配位氢化物的可逆循环性能，常用的催化剂有TiCl、LaCl₃、ScCl₃、CeCl₃和

PrCl$_3$ 等。

配位铝氢化物［M(AlH$_4$)$_n$］是一类非常重要的储氢材料，M 是碱金属或碱土金属，最典型的代表是 NaAlH$_4$ 和 Na$_3$AlH$_6$，前者的理论储氢量非常高，可以达到 7.4%（质量分数）。但配位铝氢化物的吸放氢温度都比较高，研究者们发现通过添加少量 Ti 元素，可以降低 NaAlH$_4$ 的吸放氢温度[45]。

金属氮氢化物是近十来年才被发现的一种新型储氢材料，它的结构通式可以写为 M(NH$_2$)$_n$，M 也指碱金属或碱土金属。金属氮氢化物储氢材料中研究最多的是 LiNH$_2$-LiH 和 Mg（NH$_2$)$_2$-LiH。LiNH$_2$-LiH 和 Mg（NH$_2$)$_2$-LiH 的理论储氢量都非常高，前者的理论储氢量为 11.4%（质量分数），后者的理论储氢量为 9.1%（质量分数）。但它们的吸放氢温度有差异，LiNH$_2$-LiH 的吸放氢温度一般在 423K 以上，而 Mg(NH$_2$)$_2$-LiH 吸放氢温度要略低。这两种材料都可以通过调节 Mg(NH$_2$)$_2$ 与 LiH 的比例来改善储氢性能。除此之外，研究者发现 Mg 可以部分取代 Mg(NH$_2$)$_2$-LiH 材料中的 Li，产物在 383K 条件下氢可逆充放量能够达到 5%（质量分数）左右。在 0.1MPa 平衡氢压条件下，Mg(NH$_2$)$_2$-LiH 的吸放氢温度可以降低至 363K 左右，这个工作温度已经低于美国能源部制定的质子交换膜燃料电池对车载氢源系统的操作温度。因此，Mg(NH$_2$)$_2$-LiH 材料也成为目前最有希望实现应用的车载氢源材料[46]。

金属硼氢化物具有极大的重量和体积储氢密度，理论储氢量往往超过 10%（质量分数），因此也备受研究者们的关注。常见的金属硼氢化物结构通式为 M(BH$_4$)$_n$，M 同样指碱金属或碱土金属，典型代表有 LiBH$_4$ 和 Mg(BH$_4$)$_2$。LiBH$_4$ 的理论储氢量非常高，能够达到 18.5%（质量分数），但它的吸放氢温度很高且安全系数较低。Mg（BH$_4$)$_2$ 的理论储氢量比 LiBH$_4$ 低一点，为 14.9%（质量分数），但它的热稳定性较好，在室温条件下就能用于质子交换膜燃料电池[47]。金属硼氢化物中的 BH$_4^+$ 由于强化学键作用，导致该类储氢材料释放氢时受动力学和热力学影响严重，基本不能实现在室温条件下应用。因此，研究者们开发出了其他的轻质配位硼氢化合物来用于储氢。其中，氨硼烷就是最具代表性的材料，氨硼烷的分子式为 NH$_3$BH$_3$，结构中的氮与硼以配位键相结合，非常独特。因此，氨硼烷的理论储氢量高达 19.6%（质量分数）。同时，氨硼烷具有较高的热稳定性和较低的放氢温度。在此基础上，研究人员还开发了与硼烷氨锂（LiNH$_2$BH$_3$）类似的诸多氨硼烷衍生物[48]，能够明显提升氨硼烷的放氢速率。但氨硼烷及其衍生物仍存在许多问题，放氢温度依然偏高，放氢过程不可控、容易产生有毒气体等。为改善氨硼烷的释氢性能，研究者们提出了改善氨硼烷的脱氢环境，使用催化剂和添加促进剂等。但仍有一个关键问题限制氨硼烷储氢材料的发展应用，就是氨硼烷储氢材料的再生，目前有关氨硼烷的再生技术已成为重点研究内容。

11.3.2.3 液体有机氢化物储氢材料

不饱和液体有机物（包括烯烃、炔烃和芳烃）中存在不饱和键，在加氢和脱氢过程中，通过不饱和键的断裂或成键来实现吸氢和放氢。因此理论上不饱和有机溶液都具有储氢性能。不饱和液体有机物的储氢量也比较高，质量储氢密度为 5%～10%，并且可以实现常温常压液态运输。目前，研究者普遍认为单环芳烃的储氢性能比较好，比如苯和甲苯，它们两者的理论储氢量都较大。但是常规条件下，不饱和液体有机物的吸氢和放氢是不能自发进行的，必须使用催化剂，而且吸氢和放氢过程中所用催化剂不同。加氢催化剂主要有镍系、钯及铂系、钌系和铑系催化剂。如使用以铝为载体的镍金属催化剂，可以将甲苯转化成环己烷[49]。而脱氢催化剂则主要包括贵金属催化剂、非贵金属催化剂，以及混合型催化剂。

相较于传统的固态储氢材料，液体有机氢化物储氢材料优势非常显著。第一，储氢材料是有机溶液，便于储存和运输，可借用现有油类的存储运输方式；第二，理论储氢量大，储氢密度也比较高；第三，安全性能好，是所有储氢材料中最稳定最安全的；第四，加氢和脱氢反应可逆性好，材料具有高循环寿命[50]。

11.4 储氢材料的应用

11.4.1 二次电池中的应用

11.4.1.1 镍氢电池

储氢材料商业化应用的典型代表就是镍氢电池。早在 1989 年，日本松下公司研发出了 AB_5 型稀土储氢材料，并且在镍氢电池里成功商用，随后稀土储氢材料和镍氢电池就进入了飞速发展阶段。该种电池的能量密度比 Ni-Gd 电池高 1.5～2 倍，同时充放电速度快，基本无记忆效应，能耐过充，对环境友好无重金属危害，已经广泛应用于电动汽车和储能行业。Ni-MH 电池在 2000 年时的全球消耗量就超过了 13 亿支，其中储氢材料用量更是超过了 11000t，并且还在逐年大规模增加。但是，在镍氢电池使用过程中，研究者们发现 AB_5 型稀土储氢材料还存在一些缺陷。首先它的可逆吸/放氢量较小，低于 1.40％（质量分数）；同时它的最大电化学容量理论值只有 340mA·h/g，也是比较低的[51]。因此，研究者也在致力于开发其他储氢材料。1997 年，K. Kadir 等[52] 发现了一种成分为 $Y_{0.5}Ca_{0.5}MgCaNi_9$ 的 $PuNi_3$ 型稀土储氢材料，这种材料的可逆吸/放氢量可以达到 1.98％。然后 T. Kohno 等[53] 人开发出了一种电化学容量更高的 $AB_{3.3}$ 型稀土储氢材料，主要成分是 $La_{0.7}Mg_{0.3}Ni_{2.8}Co_{0.5}$，它的最大电化学容量可以达到 410mAh/g，比 AB_5 型材料高 20％以上。AB_n（$n=2$～3.8）型稀土镁基储氢材料的不断发现极大促进了新型高容量和低自放电镍氢二次电池的发展。

11.4.1.2 锂离子电池

锂离子电池也是一种二次电池，广泛应用在交通能源、储能、特种电源等领域。目前，多数的商用锂离子电池都是液态锂离子电池，即离子导体介质是液体电解质，其导电性和稳定性都比较好，但安全性能较差。因此，研究者提出固态锂离子电池概念，使用固态电解质或半固态电解质取代液体有机电解质。在研发过程中，研究者发现氢化物具有较高的电化学稳定性和阳极兼容性，有成为新一代固态电解质的巨大潜力。

氢化物固态电解质研究的代表材料是硼氢化锂（$LiBH_4$），因其具有较高的室温离子导电力和锂电极兼容性。2007 年，M. Matsuo 等[54] 发现在 110℃条件下，$LiBH_4$ 会转变成锂离子的良导体。然后，H. Maekawa 等[55] 在 $LiBH_4$ 中添加金属卤化物，抑制它的相转变，室温条件下就能保持较高的锂离子导电能力。K. Takahashi 等[56] 制备了一种由 $Li/LiBH_4/LiCoO_2$ 构成的全固态锂电池，但由于 $LiBH_4$ 和 $LiCoO_2$ 会发生界面反应使界面阻力增大，最终影响电池的电化学容量。为解决这种界面反应，他们在 LiBH₄ 和 LiCoO₂ 之间添加 Li₃PO₄ 作为中间层，从而提高了 LiBH₄ 固态电解质电池的充放电速率和循环性能，使 Li/LiBH₄/LiCoO₂ 电池 30 次循环后还能保持 97％的初始电化学容量。同时，他们[57] 详细研究了 Li₃PO₄ 中间层厚度对界面反应的影响，发现中间层厚度为 10～25nm，可以使 LiBH₄ 和 LiCoO₂ 的界面阻力降低至最佳效果。

除了针对氢化物固态电解质的研究之外，还有研究者提出了氢化物电极。其中，比较成熟的是使用 MgH₂ 作电极与 Li 组成锂离子电池。这种电极在 0.5V 的匀电压下的可逆容量为 1480mAh/g[58]。Mg 通过电化学反应嵌入 LiH 基体中转换成 MgH₂，并且在充放电过程中可以形成纳米级 Mg 和 MgH₂，有助于提升 Mg/MgH₂ 的吸/放氢动力学性能。这种电极的研发也开拓了 MgH₂ 储氢材料性能提升的新思路。

11.4.2　高真空获得氢

超高真空技术是一种在极端条件下实现材料、气体或液体中无空气存在的技术，而高真空获得氢是影响该技术最主要的气体之一。因此，研究者们就提出使用储氢材料，尤其是吸氢材料的吸氢反应在真空系统中除去残余的氢，用以获得更高的真空。商业化的吸氢材料主要是锆系和钛系以及它们的合金体系，通常是将锆或钛与其他金属熔融制备成合金，也可以采用金属粉末混合煅烧制备成合金材料。吸氢材料在使用之前，必须经过活化，否则不具备吸氢能力。活化工艺是在真空条件下加热除去合金表面的钝化膜和吸附的气体。在常见的真空和高真空领域中，吸氢材料已经实现商业化应用，主要使用在真空电子器件、气体净化器、真空保温容器和太阳能真空集热管等设备。

11.4.3　氢气压缩与氢同位素分离

11.4.3.1　氢气压缩

氢气在使用过程中，根据不同的环境和操作工艺常常需要进行压缩处理，主要设备是氢气压缩机。而储氢材料由于具有优良的储氢性能，因此也被应用在氢气压缩中。其中，具有代表性的是氢化物压缩机，它就是利用储氢材料进行氢气的压缩，已经成功用于氢气的高压输送。它的原理是储氢材料的吸/放氢压力与温度成对数关系，随温度的升高而快速升高，因此可用于调节氢气的输出压力。氢化物氢压缩机相比传统的机械式压缩机有以下优点：a.氢化物压缩机的压缩过程是静态化学热压缩，只发生氢气和热量的传送，无其他运动部件，基本不存在磨损、泄漏和振动等情况；b.储氢材料能选择性吸收氢气，因此可实现氢气提纯与压缩一体化，能输出超纯（＞99.99995％）的高压氢气。

11.4.3.2　氢同位素分离

氢有三种同位素，分别是氕（P）、氘（D）和氚（T）。其中，氘和氚具有优异的核性能，被广泛运用在军事、国防和核能领域。而氕由于只有一个质子和电子构成，基本不参与聚变反应，但自然界中氕的丰度为 99.98％。因此，在聚变反应过程中，要控制氘氚混合气体中氕的含量，意味着必须对氢同位素气体进行有效的分离。

在研究储氢材料的吸氢过程时，研究者发现它们会表现出氢同位素效应，具体表现为对不同的氢同位素有不同的平衡压力和吸附量，并且吸附速率也存在差异。研究者们把这个现象总结为储氢材料的热力学氢同位素效应和动力学氢同位素效应。L. J. Gillespie[59] 和 A. Sieverts[60] 等人在 20 世纪 30 年代分别测定了金属钯对氕和氘的吸附等温曲线，发现两者的吸附平衡压明显存在差异。到 20 世纪 60 年代，由于气相色谱技术的发展，研究者们对钯的氢同位素效应和氢同位素气体分离进行了系统研究。直到今天，针对储氢材料的氢同位素分离研究还一直在持续进行。除金属钯外，还有一些合金储氢材料也表现出较高的氢同位素分离能力，比如 Ti-Mo、La-Ni、Zr-Co 和 V 基合金等。

11.4.4 氢气回收与纯化

超纯氢是指纯度超过 99.99995% 的高纯氢气，被用作还原气体和保护气体，主要应用领域是集成电路、半导体器件、电子材料、光纤和宇航。氢气纯化常见的方法有钯合金管扩散法、低温吸附法、变压吸附法和催化吸附法。钯合金管扩散法是利用钯合金对氢气进行选择透过来提纯氢气，该方法纯化程度较好，但是对设备要求高，并且单位处理量比较低。低温吸附法由于需要使用大量的液氮，因此成本也比较高。变压吸附法（PSA）是利用特定吸附剂对混合气中的不同杂质选择性吸收，而氢气由于沸点低、挥发度高而不易被吸附，从而实现氢气纯化的目的。该工艺流程简单、自动化程度高、氢气纯度可调、可同时除去多种杂质成分。而催化吸附法杂质去除率比较低，无法有效除掉氮气等杂质。

储氢材料的特性之一是能选择性地吸收氢气，研究者们利用这个特性提出了一种低成本、高效率、安全性好的氢气提纯方法。浙江大学在 1991 年公布了一项氢气提纯工艺，该工艺采用 $MlNi_{4.5}Mn_{0.5}$（Ml 指混合稀土）储氢材料作为提纯材料，对合成氨工艺中含氢气 45%～50% 的吹洗尾气进行回收，氢气回收量能达到 70%，并且纯度也高达 99.999%[15]。

11.4.4.1 相变储热

储氢材料在吸/放氢过程中会发生氢气和热量的传送，具有储氢和储热的双重功能。在吸氢反应时，储氢材料会释放 1500～2500kJ/kg 的热量，比熔盐储热材料高了近 10 倍。同时，储氢材料的储热温度范围可控，不具有腐蚀性能，基本不发生其他副反应，具有优良的储热前景。

近年来，世界各国都相继展开了储氢材料的储热研究工作。德国马克思-普朗克研究所利用镁基氢化物（MgH_2/Mg）作为储能材料，并将其应用在小型太阳能光热电站上[61-62]。这种材料的储热密度为 916kJ/kg，单次储热发电量可达 9kWh。除此之外，美国萨凡纳河国家实验室和澳大利亚的 Curtin 大学也分别在研发一种新型储氢材料的储热体系，据称这种体系的理论储热密度高达 2000kJ/kg。国内最早开展相关研究工作的是北京有色金属研究总院和西安交通大学。北京有色金属研究总院深入研究了镁基储氢材料的储热系统，并在太阳能发电储热中进行了集成储热实验，该系统质量储氢密度>6%，储热量>2000kJ/kg。

11.4.4.2 催化反应

储氢材料释放氢时发生反应，释放的氢具有高活性的特点，而这种活性氢可用在有机化合物的氢化反应中[63]，因此储氢材料也具有催化功能。储氢材料催化剂主要的应用领域有以下几个：a. CO 和 CO_2 的氢化反应；b. 烯烃和有机物的氧化反应；c. 氨的合成；d. 乙醇和碳化氢的脱氢反应；e. 结构异性化反应；f. 氢化分解反应等。其中，稀土储氢材料催化剂可用于乙烯氢化反应、一氧化碳氢化和芳香族化合物的脱氢反应，钯合金储氢材料催化剂可用于苯、环己二烯和萘的氢化反应，这些储氢材料催化剂已实现规模化应用。

开发和应用新型清洁能源和二次能源已成为人类未来解决能源危机的重要措施之一，而氢能的规模化产业应用也是重中之重，因此针对氢能的存储和运输还需要更加深入的研究。目前，储氢材料中最具应用前景的是金属-合金类储氢材料，其他储氢材料还需要设法提高储氢量和储氢密度。未来，储氢材料的发展应关注以下几点：a.降低储氢材料成本，使用原料易得、制备简单的储氢材料；b.提高储氢材料储氢密度、吸放氢速率和应用温度；c.提高储氢材料的稳定性和循环寿命。

思考题

1. 什么是储氢材料？
2. 储氢材料的主要特点是什么？
3. 储氢材料的储氢原理是什么？
4. 储氢材料的优缺点是什么？
5. 储氢材料的应用前景如何？
6. 目前储氢材料的发展面临的问题是什么？

参考文献

[1] Gegner J，Horz G，Kirchheim R. Diffusivity and solubility of oxygen in solid palladium[J]. J Mater Sci，2009，44：2198-2205.

[2] Alefeld G，Valkl J. Hydrogen in Metal Ⅱ：Application-Oriented Properties. Topics in Applied Physics[M]. Berlin：Springer，1978.

[3] 杨静怡. 储氢材料的研究及其进展[J]. 现代化工，2019，39(10)：51-55.

[4] 马通祥，高雷章，胡蒙均，等. 固体储氢材料研究进展[J]. 功能材料，2018，49(4)：4001-4006.

[5] 张四奇. 固体储氢材料的研究综述[J]. 材料研究与应用，2017，11(4)：211-215.

[6] 郭浩，杨洪梅. 固体储氢材料的研究现状及发展趋势[J]. 化工新型材料，2016，44(9)：19-21.

[7] Fierro V，Szczurek A，Zlotea C，et al. Experimental evidence of an upper limit for hydrogen storage at 77 K on activated carbons[J]. Carbon，2010，48(7)：1902-1911.

[8] Yury G，Cristelle P，Sebastian O，et al. Importance of pore size in high-pressure hydrogen storage by porous carbon[J]. Int J Hydrogen Energy，2009，34(15)：6314-6319.

[9] Jorda B M，Suarez G F，Lozano C D. Hydrogen storage on chemically activated carbons and carbon nanomaterials at high pressures[J]. Carbon，2007，45(2)：293-303.

[10] Cheng F Y，Liang J，Zhao J Z，et al. Biomass waste-derived microporous carbons with controlled texture and enhanced hydrogen uptake[J]. Chem Mater，2008，20(5)：1889-1895.

[11] Xia K S，Gao Q M，Song S Q，et al. CO_2 activation of ordered porous carbon CMK-1 for hydrogen storage [J]. Carbon，2008，33(1)：116-123.

[12] Xia K S，Gao Q M，Wu C D，et al. Activation，characterization and hydrogen storage properties of the mesoporous carbon CMK-3[J]. Carbon，2007，45(10)：1989-1996.

[13] Sun Y，Webley A. Preparation of activated carbons from corncob with large specific surface area by a

variety of chemical activators and their application in gas storage[J]. Chem Eng J，2010，162(3)：883-892.

[14] Ibtida S，Nepu S，Toufifiq R M. Synopsis of factors affecting hydrogen storage in biomass-derived activated carbons[J]. Sustainability，2021，13(4)：1947.

[15] Huang C C，Chen H M，Chen C H，et al. Hydrogen adsorption on modified activated carbon[J]. Int J Hydrogen Energy，2010，35(7)：2777-2780.

[16] Álvarez Z P，Herrero A，Lebon A，et al. Abinitio study of lithium decoration of popgraphene and hydrogen storage capacity of the hybrid nanostructure[J]. Int J Hydrogen Energy，2021，46：15724-15737.

[17] Fan Y Y，Liao B，Liu M，et al. Hydrogen up take invapor-grown carbon nanofibers[J]. Carbon，1999，37(10)：1649-1652.

[18] Panella B，Hirscher M，Roth S. Hydrogen adsorption in different carbon nanostructures[J]. Carbon，2005，43：2209-2214.

[19] Faezeh J，Duc N D，Mahnaz P，et al. Effect of single-and multiwall carbon nanotubes with activated carbon on hydrogen storage[J]. Chem Eng Technol，2021，44(3)：387-394.

[20] Gupta M，Gupta R. First principles study of the destabilization of liamide-imide reaction for hydrogen storage[J]. J Alloys Compd，2007，446/447：319-322.

[21] Zeynel Ö. Lithium decoration characteristics for hydrogen storage enhancement in novel periodic porous graphene frameworks[J]. Int J Hydrogen Energy，2021，46(21)：11804-11814.

[22] 杜晓明，吴二冬. ZSM-5 沸石分子筛的高压吸附储氢特性[J]. 材料研究学报，2006，20(6)：591-596.

[23] 姜翠红. 钯修饰坡缕石矿的制备及储氢性能研究[J]. 材料及成型技术，2009(4)：101-103.

[24] 张光旭，方园，陈波，等. 掺杂金属介孔分子筛 MCM-48 的合成及储氢研究[J]. 武汉理工大学学报，2011，33(11)：1-5.

[25] Rosi N L，Echert J，Eddaoudi M，et al. Hydrogen storage in microporous metal-organic frameworks[J]. Science，2003，300：1127-1129.

[26] Wong F A G，Matzger A J，Yaghi O M. Exceptional H_2 saturation uptake in microporous metal-organic frameworks[J]. J Am Chem Soc，2006，128：3494-3495.

[27] Chae H K，Siberio P D Y，Kim J，et al. A route to high surface area，porosity and inclusion of large molecules in crystals[J]. Nature，2004，427：523-527.

[28] Mulfort K L，Hupp J T. Chemical reduction of metalorganic framework materials as a method to enhance gas uptake and binding[J]. J Am Chem Soc，2007，129：9604-9605.

[29] Liu Y Y，Zeng J L，Zhang J，et al. Improved hydrogen storage in the modified metal-organic frameworks by hydrogen spillover effect[J]. Int J Hydrogen Energy，2007，32：4005-4010.

[30] Cote A P，Benin A，Ockwig N W，et al. Porous crystalline covalent organic frameworks[J]. Science，2005，310：1166-1170.

[31] Antara V，Vaibhav W，Sekhar R C，et al. High capacity reversible hydrogen storage in zirconium doped 2D-covalent triazine frameworks：Density functional theory investigations[J]. Int J Hydrogen Energy，2021，46(27)：14520-14531.

[32] 李贵贤，孙寒雪，王成君，等. 共价有机骨架化合物(COFs)储氢材料研究进展[J]. 化工新型材料，2012，40(6)：31-34.

[33] Lan J H，Cao D P，Wang W C. Li-doped and nondoped covalent organic borosilicate framework for hydrogen storage[J]. J Phys Chem C，2010，114：3108-3114.

[34] Klontzas E，Tylianakis E，Froudakis G E. Hydrogen storage in lithium-functionalized 3-D covalent-organic framework materials[J]. J Phys Chem C，2009，113：21253-21257.

[35] Hou Q H，Yang X L，Zhang J Q. Review on hydrogen storage performance of MgH$_2$：Development and trends[J]. Chem Select，2021，6(9)：1589-1606.

[36] Zhu Y F，Chen Y，Zhu J Y，et al. Structural and electrochemical hydrogen storage properties of Mg$_2$Ni-based alloys[J]. J Alloys Compd，2011，509(17)：5309-5314.

[37] Strozi R B，Leiva D R，Huot J，et al. Synthesis and hydrogen storage behavior of Mg-V-Al-Cr-Ni high entropy alloys[J]. Int J Hydrogen Energy，2021，46(2)：2351-2361.

[38] 徐津，闫慧忠，王利，等. La-Y-Ni 系储氢合金材料的研究进展[J]. 稀土，2020，41(5)：114-122.

[39] Yan H Z，Xiong W，Wang L，et al. Investigations on AB$_3$-，A$_2$B$_7$- and A$_5$B$_{19}$-type La-Y-Ni system hydrogen storage alloys[J]. Int J Hydrogen Energy，2017，42：2257-2264.

[40] Zhou S J，Zhang X，Wang L，et al. Effect of element substitution and surface treatment on low temperature properties of AB$_{3.42}$-type La-Y-Ni based hydrogen storage alloy[J]. Int J Hydrogen Energy，2021，46(5)：3414-3424.

[41] Park K，Na T，Kim Y，et al. Characterization of microstructure and surface oxide of Ti$_{1.2}$Fe hydrogen storage alloy[J]. Int J Hydrogen Energy，2021，46(24)：13082-13087.

[42] Liang L N，Wang F，Rong M H，et al. Recent advances on preparation method of Ti-based hydrogen storage alloy[J]. J Mater Sci Chem Eng，2021，8(12)：18-38.

[43] Wu Y，Peng Y T，Jiang X J，et al. Reversible hydrogenation of AB$_2$-type Zr-Mg-Ni-V based hydrogen storage alloys[J]. Prog Nat Sci：Mater Int，2021，31(2)：319-323.

[44] Han L H，Huang H G，Zhang P G，et al. Hydrogen storage properties of Zr$_2$Co crystalline and amorphous alloys[J]. Int J Hydrogen Energy，2021，46(2)：2312-2321.

[45] 秦董礼，赵晓宇，张轲，等. 组成对 Li-Mg-N-H 系统储氢性能的影响[J]. 稀有金属材料与工程，2015，44(2)：355-359.

[46] 梁初，梁升，夏阳，等. Mg(NH$_2$)$_2$-2LiH 储氢材料的研究进展[J]. 物理化学学报，2015，31(4)：627-635.

[47] Yan Y，Remhof A，Hwang S，et al. Pressure and temperature dependence of the decomposition pathways of LiBH$_4$[J]. Phys Chem Chem Phys，2012，14：6514-6519.

[48] 李鹏翔，马小根，杨勇，等. 氨硼烷储氢材料研究进展[J]. 精细石油化工进展，2018，19(2)：54-57.

[49] 陈进富. 基于汽车氢燃料的有机液体氢化物储氢新技术研究[J]. 太阳能学报，1997，(4)：10-19.

[50] Zheng J，Zhou H，Wang C G，et al. Current research progress and perspectives on liquid hydrogen rich molecules in sustainable hydrogen storage[J]. Energy Storage Mater，2021，35：695-722.

[51] Fetcenko M A，Ovshinsky S R，Reichman B，et al. Recent advances in NiMH batteries technology[J]. J Power Sources，2007，165：544-551.

[52] Kadir K，Sakai T，Uehara I. Synthesis and structure determination of a new series of hydrogen storage alloys RMg$_2$Ni$_9$(R＝La，Ce，Pr，Nd，Sm and Gd) built from MgNi$_2$ Laves-type layers alternating with AB$_5$ layers[J]. J Alloys Compd，1997，257：115-121.

[53] Kohno T，Yoshida H，Kawashima F，et al. Hydrogen storage properties of new ternary system alloys：La$_2$MgNi$_9$，La$_5$Mg$_2$Ni$_{23}$，La3MgNi$_{14}$[J]. J Alloys Compd，2000，311：L5-L7.

[54] Matsuo M，Nakamori Y，Orimo S. et al. Lithium superionic conduction in lithium borohydride accompanied by structural transition[J]. Appl Phys Lett，2007，91：224103.

[55] Maekawa H，Matsuo M，Takamura H，et al. Halide-stabilized LiBH$_4$，a room-temperature lithium fast-ion conductor[J]. J Am Chem Soc，2009，131：894-895.

[56] Takahashi K，Hattori K，Yamazaki T，et al. All-solid-state lithium battery with LiBH solid electrolyte[J]. J Power Sources，2013，226：61-64.

[57] Takahashi K，Maekawa H，Takamura H. Effects of intermediate layer on inter facial resistance for all-

solid-state lithium batteries using lithium borohydride[J]. Solid State Ionics，2014，262：179-182.

[58] Oumellal Y，Rougier A，Nazri G A，et al. Metal hydrides for lithium-ion batteries[J]. Nat Mater，2008：7：7916-7921.

[59] Gillespie L J，Downs W R. The palladium-deuterium equilibrium[J]. J Am Chem Soc，1939，61(9)：2496-502.

[60] Sieverts A，Danz W. The electrical resistance and magnetic susceptibility of palladium wire charged with deuterium[J]. Zeitschrift fur Physikalische Chemie，1937，38B：46-61.

[61] Reiser A，Bogdanovic B，Schlichte K. The application of Mg-based metal-hydrides as heat energy storage systems[J]. Int J Hydrogen Energy，2000，25：425-430.

[62] Bogdanovié B，Ritter A，Spliethoff B，et al. A process steam generator based on the high temperature magnesium hydride/magnesium heat storage system[J]. Int J Hydrogen Energy，1995，20(10)：811-822.

[63] 胡子龙. 贮氢材料[M]. 北京：化学工业出版社，2003：397-444.